U0248579

内 容 提 要

　　本书的前身是北京大学数学系教学改革实验讲义.改革的基调是：强调启发性,强调数学内在的统一性,重视学生能力的培养.书中不仅讲解数学分析的基本原理,而且还介绍一些重要的应用(包括从开普勒行星运动定律推导万有引力定律).从概念的引入到定理的证明,书中作了煞费苦心的安排,使传统的材料以新的面貌出现.书中还收入了一些有重要理论意义与实际意义的新材料(例如利用微分形式的积分证明布劳沃尔不动点定理等).

　　全书共三册.第一册内容是：一元微积分,初等微分方程及其应用.第二册内容是：一元微积分的进一步讨论,广义积分,多元函数微分学,重积分.第三册内容是：微分学的几何应用,曲线积分与曲面积分,场论介绍,级数与含参变元的积分等.

　　本书可作为大专院校数学系数学分析基础课教材或补充读物,又可作为大、中学教师,科技工作者和工程技术人员案头常备的数学参考书.

　　本书是一部优秀的数学分析课程的教材,书中丰富的例题为读者提供了基础训练的平台.本书配套的练习题及解题指导请读者参考《数学分析解题指南》(林源渠、方企勤编,北京大学出版社,2003).

数学分析新讲

第 三 册

张筑生 编著

北 京 大 学 出 版 社
·北　京·

图书在版编目(CIP)数据

数学分析新讲·第 3 册/张筑生编著.—北京：北京大学出版社，
1991(2006.10 重印)

ISBN 978-7-301-01577-3

Ⅰ.数…　Ⅱ.张…　Ⅲ.数学分析-高等学校-教材　Ⅳ.O17

中国版本图书馆 CIP 数据核字(2006)第 000202 号

书　　　名：数学分析新讲(第三册)

著作责任者：张筑生　编著

责 任 编 辑：刘　勇

标 准 书 号：ISBN 978-7-301-01577-3/O·0254

出 版 发 行：北京大学出版社

地　　　址：北京市海淀区成府路 205 号　　100871

网　　　址：www.pup.cn

电　　　话：邮购部 62752015　发行部 62750672　编辑部 62752021
　　　　　　出版部 62754962

电 子 邮 箱：zpup@pup.pku.edu.cn

印　刷　者：河北滦县鑫华书刊印刷厂

经　销　者：新华书店
　　　　　　850×1168　　32 开本　　12.25 印张　　360 千字
　　　　　　1991 年 9 月第 1 版　2020 年 10 月第 20 次印刷

定　　　价：30.00 元

目　　录

第五篇　曲线、曲面与微积分

第 五 篇

曲线、曲面与微积分

第十四章　微分学的几何应用

几何学有悠久的历史,至今仍是最重要的数学学科之一,是数学思想的重要源泉.笛卡儿的坐标法,开辟了用分析方法解决几何问题的道路.微积分创立时期的数学家,对于用新方法解决几何问题,有很浓厚的兴趣.从那时开始,一个以无穷小分析方法为特征的几何学分支——微分几何——迅速发展起来.著名的数学家高斯(Gauss)、黎曼(Riemann)、嘉当(E. Cartan)等人,都对微分几何学的发展作出过永志于史册的贡献.

学习微分几何,当然需要单独的一门课程.但在微积分课程中,仍有必要初步了解无穷小分析方法怎样处理几何问题.

在本章中,所涉及的空间只限于通常的三维欧几里得空间 $\mathbb{R}^3$.另外,对于本章中所讨论的问题,最好把点和向量稍加区别.因此,我们约定用大写字母表示点,用粗黑体字体表示向量.

对于两个向量 $\boldsymbol{r}_1 = x_1\boldsymbol{i} + y_1\boldsymbol{j} + z_1\boldsymbol{k}$ 和 $\boldsymbol{r}_2 = x_2\boldsymbol{i} + y_2\boldsymbol{j} + z_2\boldsymbol{k}$,我们用记号

$$\boldsymbol{r}_1 \cdot \boldsymbol{r}_2 = (\boldsymbol{r}_1, \boldsymbol{r}_2)$$

表示这两向量的内积(数量积),又用记号

$$\boldsymbol{r}_1 \times \boldsymbol{r}_2 = [\boldsymbol{r}_1, \boldsymbol{r}_2]$$

表示这两向量的外积(向量积或叉积).于是

$$\boldsymbol{r}_1 \cdot \boldsymbol{r}_2 = (\boldsymbol{r}_1, \boldsymbol{r}_2)$$
$$= x_1 x_2 + y_1 y_2 + z_1 z_2,$$
$$\boldsymbol{r}_1 \times \boldsymbol{r}_2 = [\boldsymbol{r}_1, \boldsymbol{r}_2] = \begin{vmatrix} \boldsymbol{i} & \boldsymbol{j} & \boldsymbol{k} \\ x_1 & y_1 & z_1 \\ x_2 & y_2 & z_2 \end{vmatrix}.$$

§1 曲线的切线与曲面的切平面

1.a 曲线的切线

考查 $\mathbb{R}^3$ 中的一条参数曲线

$(1.1)_1$
$$\begin{cases} x = x(t), \\ y = y(t), \quad t \in J. \\ z = z(t), \end{cases}$$

在这里,我们假设函数 $x(t), y(t)$ 和 $z(t)$ 都在区间 J 连续可微并且满足条件

$(1.2)_1 \qquad (x'(t))^2 + (y'(t))^2 + (z'(t))^2 \neq 0.$

如果把从原点 $(0,0,0)$ 到点 (x,y,z) 的向径记为 r,那么参数方程 $(1.1)_1$ 可以写成更紧凑的形式

$(1.1)_2 \qquad\qquad r = r(t), \quad t \in J,$

这里 $r(t) = (x(t), y(t), z(t))$ 是连续可微的向量值函数,它满足条件

$(1.2)_2 \qquad\qquad \| r'(t) \| \neq 0.$

当然,$(1.1)_1$ 与相应的 $(1.1)_2$ 本来是一回事. 在以下引用时,我们就不再加以区别了,都编号为 (1.1). 同时,也就把 $(1.2)_1$ 和 $(1.2)_2$ 都编号为 (1.2).

设 P_0 是曲线 (1.1) 上的一个定点(其向径 $\overrightarrow{OP_0} = r(t_0)$),而 P 是同一曲线上的一个动点(其向径 $\overrightarrow{OP} = r(t)$). 我们来考查沿着割线 $P_0 P$ 方向的向量

$$\frac{r(t) - r(t_0)}{t - t_0}.$$

当 $t \to t_0$ 时,割线 $P_0 P$ 的极限位置应是曲线在 P_0 点的切线. 这

样,我们求得曲线在给定点沿切线方向的一个向量

(1.3) $$\boldsymbol{r}'(t_0) = \lim_{t \to t_0} \frac{\boldsymbol{r}(t) - \boldsymbol{r}(t_0)}{t - t_0}.$$

于是,曲线(1.1)在 P_0 点的切线方程可以写成

(1.4) $$\frac{x - x_0}{x'(t_0)} = \frac{y - y_0}{y'(t_0)} = \frac{z - z_0}{z'(t_0)},$$

这里 $x_0 = x(t_0)$, $y_0 = y(t_0)$, $z_0 = z(t_0)$.

显式表示的曲线

(1.5) $$y = y(x), \quad z = z(x), \quad x \in I,$$

可以看作参数曲线的特殊情形——以 x 作为参数的情形;

$$x = x, y = y(x), z = z(x), \quad x \in I.$$

对这种情形,切线的方程可以表示为

(1.6) $$\frac{x - x_0}{1} = \frac{y - y_0}{y'(x_0)} = \frac{z - z_0}{z'(x_0)},$$

或者

(1.6)′ $$\begin{cases} y = y_0 + y'(x_0)(x - x_0), \\ z = z_0 + z'(x_0)(x - x_0), \end{cases}$$

这里 $y_0 = y(x_0)$, $z_0 = z(x_0)$.

再来看由隐式给出的曲线

(1.7) $$\begin{cases} F(x,y,z) = 0, \\ G(x,y,z) = 0, \end{cases}$$

这里假设 F 和 G 都是连续可微函数,并且

(1.8) $$\mathrm{rank} \begin{bmatrix} \dfrac{\partial F}{\partial x} & \dfrac{\partial F}{\partial y} & \dfrac{\partial F}{\partial z} \\[2mm] \dfrac{\partial G}{\partial x} & \dfrac{\partial G}{\partial y} & \dfrac{\partial G}{\partial z} \end{bmatrix} = 2.$$

于是,在曲线(1.7)的每一个点 (x_0,y_0,z_0) 邻近,我们总可以解出某两个变元作为第三个变元的函数. 这样把曲线的方程写成显式形式,然后套用(1.6)或者(1.6)′写出切线方程. 但以下的讨论更有启发性:我们来考查方程组(1.7)在点 $P_0(x_0,y_0,z_0)$ 邻近的一

个参数解

$$\begin{cases} x = x(t), \\ y = y(t), \quad t \in J = (t_0 - \eta, t_0 + \eta), \\ z = z(t), \end{cases}$$

$$(x(t_0), y(t_0), z(t_0)) = (x_0, y_0, z_0).$$

——这样的参数解一定存在,因为显式解就是一种参数解.把参数解 $x = x(t), y = y(t), z = z(t)$ 代入(1.7),就得到恒式等式

$$\begin{cases} F(x(t), y(t), z(t)) \equiv 0, \\ G(x(t), y(t), z(t)) \equiv 0. \end{cases}$$

在 $t = t_0$ 微分这些恒等式,就得到

$$(1.9) \begin{cases} \left(\dfrac{\partial F}{\partial x}\right)_{P_0} x'(t_0) + \left(\dfrac{\partial F}{\partial y}\right)_{P_0} y'(t_0) + \left(\dfrac{\partial F}{\partial z}\right)_{P_0} z'(t_0) = 0, \\ \left(\dfrac{\partial G}{\partial x}\right)_{P_0} x'(t_0) + \left(\dfrac{\partial G}{\partial y}\right)_{P_0} y'(t_0) + \left(\dfrac{\partial G}{\partial z}\right)_{P_0} z'(t_0) = 0. \end{cases}$$

我们介绍一个很有用的算子符号:

$$\nabla = \boldsymbol{i} \frac{\partial}{\partial x} + \boldsymbol{j} \frac{\partial}{\partial y} + \boldsymbol{k} \frac{\partial}{\partial z},$$

这里的 $\boldsymbol{i}, \boldsymbol{j}$ 和 $\boldsymbol{k}$ 分别是 OX 轴正方向,OY 轴正方向和 OZ 轴正方向上的单位向量.这样定义的算子 ∇,被称为奈布拉算子(或奈布拉算符).在点 P_0 处,奈布拉算子 ∇ 作用于一个可微的数值函数 $F(x, y, z)$,产生了一个向量

$$(\nabla F)_{P_0} = \boldsymbol{i}\left(\frac{\partial F}{\partial x}\right)_{P_0} + \boldsymbol{j}\left(\frac{\partial F}{\partial y}\right)_{P_0} + \boldsymbol{k}\left(\frac{\partial F}{\partial z}\right)_{P_0}.$$

利用奈布拉算子可以把(1.9)式改写为

$$\begin{cases} (\nabla F)_{P_0} \cdot \boldsymbol{r}'(t_0) = 0, \\ (\nabla G)_{P_0} \cdot \boldsymbol{r}'(t_0) = 0. \end{cases}$$

这就是说,曲线(1.7)在点 P_0 的切向量与两向量 $(\nabla F)_{P_0}$ 和 $(\nabla G)_{P_0}$ 正交.因而这切向量平行于

$$(\nabla F)_{P_0} \times (\nabla G)_{P_0} = \begin{vmatrix} \boldsymbol{i} & \boldsymbol{j} & \boldsymbol{k} \\ \dfrac{\partial F}{\partial x} & \dfrac{\partial F}{\partial y} & \dfrac{\partial F}{\partial z} \\ \dfrac{\partial G}{\partial x} & \dfrac{\partial G}{\partial y} & \dfrac{\partial G}{\partial z} \end{vmatrix}_{P_0}.$$

据此,我们写出曲线(1.7)在点 P_0 的切线方程

(1.10) $$\frac{x - x_0}{\dfrac{\partial(F,G)}{\partial(y,z)_{P_0}}} = \frac{y - y_0}{\dfrac{\partial(F,G)}{\partial(z,x)_{P_0}}} = \frac{z - z_0}{\dfrac{\partial(F,G)}{\partial(x,y)_{P_0}}}.$$

平面参数曲线

$$\begin{cases} x = x(t), \\ y = y(t), \end{cases} \quad t \in J$$

可以看作空间参数曲线的一种情形:

$$\begin{cases} x = x(t), \\ y = y(t), \quad t \in J. \\ z = 0, \end{cases}$$

因而,平面参数曲线的切线方程可以写为

$$\frac{x - x_0}{x'(t_0)} = \frac{y - y_0}{y'(t_0)} \quad (z = 0).$$

类似地,平面显式曲线

$$y = y(x), \quad x \in I$$

的切线方程为

$$y = y_0 + y'(x_0)(x - x_0) \quad (z = 0),$$

——这结果当然是大家早已知道了的.

隐式表示的平面曲线

$$F(x,y) = 0$$

可以看作这样的空间曲线

$$\begin{cases} \widetilde{F}(x,y,z) = F(x,y) = 0, \\ \widetilde{G}(x,y,z) = z = 0. \end{cases}$$

这空间曲线在点

$$\tilde{P}_0 = (P_0, 0) = (x_0, y_0, 0)$$

的切线方程可以写成

$$\frac{x - x_0}{\dfrac{\partial(\tilde{F}, \tilde{G})}{\partial(y, z)_{\tilde{P}_0}}} = \frac{y - y_0}{\dfrac{\partial(\tilde{F}, \tilde{G})}{\partial(z, x)_{\tilde{P}_0}}} \quad (z = 0),$$

也就是

$$\left(\frac{\partial F}{\partial x}\right)_{P_0} (x - x_0) + \left(\frac{\partial F}{\partial y}\right)_{P_0} (y - y_0) = 0 \quad (z = 0).$$

1. b 曲面的切平面与法线

空间 $\mathbb{R}^3$ 中的一块参数曲面表示为

$(1.11)_1$
$$\begin{cases} x = x(u, v), \\ y = y(u, v), \quad (u, v) \in \Delta. \\ z = z(u, v), \end{cases}$$

这里,设 Δ 是参数平面上的一个开区域,设 $x(u, v)$,$y(u, v)$ 和 $z(u, v)$ 是在 Δ 中连续可微的函数,并设

$(1.12)_1$
$$\text{rank} \begin{bmatrix} \dfrac{\partial x}{\partial u} & \dfrac{\partial y}{\partial u} & \dfrac{\partial z}{\partial u} \\ \dfrac{\partial x}{\partial v} & \dfrac{\partial y}{\partial v} & \dfrac{\partial z}{\partial v} \end{bmatrix} = 2.$$

参数曲面块的方程 $(1.11)_1$ 又可写成向量形式

$(1.11)_2$ $\qquad \boldsymbol{r} = \boldsymbol{r}(u, v), \quad (u, v) \in \Delta,$

而条件 $(1.12)_1$ 意味着

$(1.12)_2$ $\qquad \boldsymbol{r}_u \times \boldsymbol{r}_v \neq 0.$

在下文中,提到 (1.11) 时,指的就是 $(1.11)_1$ 或者 $(1.11)_2$;提到 (1.12) 时,指的就是 $(1.12)_1$ 或者 $(1.12)_2$.

设 P_0 是曲面 (1.11) 上指定的一个点,其坐标为

$$(x_0, y_0, z_0) = (x(u_0, v_0), y(u_0, v_0), z(u_0, v_0)).$$

又设

8

$$u = u(t), \quad v = v(t), \quad t \in J$$

是参数区域 Δ 中的一条连续可微的曲线, 它满足条件

$$(u(t_0), v(t_0)) = (u_0, v_0).$$

我们来考查曲面(1.11)上经过点 P_0 的连续可微曲线

$$\boldsymbol{r} = \boldsymbol{r}(u(t), v(t)), \quad t \in J.$$

将上式对 t 求导, 就得到

$$\frac{\mathrm{d}}{\mathrm{d}t}(\boldsymbol{r}(u(t), v(t))) = \boldsymbol{r}_u u'(t) + \boldsymbol{r}_v v'(t).$$

由此可知: 任何一条这样的曲线, 过点 P_0 的切线都在同一张平面上. 这平面通过点 P_0, 并且平行于向量

$$(\boldsymbol{r}_u)_{P_0} \quad \text{和} \quad (\boldsymbol{r}_v)_{P_0}.$$

我们把这张平面叫做曲面(1.11)在点 P_0 的切平面. 切平面上任意一点 P 的向径

$$\overrightarrow{OP} = \boldsymbol{r}$$

应满足向量方程

$$(\boldsymbol{r} - \boldsymbol{r}_0) \cdot (\boldsymbol{r}_u \times \boldsymbol{r}_v)_{P_0} = 0.$$

据此, 我们写出切平面的方程

$$\begin{vmatrix} x - x_0 & y - y_0 & z - z_0 \\ x_u(u_0, v_0) & y_u(u_0, v_0) & z_u(u_0, v_0) \\ x_v(u_0, v_0) & y_v(u_0, v_0) & z_v(u_0, v_0) \end{vmatrix} = 0.$$

过切点并且与切平面正交的直线, 称为曲面在这点的法线. 根据上面的讨论, 我们得知: 法线的方向向量为

$$(\boldsymbol{r}_u \times \boldsymbol{r}_v)_{P_0}.$$

因而, 法线的方程可以写成

$$\frac{x - x_0}{\dfrac{\partial(y, z)}{\partial(u, v)}_{P_0}} = \frac{y - y_0}{\dfrac{\partial(z, x)}{\partial(u, v)}_{P_0}} = \frac{z - z_0}{\dfrac{\partial(x, y)}{\partial(u, v)}_{P_0}}.$$

显式表示的连续可微曲面

(1.13) $$z = f(x, y), \quad (x, y) \in D,$$

可以看成以(x,y)为参数的参数曲面：

$$\begin{cases} x = x, \\ y = y \qquad (x,y) \in D. \\ z = f(x,y), \end{cases}$$

这曲面过点$P_0(x_0,y_0,z_0)$的切平面的方程可以写成

$$\begin{vmatrix} x - x_0 & y - y_0 & z - z_0 \\ 1 & 0 & f_x(x_0,y_0) \\ 0 & 1 & f_y(x_0,y_0) \end{vmatrix} = 0,$$

即

$$z = z_0 + f_x(x_0,y_0)(x - x_0) + f_y(x_0,y_0)(y - y_0).$$

曲面(1.13)的过点P_0的法线可以表示为

$$\frac{x - x_0}{-f_x(x_0,y_0)} = \frac{y - y_0}{-f_y(x_0,y_0)} = \frac{z - z_0}{1}.$$

再来考查隐式表示的曲面

(1.14) $$F(x,y,z) = 0,$$

这里设F是连续可微函数，并设

(1.15) $$\left(\frac{\partial F}{\partial x}\right)^2 + \left(\frac{\partial F}{\partial y}\right)^2 + \left(\frac{\partial F}{\partial z}\right)^2 \neq 0.$$

在曲面(1.14)上任取一点$P_0(x_0,y_0,z_0)$，考查这曲面上经过这点的任意一条连续可微的参数曲线

$$\begin{cases} x = x(t), \\ y = y(t), \quad t \in J, \\ z = z(t), \end{cases}$$

$$(x(t_0),y(t_0),z(t_0)) = (x_0,y_0,z_0).$$

我们有恒等式

$$F(x(t),y(t),z(t)) \equiv 0.$$

将这式对t微分，就得到

$$F_x x'(t) + F_y y'(t) + F_z z'(t) = 0.$$

由此可知，任何一条这样的曲线，在点P_0的切线都正交于向量

10

$$(\nabla F)_0 = \boldsymbol{i}\left(\frac{\partial F}{\partial x}\right)_0 + \boldsymbol{j}\left(\frac{\partial F}{\partial y}\right)_0 + \boldsymbol{k}\left(\frac{\partial F}{\partial z}\right)_0.$$

这里,为书写省事,我们记

$$(\nabla F)_0 = (\nabla F)_{P_0}, \quad \left(\frac{\partial F}{\partial x}\right)_0 = \left(\frac{\partial F}{\partial x}\right)_{P_0}, \quad \cdots.$$

通过上面的讨论,我们写出曲面(1.14)在点 P_0 的切平面的方程:
向量形式的方程为

$$(\nabla F)_0 \cdot (\boldsymbol{r} - \boldsymbol{r}_0) = 0;$$

坐标形式的方程为

$$(F_x)_0(x - x_0) + (F_y)_0(y - y_0) + (F_z)_0(z - z_0) = 0.$$

§2 曲线的曲率与挠率,弗雷奈公式

曲率描述曲线弯曲的程度.挠率描述曲线偏离平面的程度
——挠曲的程度.这两个量对于描述曲线的形状来说,具有决定性
的意义.

2.a 几个引理

为了以下讨论方便,我们先介绍几个涉及向量值函数导数的引理.

引理 1 对于可导的向量值函数 $\boldsymbol{r}_1(t)$ 和 $\boldsymbol{r}_2(t)$,我们有

$$\frac{\mathrm{d}}{\mathrm{d}t}(\boldsymbol{r}_1(t), \boldsymbol{r}_2(t)) = \left(\frac{\mathrm{d}\boldsymbol{r}_1(t)}{\mathrm{d}t}, \boldsymbol{r}_2(t)\right) + \left(\boldsymbol{r}_1(t), \frac{\mathrm{d}\boldsymbol{r}_2(t)}{\mathrm{d}t}\right).$$

证明 用坐标分量表示 $(\boldsymbol{r}_1(t), \boldsymbol{r}_2(t))$,然后再利用数值函数
的求导法则.请读者自己补充证明的细节. □

引理 2 向量值函数

$$\boldsymbol{r} = \boldsymbol{r}(t), \quad t \in J$$

保持定长的充分必要条件是: $\boldsymbol{r}'(t)$ 与 $\boldsymbol{r}(t)$ 互相垂直,即

$$(\boldsymbol{r}'(t), \boldsymbol{r}(t)) = 0, \quad \forall\, t \in J.$$

证明 我们约定记 $\boldsymbol{r}^2(t) = (\boldsymbol{r}(t), \boldsymbol{r}(t))$.显然有

$$\boldsymbol{r}^2(t) = 常值 \Longleftrightarrow \frac{\mathrm{d}}{\mathrm{d}t}\boldsymbol{r}^2(t) = 0, \quad \forall\, t \in J.$$

根据引理 1，又有

$$\frac{\mathrm{d}}{\mathrm{d}t}r^2(t) = (\boldsymbol{r}'(t), \boldsymbol{r}(t)) + (\boldsymbol{r}(t), \boldsymbol{r}'(t))$$

$$= 2(\boldsymbol{r}'(t), \boldsymbol{r}(t)).$$

由此就可得出所要证明的结论. □

引理 3　设 $\boldsymbol{r}(t)$ 是单位长向量：

$$\|\boldsymbol{r}(t)\| = 1, \quad \forall\ t \in J,$$

则 $\boldsymbol{r}'(t)$ 在与 $\boldsymbol{r}(t)$ 正交的方向上，它的模 $\|\boldsymbol{r}'(s)\|$ 表示向量 $\boldsymbol{r}(t)$ 转动的角度相对于参数 t 的变化率.

证明　我们用 $\Delta\theta$ 表示从向量 $\boldsymbol{r}(t)$ 到向量 $\boldsymbol{r}(t+\Delta t)$ 的转角（图 14-1），则有

$$2\sin\frac{\Delta\theta}{2} = \|\boldsymbol{r}(t+\Delta t) - \boldsymbol{r}(t)\|,$$

$$\Delta\theta = 2\arcsin\frac{\|\boldsymbol{r}(t+\Delta t) - \boldsymbol{r}(t)\|}{2}.$$

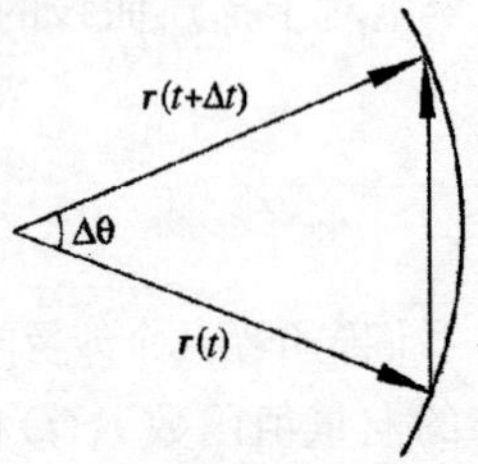

图　14-1

于是有

$$\lim_{\Delta t \to 0}\left|\frac{\Delta\theta}{\Delta t}\right| = \lim_{\Delta t \to 0}\left|\frac{2\arcsin\dfrac{\|\boldsymbol{r}(t+\Delta t) - \boldsymbol{r}(t)\|}{2}}{\Delta t}\right|$$

$$= \lim_{\Delta t \to 0}\left|\frac{2\cdot\dfrac{\|\boldsymbol{r}(t+\Delta t) - \boldsymbol{r}(t)\|}{2}}{\Delta t}\right|$$

$$= \lim_{\Delta t \to 0}\left\|\frac{\boldsymbol{r}(t+\Delta t) - \boldsymbol{r}(t)}{\Delta t}\right\|$$

$$= \|\boldsymbol{r}'(t)\|. \quad \square$$

12

2. b 自然参数,曲率

考查曲线

$$(2.1) \qquad\qquad \boldsymbol{r} = \boldsymbol{r}(t)\,, \quad t \in J.$$

这里假设 $\boldsymbol{r}(t)$ 连续可微足够多次,并且满足条件

$$(2.2) \qquad\qquad \boldsymbol{r}'(t) \neq 0\,, \quad \forall\, t \in J.$$

曲线(2.1)的弧长可按下式计算

$$s = \int_{t_0}^{t} \|\boldsymbol{r}'(t)\|\, \mathrm{d}t,$$

这里的 t_0 是量测起始点的参数值.因为

$$\frac{\mathrm{d}s}{\mathrm{d}t} = \|\boldsymbol{r}'(t)\| > 0,$$

根据反函数定理,可以断定 t 是 s 的连续可微足够多次的函数:

$$t = t(s).$$

于是,可以用弧长作为曲线的参数,把(2.1)式改写成

$$(2.3) \qquad\qquad \boldsymbol{r} = \boldsymbol{r}(t(s)).$$

以下,我们把弧长参数 s 叫做自然参数.为避免记号繁琐,对于不致于混淆的情形,就简单地把(2.3)式写成

$$(2.4) \qquad\qquad \boldsymbol{r} = \boldsymbol{r}(s).$$

在本章中,我们约定用圆黑点"·"表示对弧长参数求导.于是

$$\dot{\boldsymbol{r}} = \boldsymbol{r}' \frac{\mathrm{d}t}{\mathrm{d}s} = \boldsymbol{r}' \Big/ \frac{\mathrm{d}s}{\mathrm{d}t} = \boldsymbol{r}'(t) / \|\boldsymbol{r}'(t)\|.$$

由此得知,$\dot{\boldsymbol{r}}$ 是一个单位长向量

$$\|\dot{\boldsymbol{r}}\| = 1.$$

于是,$\dot{\boldsymbol{r}}(s)$ 是曲线(2.4)在 $\boldsymbol{r}(s)$ 处的单位长切向量.我们约定用记号

$$\boldsymbol{T} = \boldsymbol{T}(s) = \dot{\boldsymbol{r}}(s)$$

表示这单位长切向量.

请注意,为了讨论方便,我们约定把切向量看成自由向量,因

而可以把各切向量的起点都移到坐标原点.读者以后逐渐能体会到这种看法的好处.

将 $T(s) = \dot{r}(s)$ 再对 s 求导,我们得到

$$\dot{T}(s) = \ddot{r}(s).$$

既 然 $T(s) = \dot{r}(s)$ 是单位长切向量,那么向量 $\dot{T}(s) = \ddot{r}(s)$ 就在与 $T(s)$ 正交的方向上,并且 $\|\dot{T}(s)\| = \|\ddot{r}(s)\|$ 表示切向量 $T(s)$ 对弧长 s 的转动速率

$$\|\dot{T}(s)\| = \lim_{\Delta s \to 0} \left| \frac{\Delta\theta}{\Delta s} \right|,$$

——请参看图 14-2.

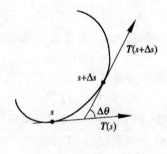

图 14-2

我们把切向量 $T(s)$ 相对于弧长 s 的转动速率 $\|\dot{T}(s)\| = \|\ddot{r}(s)\|$ 叫做曲线(2.4)在给定点的曲率,并把它记为 $k(s)$. 于是

$$k(s) = \|\dot{T}(s)\| = \lim_{\Delta s \to 0} \left| \frac{\Delta\theta}{\Delta s} \right|.$$

曲率 $k(s)$ 的倒数

$$\rho(s) = \frac{1}{k(s)}$$

被称为曲率半径.与 $k(s)$ 一样,曲率半径 $\rho(s)$ 也表示曲线弯曲的程度.只不过 $\rho(s)$ 越小表示曲线弯曲得越厉害.对于 $k(s) = 0$ 的情形,我们约定 $\rho(s) = +\infty$.

14

例 1 考查圆周的方程

$$\begin{cases} x = a\cos t, \\ y = a\sin t, \end{cases} \quad t \in [0, 2\pi].$$

换成弧长参数

$$s = \int_0^t \sqrt{(-a\sin t)^2 + (a\cos t)^2}\, \mathrm{d}t = at,$$

圆周的方程写成

$$\begin{cases} x = a\cos \dfrac{s}{a}, \\ y = a\sin \dfrac{s}{a}, \end{cases} \quad s \in [0, 2\pi a].$$

利用以弧长为参数的方程,容易求得曲率 k 和曲率半径 ρ:

$$k(s) = \|\ddot{\boldsymbol{r}}(s)\|$$
$$= \sqrt{(\ddot{x}(s))^2 + (\ddot{y}(s))^2} = \frac{1}{a},$$

$$\rho(s) = \frac{1}{k(s)} = a.$$

例 2 某段曲线为直线段的充分必要条件是:在这段曲线上曲率处处为 0,即

$$k \equiv 0.$$

证明 如果某段曲线为直线段,那么这段曲线以弧长为参数的方程可以写成

$$\boldsymbol{r} = \boldsymbol{r}_0 + s\boldsymbol{e}, \quad s \in I.$$

这里 $\boldsymbol{e}$ 是长度为 1 的常向量. 将上面的方程微分两次就得到

$$\ddot{\boldsymbol{r}} \equiv 0.$$

因而

$$k(s) = \|\ddot{\boldsymbol{r}}(s)\| = 0, \quad \forall s \in I.$$

这证明了条件的必要性.

再来证明条件的充分性. 假设

$$k(s) = \|\ddot{\boldsymbol{r}}(s)\| = 0, \quad \forall s \in I,$$

则有

$$\ddot{r}(s) = 0, \quad \forall \ s \in I.$$

于是

$$\dot{r}(s) = e \quad (\text{常向量}).$$

由此又得到

$$r(s) = r_0 + se, \quad s \in I.$$

这证明了条件的充分性. □

2. c 弗雷奈标架, 挠率

曲线上曲率等于 0 的点被称为平直点. 我们来考查不含平直点的一段曲线. 在这段曲线上

$$k(s) = \|\dot{T}(s)\| = \|\ddot{r}(s)\| \neq 0,$$

所以可以定义

$$N(s) = \frac{\dot{T}(s)}{\|\dot{T}(s)\|} = \frac{\ddot{r}(s)}{\|\ddot{r}(s)\|}.$$

这是正交于 $T(s)$ 的一个单位长向量, 我们把它叫做曲线在给定点的主法线向量. 利用切向量 $T(s)$ 和主法线向量 $N(s)$, 又可作出第三个向量

$$B(s) = T(s) \times N(s).$$

因为 $T(s)$ 与 $N(s)$ 是互相正交的单位向量, 所以

$$\|B(s)\| = \|T(s)\| \cdot \|N(s)\| = 1.$$

由此可知: $B(s)$ 是与 $T(s)$ 和 $N(s)$ 都正交的单位向量. 我们把 $B(s)$ 叫做曲线在给定点的副法线向量. 在曲线上的给定点, 由切向量 $T(s)$ 与主法线向量 $N(s)$ 决定的平面, 叫做曲线在这点的密切平面; 由切向量 $T(s)$ 与副法线向量 $B(s)$ 决定的平面, 叫做曲线在这点的从切平面; 由主法线向量 $N(s)$ 与副法线向量 $B(s)$ 决定的平面, 叫做曲线在这点的法平面.

这样, 在曲线的每一个非平直点, 我们建立了一个规范正交标架 $\{T(s), N(s), B(s)\}$. 这标架被称为弗雷奈 (Frenet) 标架. 由这标

架决定的三面形被称为基本三面形.

当点沿着曲线运动时,弗雷奈标架也随着运动(像这样的标架被称为活动标架).我们需要考查弗雷奈标架运动的状况.先证明一个引理.

引理 4 设 $e_1(t), e_2(t), e_3(t)$ 是向量值函数,对每一参数值 t 它们都组成一个规范正交标架 $\{e_1(t), e_2(t), e_3(t)\}$. 如果将

$$e_i'(t) \quad (i = 1,2,3)$$

按这标架展开

$$e_i'(t) = \sum_{j=1}^{m} \omega_{ij} e_j(t),$$

那么展开的系数应是反对称的,即

$$\omega_{ji} = -\omega_{ij}, \quad i,j = 1,2,3.$$

由此可知

$$\omega_{ii} = 0, \quad i = 1,2,3.$$

证明 我们有

$$(e_i(t), e_j(t)) = \begin{cases} 1, & \text{对于 } i = j, \\ 0, & \text{对于 } i \neq j. \end{cases}$$

将这式对 t 求导得到

$$(e_i'(t), e_j(t)) + (e_i(t), e_j'(t)) = 0.$$

这就是

$$\omega_{ij} + \omega_{ji} = 0, \quad i,j = 1,2,3. \quad \square$$

定理 对于曲线的弗雷奈标架

$$\{T(s), N(s), B(s)\},$$

我们有

$$\begin{cases} \dot{T} = \quad\quad kN, \\ \dot{N} = -kT \quad\quad + \tau B, \\ \dot{B} = \quad\quad -\tau N, \end{cases}$$

这里 $k = k(s)$ 是曲线在给定点的曲率.

证明 对于标架 $\{T(s), N(s), B(s)\}$ 用上面的引理就得到

$$\begin{cases} \dot{T} = \qquad\qquad \omega_{12}N + \omega_{13}B, \\ \dot{N} = -\omega_{12}T \qquad\qquad + \omega_{23}B, \\ \dot{B} = -\omega_{13}T - \omega_{23}N. \end{cases}$$

但我们知道

$$\dot{T} = \|\dot{T}\|N = k(s)N,$$

所以有

$$\omega_{12} = k, \quad \omega_{13} = 0.$$

我们记

$$\omega_{23} = \tau.$$

于是就得到

$$\begin{cases} \dot{T} = \qquad\quad kN, \\ \dot{N} = -kT \qquad\quad + \tau B, \\ \dot{B} = \qquad -\tau N. \end{cases} \qquad \square$$

上面定理中所给出的公式被称为弗雷奈公式. 该公式中的系数 τ 被称为曲线在给定点的挠率. 下面, 我们来说明挠率 τ 的几何意义.

引理 5 设 $r(t)$ 是一个 n 阶连续可微的向量值函数, 则有以下的泰勒展式

$$r(t) = r(t_0) + (t - t_0)r'(t_0) + \frac{(t - t_0)^2}{2!}r''(t_0)$$

$$+ \cdots + \frac{(t - t_0)^n}{n!}r^{(n)}(t_0) + R_{n+1}(t),$$

其中的 $R_{n+1}(t)$ 满足条件

(2.5)
$$\lim_{t \to t_0} \frac{\|R_{n+1}(t)\|}{|t - t_0|^n} = 0.$$

我们还可以把 $r(t)$ 的泰勒展式写成如下形式:

$$r(t) = r(t_0) + (t - t_0)r'(t_0) + \frac{(t - t_0)^2}{2!}r''(t_0)$$

$$+ \cdots + \frac{(t - t_0)^n}{n!}r^{(n)}(t_0) + o(|t - t_0|^n),$$

18

这里的小 o 余项表示满足条件(2.5)的向量值函数 $R_{n+1}(t)$.

证明 设 $r(t) = x(t)i + y(t)j + z(t)k$. 将 $r(t)$ 的各分量按照带拉格朗日余项的泰勒公式展开就得到

$$x(t) = x(t_0) + (t - t_0)x'(t_0) + \frac{(t - t_0)^2}{2!}x''(t_0)$$
$$+ \cdots + \frac{(t - t_0)^n}{n!}x^{(n)}(t_0 + \theta_1(t - t_0)),$$

$$y(t) = y(t_0) + (t - t_0)y'(t_0) + \frac{(t - t_0)^2}{2!}y''(t_0)$$
$$+ \cdots + \frac{(t - t_0)^n}{n!}y^{(n)}(t_0 + \theta_2(t - t_0)),$$

$$z(t) = z(t_0) + (t - t_0)z'(t_0) + \frac{(t - t_0)^2}{2!}z''(t_0)$$
$$+ \cdots + \frac{(t - t_0)^n}{n!}z^{(n)}(t_0 + \theta_3(t - t_0)).$$

若记

$$R_{n+1}(t) = \frac{(t - t_0)^n}{n!}\{(x^{(n)}(t_0 + \theta_1(t - t_0)) - x^{(n)}(t_0))i$$
$$+ (y^{(n)}(t_0 + \theta_2(t - t_0)) - y^{(n)}(t_0))j$$
$$+ (z^{(n)}(t_0 + \theta_3(t - t_0)) - z^{(n)}(t_0))k\},$$

则有

$$r(t) = r(t_0) + (t - t_0)r'(t_0) + \frac{(t - t_0)^2}{2!}r''(t_0)$$
$$+ \cdots + \frac{(t - t_0)^n}{n!}r^{(n)}(t_0) + R_{n+1}(t).$$

利用 $x^{(n)}(t), y^{(n)}(t)$ 和 $z^{(n)}(t)$ 的连续性就得到

$$\lim_{t \to t_0}\frac{\|R_{n+1}(t)\|}{|t - t_0|^n} = 0. \quad \square$$

对于用自然参数表示的曲线 $r = r(s)$，利用上面的引理可以得到

19

$$\boldsymbol{r}(s) = \boldsymbol{r}(s_0) + (s - s_0)\dot{\boldsymbol{r}}(s_0)$$
$$+ \frac{(s - s_0)^2}{2!}\ddot{\boldsymbol{r}}(s_0) + o(|s - s_0|^2).$$

按照定义,切向量 $\boldsymbol{T}(s_0)$ 与主法线向量 $\boldsymbol{N}(s_0)$ 张成曲线在给定点的密切平面 Π_0. 因为

$$\dot{\boldsymbol{r}}(s_0) = \boldsymbol{T}(s_0), \quad \ddot{\boldsymbol{r}}(s_0) = k\boldsymbol{N}(s_0),$$

所以

$$\boldsymbol{r}(s_0) + (s - s_0)\dot{\boldsymbol{r}}(s_0) + \frac{(s - s_0)^2}{2!}\ddot{\boldsymbol{r}}(s_0)$$

是在密切平面 Π_0 上的点. 我们看到,在给定点邻近,曲线离密切平面 Π_0 的距离是高于二阶的无穷小量. 在这个意义上,我们说:密切平面 Π_0 是在给定点与曲线贴合得最紧密的一张平面. 在曲线上任何一点,副法线向量 $\boldsymbol{B}(s)$ 是该点密切平面的法线,而 $|\tau| = \|\dot{\boldsymbol{B}}\|$. 这样,我们了解到挠率 τ 的几何意义:$|\tau|$ 表示副法线向量 $\boldsymbol{B}$ 相对于弧长的转动速率,也就是密切平面相对于弧长的转动速率. 因此,τ 表示了曲线挠曲的程度(偏离平面曲线的程度).

例3 设某段曲线 $\boldsymbol{r} = \boldsymbol{r}(s)$ 上没有平直点,则这段曲线为平面曲线的充分必要条件是:在这段曲线上挠率处处为 0,即 $\tau \equiv 0$.

证明 先证条件的必要性. 设某段曲线 $\boldsymbol{r} = \boldsymbol{r}(s)$ 在平面 Π 上,则

$$\boldsymbol{T} = \dot{\boldsymbol{r}} \quad \text{和} \quad \boldsymbol{N} = \ddot{\boldsymbol{r}}/k(s)$$

都在这平面上,于是 $\boldsymbol{B} = \boldsymbol{T} \times \boldsymbol{N}$ 是常向量(垂直于平面 Π 的单位向量),因而

$$|\tau| = \|\dot{\boldsymbol{B}}\| = 0.$$

再来证明条件的充分性. 设挠率 $\tau \equiv 0$,则

$$\dot{\boldsymbol{B}} = -\tau\boldsymbol{N} = 0.$$

因而 $\boldsymbol{B}$ 是一个常向量. 考查函数

$$\varphi(s) = (\boldsymbol{B}, \boldsymbol{r}(s)),$$

因为

20

$$\varphi(s) = (\boldsymbol{B}, \dot{\boldsymbol{r}}(s)) = 0,$$

所以

$$\varphi(s) = (\boldsymbol{B}, \boldsymbol{r}(s)) = C \ (\text{常数}).$$

我们看到：曲线 $\boldsymbol{r} = \boldsymbol{r}(s)$ 在平面

$$\boldsymbol{B} \cdot \boldsymbol{r} = C$$

之上. □

推论　对于平面曲线 $\boldsymbol{r} = \boldsymbol{r}(s)$，弗雷奈公式可以写成

$$\begin{cases} \dot{\boldsymbol{T}} = \quad\quad\ kN, \\ \dot{\boldsymbol{N}} = -\ k\boldsymbol{T}. \end{cases}$$

2.d　曲率与挠率的计算公式

如果曲线方程以弧长作为参数：

$$\boldsymbol{r} = \boldsymbol{r}(s),$$

那么曲率与挠率的计算都比较简单. 将 $\boldsymbol{r}(s)$ 对弧长参数 s 求导并利用弗雷奈公式整理求导的结果，我们得到

$$\begin{aligned} \dot{\boldsymbol{r}} &= \quad\quad \boldsymbol{T}, \\ \ddot{\boldsymbol{r}} &= \quad\quad\quad k\boldsymbol{N}, \\ \dddot{\boldsymbol{r}} &= -\ k^2\boldsymbol{T} \quad\quad + \dot{k}\boldsymbol{N} + k\tau\boldsymbol{B}. \end{aligned}$$

由此可得

$$k = \|\ddot{\boldsymbol{r}}\|,$$

$$\tau = \frac{(\dot{\boldsymbol{r}}, \ddot{\boldsymbol{r}}, \dddot{\boldsymbol{r}})}{\|\ddot{\boldsymbol{r}}\|^2},$$

在这里，我们用记号 $(\boldsymbol{u}, \boldsymbol{v}, \boldsymbol{w})$ 表示向量 $\boldsymbol{u}, \boldsymbol{v}$ 和 $\boldsymbol{w}$ 的混合积：

$$(\boldsymbol{u}, \boldsymbol{v}, \boldsymbol{w}) = (\boldsymbol{u} \times \boldsymbol{v}) \cdot \boldsymbol{w}.$$

对于更一般的参数，我们有

$$\boldsymbol{r}' = \dot{\boldsymbol{r}} \frac{\mathrm{d}s}{\mathrm{d}t},$$

$$\boldsymbol{r}'' = \dot{\boldsymbol{r}} \frac{\mathrm{d}^2s}{\mathrm{d}t^2} + \ddot{\boldsymbol{r}} \left(\frac{\mathrm{d}s}{\mathrm{d}t}\right)^2,$$

$$r''' = \dot{r}\frac{\mathrm{d}^3 s}{\mathrm{d}t^3} + 3\ddot{r}\frac{\mathrm{d}s}{\mathrm{d}t}\frac{\mathrm{d}^2 s}{\mathrm{d}t^2} + \dddot{r}\left(\frac{\mathrm{d}s}{\mathrm{d}t}\right)^3.$$

因为

$$\dot{r} = T, \quad \ddot{r} = kN,$$
$$\dot{r} \times \ddot{r} = kB,$$

所以

$$\|\ddot{r}\| = \|\dot{r} \times \ddot{r}\| = k.$$

于是,我们得到

$$\|r'\| = \frac{\mathrm{d}s}{\mathrm{d}t},$$

$$\|r' \times r''\| = \|\dot{r} \times \ddot{r}\|\left(\frac{\mathrm{d}s}{\mathrm{d}t}\right)^3 = k\left(\frac{\mathrm{d}s}{\mathrm{d}t}\right)^3,$$

$$(r', r'', r''') = (\dot{r}, \ddot{r}, \dddot{r})\left(\frac{\mathrm{d}s}{\mathrm{d}t}\right)^6.$$

由此得到一般参数曲线的曲率与挠率的计算公式:

$$k = \frac{\|r' \times r''\|}{\|r'\|^3},$$

$$\tau = \frac{(\dot{r}, \ddot{r}, \dddot{r})}{k^2} = \frac{(r', r'', r''')}{\|r' \times r''\|^2}.$$

2. e   关于曲线运动的讨论

最后,我们利用本节得到的结果,考查质点的曲线运动. 设运动质点的轨迹是曲线

$$r = r(t),$$

这里的参数 t 是时间. 将 $r(t)$ 对时间参数 t 求导,就可求得运动的速度与加速度. 运动的速度为

$$v = \frac{\mathrm{d}r}{\mathrm{d}t} = \frac{\mathrm{d}r}{\mathrm{d}s}\frac{\mathrm{d}s}{\mathrm{d}t} = vT,$$

这里

$$v = \frac{\mathrm{d}s}{\mathrm{d}t}$$

22

是速度的数值——路程对时间的导数. 运动的加速度为

$$a = \frac{d\boldsymbol{v}}{dt}$$

$$= \frac{dv}{dt}\boldsymbol{T} + v\,\frac{d\boldsymbol{T}}{ds}\,\frac{ds}{dt}$$

$$= \frac{dv}{dt}\boldsymbol{T} + v^2 k\boldsymbol{N}$$

$$= \frac{dv}{dt}\boldsymbol{T} + \frac{v^2}{\rho}\boldsymbol{N},$$

这里 k 是运动轨迹的曲率, ρ 是曲率半径.

我们看到,运动的速度沿着轨迹曲线的切线方向,其数值等于 $\frac{ds}{dt}$;运动的加速度分解为两个分量——切向加速度与法向加速度. 切向加速度沿运动轨迹的切线方向,其数值为

$$a_T = \frac{dv}{dt}.$$

法向加速度沿运动轨迹的主法线方向,其数值与速度的平方成正比,与曲率半径成反比:

$$a_N = \frac{v^2}{\rho}.$$

§3 曲面的第一与第二基本形式

在本节中,我们考查曲面上曲线的弧长与曲率,从而引出第一基本形式与第二基本形式.

设曲面的参数方程为

(3.1) $\qquad \boldsymbol{r} = \boldsymbol{r}(u,v), \quad (u,v)\in\Delta.$

为了讨论方便,我们假定 $\boldsymbol{r}(u,v)$ 连续可微足够多次并且满足正则条件:

(3.2) $\qquad \boldsymbol{r}_u \times \boldsymbol{r}_v \neq 0, \quad \forall\,(u,v)\in\Delta.$

在这条件下,曲面在每一点有确定的法线(因而有确定的切平面).

我们约定用记号 $\boldsymbol{n}=\boldsymbol{n}(u,v)$ 表示曲面在给定点的单位法向量:

$$n = \frac{r_u \times r_v}{\|r_u \times r_v\|}.$$

3. a 曲面上曲线的弧长与曲面的第一基本形式

我们来考查曲面(3.1)上的一条连续可微曲线

(3.3) $$r = r(u(t), v(t)), \quad t \in J,$$

这里假设 $u(t)$ 和 $v(t)$ 都在区间 J 上连续可微. 将(3.3)式对 t 求导得

$$r' = r_u \frac{\mathrm{d}u}{\mathrm{d}t} + r_v \frac{\mathrm{d}v}{\mathrm{d}t},$$

$$\mathrm{d}r = r_u \mathrm{d}u + r_v \mathrm{d}v.$$

曲线(3.3)的弧长微元可以表示为

$$\mathrm{d}s = \|r'\| \mathrm{d}t = \pm \|r' \mathrm{d}t\| = \pm \|\mathrm{d}r\|.$$

因而

$$\mathrm{d}s^2 = \|\mathrm{d}r\|^2$$
$$= (\mathrm{d}r, \mathrm{d}r)$$
$$= E\mathrm{d}u^2 + 2F\mathrm{d}u\mathrm{d}v + G\mathrm{d}v^2,$$

这里

$$E = (r_u, r_u), \quad F = (r_u, r_v),$$
$$G = (r_v, r_v).$$

我们约定记

$$I(\mathrm{d}u, \mathrm{d}v) = E\mathrm{d}u^2 + 2F\mathrm{d}u\mathrm{d}v + G\mathrm{d}v^2.$$

于是,曲面(3.1)上的曲线的弧长,可按下式计算:

$$S = s_0 + \int_{t_0}^{t} \sqrt{E\left(\frac{\mathrm{d}u}{\mathrm{d}t}\right)^2 + 2F \frac{\mathrm{d}u}{\mathrm{d}t} \frac{\mathrm{d}v}{\mathrm{d}t} + G\left(\frac{\mathrm{d}v}{\mathrm{d}t}\right)^2} \, \mathrm{d}t$$

$$= s_0 + \int_{t_0}^{t} \sqrt{I\left(\frac{\mathrm{d}u}{\mathrm{d}t}, \frac{\mathrm{d}v}{\mathrm{d}t}\right)} \, \mathrm{d}t.$$

我们把微分 $\mathrm{d}u$ 和 $\mathrm{d}v$ 的二次型

$$I = E\mathrm{d}u^2 + 2F\mathrm{d}u\mathrm{d}v + G\mathrm{d}v^2$$

叫做曲面的第一基本形式. 曲面上曲线的弧长取决于这曲面的第

24

一基本形式. 在下一章中我们还将看到,曲面块的面积也取决于这曲面的第一基本形式. 因此我们说: 第一基本形式决定了曲面的度量性质.

3. b 曲面上曲线的曲率与曲面的第二基本形式

考查曲面上曲线的自然参数方程

$$(3.4) \qquad \boldsymbol{r} = \boldsymbol{r}(u(s), v(s)), \quad s \in J.$$

为了讨论方便,我们假设 $u(s)$ 和 $v(s)$ 至少是二阶连续可微的. 对(3.4)式求导得

$$\dot{\boldsymbol{r}} = \boldsymbol{r}_u \frac{\mathrm{d}u}{\mathrm{d}s} + \boldsymbol{r}_v \frac{\mathrm{d}v}{\mathrm{d}s}$$

$$\ddot{\boldsymbol{r}} = \boldsymbol{r}_{uu} \left(\frac{\mathrm{d}u}{\mathrm{d}s} \right)^2 + 2\boldsymbol{r}_{uv} \frac{\mathrm{d}u}{\mathrm{d}s} \frac{\mathrm{d}v}{\mathrm{d}s}$$

$$\qquad + \boldsymbol{r}_{vv} \left(\frac{\mathrm{d}v}{\mathrm{d}s} \right)^2 + \boldsymbol{r}_u \frac{\mathrm{d}^2 u}{\mathrm{d}s^2} + \boldsymbol{r}_v \frac{\mathrm{d}^2 v}{\mathrm{d}s^2}.$$

因为

$$\boldsymbol{n} \cdot \boldsymbol{r}_u = \boldsymbol{n} \cdot \boldsymbol{r}_v = 0,$$

所以

$$\boldsymbol{n} \cdot \ddot{\boldsymbol{r}} = \boldsymbol{n} \cdot \boldsymbol{r}_{uu} \left(\frac{\mathrm{d}u}{\mathrm{d}s} \right)^2 + 2\boldsymbol{n} \cdot \boldsymbol{r}_{uv} \frac{\mathrm{d}u}{\mathrm{d}s} \frac{\mathrm{d}v}{\mathrm{d}s} + \boldsymbol{n} \cdot \boldsymbol{r}_{vv} \left(\frac{\mathrm{d}v}{\mathrm{d}s} \right)^2$$

$$\qquad = \frac{L \mathrm{d}u^2 + 2M \mathrm{d}u \mathrm{d}v + N \mathrm{d}v^2}{\mathrm{d}s^2},$$

这里

$$L = \boldsymbol{n} \cdot \boldsymbol{r}_{uu}, \quad M = \boldsymbol{n} \cdot \boldsymbol{r}_{uv}, \quad N = \boldsymbol{n} \cdot \boldsymbol{r}_{vv}.$$

我们把关于 $\mathrm{d}u$ 和 $\mathrm{d}v$ 的二次型

$$\mathbb{II} = L \mathrm{d}u^2 + 2M \mathrm{d}u \mathrm{d}v + N \mathrm{d}v^2$$

叫做曲面的第二基本形式. 利用第一和第二基本形式的记号,可以把上面求得的式子写成

$$(3.5) \qquad \boldsymbol{n} \cdot \ddot{\boldsymbol{r}} = \frac{\mathbb{II}}{\mathbb{I}}.$$

如果把 $\boldsymbol{n}$ 与 $\ddot{\boldsymbol{r}}$ 之间的夹角记为 θ，那么

$$\boldsymbol{n} \cdot \ddot{\boldsymbol{r}} = \|\ddot{\boldsymbol{r}}\| \cos \theta = k \cos \theta,$$

其中的 $k = \|\ddot{\boldsymbol{r}}\|$ 是曲线 (3.4) 的曲率. 于是上面所得的式子 (3.5) 又可写成

(3.6) $$k \cos \theta = \frac{\mathrm{II}}{\mathrm{I}}.$$

我们把

$$k_n = k_n(\mathrm{d}u, \mathrm{d}v) = \frac{\mathrm{II}(\mathrm{d}u, \mathrm{d}v)}{\mathrm{I}(\mathrm{d}u, \mathrm{d}v)}$$

叫做曲面在给定点沿方向 $(\mathrm{d}u, \mathrm{d}v)$（或者说沿方向 $\boldsymbol{r}_u \mathrm{d}u + \boldsymbol{r}_v \mathrm{d}v$）的法曲率. 上面的 (3.6) 式又可写成

(3.7) $$k \cos \theta = k_n.$$

在曲面的给定点，通过曲面法线的任何一张平面都被称为**法面**. 法面截曲面所得到的曲线被称为**法截线**. 请读者注意，每一个切方向

$$\boldsymbol{r}_u \mathrm{d}u + \boldsymbol{r}_v \mathrm{d}v$$

与曲面的法线共同决定一张法面，从而也共同决定一条法截线. 容易看出：法截线的主法线向量在曲面过该点的法线上，因而有

$$\theta = 0 \quad \text{或者} \quad \theta = \pi.$$

由 (3.7) 式可知，法截线在给定点的曲率为

$$\pm k_n.$$

换句话说，在曲面的给定点，沿任意给定的切方向，法曲率的绝对值 $|k_n|$ 就是法截线的曲率，有了第一与第二基本形式，就能计算沿任何方向的法曲率，从而也就能够了解曲面在给定点沿任何方向的弯曲程度. 法曲率的倒数

$$\rho_n = \frac{1}{k_n}$$

被称为**法曲率半径**. (3.7) 式又可以写成

(3.8) $$\rho = \rho_n \cdot \cos \theta.$$

为了给(3.8)式一个直观的几何解释,我们设法把曲率半径看成向量:在曲线 $r=r(s)$ 的非平直点,约定把向量

$$\rho N = \frac{1}{k} N = \frac{1}{k^2}\ddot{r}$$

看作曲线在这点的曲率半径. 这样,曲率半径越短意味着曲线在这点弯曲得越厉害. 类似地,在曲面 $r=r(u,v)$ 的给定点,我们约定把向量

$$\rho_n \boldsymbol{n}$$

看作曲面在这点(沿给定切方向)的法曲率半径. 请注意,看作向量的法曲率半径与相应的法截线的曲率半径相等. 在作了上面这些约定之后,我们可以把(3.8)式解释为:

定理 在曲面上,过给定点并且具有共同切方向的所有曲线当中,法截线的曲率半径最长,其他曲线的曲率半径等于法曲率半径在该曲线的密切平面上的投影(请参看图 14-3).

这一结果被称为默尼埃(Meusnier)定理.

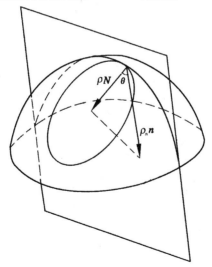

图 14-3 默尼埃定理图示

在结束这一章的时候,为了以后讨论的需要,我们来解释多元函数在闭集上的可微性.

为了讨论多元函数 f 在点 x_0 的可微性,首先应要求这函数在该点的某个邻域内有定义.设函数 f 在闭集 F 上有定义.如果能将函数 f 的定义扩充到某个包含了 F 的开集 G 上,并且扩充后的函数是可微的(或连续可微的),那么我们就说函数 f 在闭集 F 上是可微的(或连续可微的).

这样,以后的讨论中所出现的,定义于闭区域上的连续可微的参数曲面,就有了明确的含义.

第十五章　第一型曲线积分与第一型曲面积分

§1　第一型曲线积分

我们已经知道怎样计算连续可微曲线的弧长(第六章§3). 在本节中,将对曲线弧长的概念作更细致的说明,然后讨论第一型曲线积分.

1. a　可求长曲线

考查 $\mathbb{R}^3$ 中的一条连续的参数曲线

$$(1.1) \qquad\qquad r = r(t), \quad t \in [\alpha, \beta].$$

如果曲线(1.1)的起点与终点重合,即

$$r(\alpha) = r(\beta),$$

那么我们就说这是一条闭曲线,如果曲线(1.1)没有自交点(即除非是 $t' = \alpha, t'' = \beta$,只要 $t' < t''$,就有 $r(t' \neq r(t''))$),那么我们就说这曲线是简单曲线. 参数方程(1.1)用分量表示就是

$$(1.1)' \qquad\qquad \begin{cases} x = x(t), \\ y = y(t), \quad t \in [\alpha, \beta]. \\ z = z(t), \end{cases}$$

设 $P' = (x(t'), y(t'), z(t'))$ 和 $P'' = (x(t''), y(t''), z(t''))$ 是曲线(1.1)上的两点,则联结这两点的直线段的长度可以表示为

$$\sqrt{(x(t') - x(t''))^2 + (y(t') - y(t''))^2 + (z(t') - z(t''))^2},$$

也就是

$$\|r(t') - r(t'')\|.$$

假设 γ 是一条简单曲线,它的参数方程是(1.1). 考查参数区间 $[\alpha, \beta]$ 的任意一个分割

$$\pi: \alpha = t_0 < t_1 < \cdots < t_n = \beta.$$

对于 $k=1,\cdots,n$，将曲线 γ 上参数为 t_{k-1} 与 t_k 的点用直线段联结起来，我们得到内接于 γ 的一条折线. 这折线的长度可以表示为

$$\lambda(\gamma, \pi) = \sum_{i=1}^{n} \| r(t_i) - r(t_{i-1}) \|.$$

定义 1 如果

$$\sup_{\pi} \lambda(\gamma, \pi) < +\infty,$$

那么我们就说 γ 是一条可求长曲线，并约定把

$$l(\gamma) = \sup_{\pi} \lambda(\gamma, \pi)$$

叫做曲线 γ 的**弧长**.

定理 1 设 γ 是用参数方程 (1.1) 表示的一条简单连续曲线，则 γ 可求长的充分必要条件是存在有穷极限：

$$\lim_{|\pi| \to 0} \lambda(\gamma, \pi),$$

其中 $|\pi| = \max\limits_{1 \leqslant j \leqslant n} \| r(t_j) - r(t_{j-1}) \|$.

证明 **充分性** 设存在有穷极限

$$\lim_{|\pi| \to 0} \lambda(\gamma, \pi) = I.$$

则对 $\varepsilon = 1$，可选择 $\delta > 0$，使得

$$|\pi'| < \delta \implies \lambda(\gamma, \pi') < I + 1.$$

现在设 π 是区间 $[\alpha, \beta]$ 的任意一个分割. 我们可以用增加分点的办法将 π 进一步细分为 π'，使得

$$|\pi'| < \delta,$$

于是就有

$$\lambda(\gamma, \pi) \leqslant \lambda(\gamma, \pi') < I + 1.$$

这证明了

$$\sup_{\pi} \lambda(\gamma, \pi) < I + 1 < +\infty.$$

必要性 如果

$$\sup_{\pi} \lambda(\gamma, \pi) = J < +\infty,$$

那么对任何 $\varepsilon > 0$，存在 $[\alpha, \beta]$ 的分割

30

$$\pi_0 : \alpha = \tau_0 < \tau_1 < \cdots < \tau_{m+1} = \beta,$$

使得

$$J - \frac{\varepsilon}{2} < \lambda(\gamma, \pi_0) \leqslant J.$$

由于函数 $r(t) = (x(t), y(t), z(t))$ 在闭区间 $[\alpha, \beta]$ 一致连续,存在 $\delta, 0 < \delta < |\pi_0|$,使得只要

$$|t' - t''| < \delta$$

就有

$$\|r(t') - r(t'')\| < \frac{\varepsilon}{4m}$$

(这里 m 是分割 π_0 在 (α, β) 内的分界点的数目). 现在设 π 是 $[\alpha, \beta]$ 的任意一个分割,满足这样的条件

$$|\pi| < \delta.$$

将 π_0 和 π 的分点合在一起,得到 $[\alpha, \beta]$ 的一个分割 π_1. 显然有

$$J - \frac{\varepsilon}{2} < \lambda(\gamma, \pi_0) \leqslant \lambda(\gamma, \pi_1) \leqslant J.$$

下面来证明

$$J - \varepsilon < \lambda(\gamma, \pi) \leqslant J.$$

为书写简单,我们引入记号

$$\varphi(t', t'') = \|r(t') - r(t'')\|.$$

和式

$$\lambda(\gamma, \pi) = \sum_i \varphi(t_{i-1}, t_i)$$

可以拆成两部分:

$$\lambda(\gamma, \pi) = {\sum_j}' \varphi(t_{j-1}, t_j) + {\sum_k}'' \varphi(t_{k-1}, t_k),$$

其中第一部分所涉及的参数区间 $[t_{j-1}, t_j]$ 内部不含有 π_0 的分点;第二部分所涉及的参数区间内部含有 π_0 的分点(后一类区间总数不超过 m 个). 和数 $\lambda(\gamma, \pi_1)$ 与和数 $\lambda(\gamma, \pi)$ 相比较,差别只是第二部分和数中的每一项 $\varphi(t_{k-1}, t_k)$ 被改变为

31

$$\varphi(t_{k-1},\tau) + \varphi(\tau,t_k).$$

因为

$$\varphi(t_{k-1},\tau) + \varphi(\tau,t_k) - \varphi(t_{k-1},t_k)$$
$$\leqslant \varphi(t_{k-1},\tau) + \varphi(\tau,t_k)$$
$$< \frac{\varepsilon}{2m},$$

所以

$$\lambda(\gamma,\pi_1) - \lambda(\gamma,\pi) < \frac{\varepsilon}{2}.$$

由此得到

$$J \geqslant \lambda(\gamma,\pi)$$
$$\geqslant \lambda(\gamma,\pi_1) - \frac{\varepsilon}{2} > J - \varepsilon.$$

我们证明了

$$\lim_{|\pi| \to 0} \lambda(\gamma,\pi) = J. \quad \square$$

推论 设 γ：$\boldsymbol{r} = \boldsymbol{r}(t)$，$t \in [\alpha,\beta]$，是一条连续可微（或分段连续可微）的参数曲线，则 γ 是可求长的，并且

$$l(\gamma) = \int_\alpha^\beta \|\boldsymbol{r}'(t)\| \mathrm{d}t.$$

1.b 第一型曲线积分

设有一段质地不均匀的直金属线 L 放置在 OX 轴上，所占的位置是闭区间 $[a,b]$. 设这金属线在点 x 处的线密度等于 $\rho(x)$[①]. 我们来求金属线 L 的质量 m. 这是一道典型的定积分应用题. 利用微元法，很容易写出计算公式

---

① 设 x 是线状材料 L 上的一点. 在 x 点邻近取一小段长度 Δl，将这一小段材料的质量记为 Δm，则 L 在 x 点的线密度定义为
$$\rho(x) = \lim_{\Delta l \to 0} \frac{\Delta m}{\Delta l}.$$

$$m = \int_L \rho(x)\mathrm{d}x = \int_a^b \rho(x)\mathrm{d}x.$$

再来考虑一个类似的问题:如果 L 不是直金属线,而是一段弯曲的金属线,那么 L 的质量又该怎样计算? 为了解答这问题,我们用一串分点

$$A = P_0, P_1, \cdots, P_n = B$$

把 L 分成 n 小段(这里 A 和 B 是 L 的两端点). 在 P_{j-1} 到 P_j 这一小段曲线弧上任意选取一点

$$Q_j = (\xi_j, \eta_j, \zeta_j)$$

并把这小段曲线弧的长度记为

$$\Delta s_j.$$

于是,从 P_{j-1} 到 P_j 这一小段金属线的质量可以近似地表示为

$$\Delta m_j = \rho(Q_j)\Delta s_j = \rho(\xi_j, \eta_j, \zeta_j)\Delta s_j.$$

整段金属线 L 的总质量可以近似地表示为

(1.2)
$$\sum_{j=1}^n \Delta m_j = \sum_{j=1}^n \rho(Q_j)\Delta s_j$$
$$= \sum_{j=1}^n \rho(\xi_j, \eta_j, \zeta_j)\Delta s_j.$$

如果所分弧段的最大长度趋于 0:

$$d = \max_j \{\Delta s_j\} \to 0,$$

那么(1.2)式的极限就应该是所求的质量:

$$m = \lim_{d \to 0} \sum_{j=1}^n \rho(Q_j)\Delta s_j.$$

这里的"分割——近似——求和——求极限"的手续,与定积分的情形十分类似,但却是沿着一条曲线实施的. 由此可以引出第一型曲线积分的一般定义.

定义 2 设 L 是 $\mathbb{R}^3$ 中的一条可求长曲线,函数 $f(x, y, z)$ 在 L 上有定义. 我们用依次排列的分点

$$A = P_0, P_1, \cdots, P_n = B$$

把 L 分成 n 段(A 和 B 是 L 的端点,对于闭曲线的情形认为 $A=B$). 约定把从 P_{j-1} 到 P_j 这一小段的曲线弧长记为 Δs_j,并记

$$d = \max_{1 \leqslant j \leqslant n}\{\Delta s_j\}.$$

在弧段 $P_{j-1}P_j$ 上任意选取点 $Q_j(j=1,2,\cdots,n)$,然后作和数

(1.3) $$\sum_{j=1}^{n} f(Q_j)\Delta s_j.$$

如果当 $d \to 0$ 时和数(1.3)收敛于有穷极限,那么我们就把这极限叫做函数 f 沿曲线 L 的第一型曲线积分,记为

$$\int_L f(P)\mathrm{d}s = \lim_{d \to 0}\sum_{j=1}^{n} f(Q_j)\Delta s_j.$$

注记 我们把这种对弧长的积分叫做"第一型"曲线积分,是为了与以后将要学习的另一种曲线积分相区别.

读者容易看出:与定积分的情形类似,作为和数的极限的第一型曲线积分,具有**线性**、**可加性**等性质.

如果以弧长 s 作为参数把曲线 L 的方程写成

$$x = x(s), \quad y = y(s), \quad z = z(s),$$
$$s_0 \leqslant s \leqslant s_*,$$

那么根据定义立即就可以把第一型曲线积分表示为定积分

$$\int_L f(P)\mathrm{d}s = \int_{s_0}^{s_*} f(x(s),y(s),z(s))\mathrm{d}s.$$

非弧长参数的连续可微曲线(或者分段连续可微曲线),可以通过变元替换化成以弧长为参数的情形. 我们有以下的计算公式:

定理 2 设 $L:r=r(t),t\in[\alpha,\beta]$,是一条连续可微的参数曲线,满足条件

$$r'(t) \neq 0, \quad \forall t\in(\alpha,\beta),$$

并设函数 f 在 L 上连续. 则 f 沿着 L 的第一型曲线积分存在,并且这积分可按下式计算:

$$\int_L f(P)\mathrm{d}s$$

34

$$= \int_\alpha^\beta f(x(t),y(t),z(t))\sqrt{(x'(t))^2 + (y'(t))^2 + (z'(t))^2}\mathrm{d}t.$$

证明　在所给的条件下,曲线 L 是可求长的,其弧长表示为

$$s = \int_a^t \sqrt{(x'(t))^2 + (y'(t))^2 + (z'(t))^2}\mathrm{d}t,$$

并且

$$\frac{\mathrm{d}s}{\mathrm{d}t} = \sqrt{(x'(t))^2 + (y'(t))^2 + (z'(t))^2} > 0.$$

根据反函数定理,参数 t 是弧长 s 的连续可微函数:

$$t = t(s).$$

于是,我们可以用弧长 s 作为参数,将曲线 L 的方程写成

$$x = x(t(s)), \quad y = y(t(s)), \quad z = z(t(s)),$$
$$0 \leqslant s \leqslant s_*.$$

函数 f 沿 L 的第一型曲线积分表示为

$$\int_L f(P)\mathrm{d}s = \int_0^{s_*} f(x(t(s)),y(t(s)),z(t(s)))\mathrm{d}s.$$

在上式中作变元替换

$$s = \int_a^t \sqrt{(x'(t))^2 + (y'(t))^2 + (z'(t))^2}\mathrm{d}t$$

就得到定理中的计算公式.　□

§2　曲面面积与第一型曲面积分

与上节的情形类似,我们先讨论这样一个问题:怎样计算由不均匀材料制成的曲面片的质量? 设这曲面片 S 在点 $Q = (x, y, z)$ 处的面密度为 $\rho(Q)$[①]. 我们把曲面片 S 分成若干小曲面块

$$S_1, S_2, \cdots, S_n,$$

把曲面块 S_j 的直径(即 S_j 上任意两点距离之上确界)记为 d_j,并记

———————

① 读者可以仿照线密度的情形叙述面密度的定义.

$$d = \max \{d_1, d_2, \cdots, d_n\}.$$

将曲面块 S_j 的面积记为 $\sigma(S_j)$，在每一块 S_j 上任意选取一点 Q_j，然后作和数

(2.1) $$\sum_{j=1}^{n} \rho(Q_j)\sigma(S_j).$$

让 $d \to 0$，和数(2.1)的极限就应该表示曲面片 S 的质量.

从上面例子的讨论可以引出第一型曲面积分的概念. 但在叙述正式的定义之前，我们还需要弄清楚曲面面积的含义. ——曲面面积的概念并不像乍一想来那么简单，这也许有点出人意料.

2. a　曲面面积

我们曾把曲线的弧长定义为内接折线长度的上确界. 以前，人们也曾模糊地认为，可以把曲面面积定义为内接折面面积的上确界. 然而，上世纪末德国数学家许瓦茨(H. A. Schwarz)举出了一个反例，说明即使像直圆柱面这样简单的曲面，也可以具有面积任意大的内接折面，——内接折面面积的上确界是 $+\infty$！因此，我们不能把曲面面积定义为内接折面面积的上确界.

我们将许瓦茨的例子稍作改变，以便更直观地用几何方式说明问题.

考查一个半径为 R 高为 H 的直圆柱(为了叙述方便，我们认为这直圆柱是竖直放置的——其母线垂直于水平面). 取充分大的自然数 m，作内接于圆柱的正 2^m 棱柱 P. 下面，我们从 P 的侧面出发，作一串更接近于圆柱侧面 S 的内接折面. 设 ABB_1A_1 是 P 的一个侧面矩形. 过矩形 ABB_1A_1 的中心 D，作这矩形面的垂线，交这矩形所截的较小的那一段圆柱面于 C. 用直线段联结 AC, BC，B_1C, A_1C. 我们从矩形面 ABB_1A_1 出发，得到了由四个三角形面组成的内接于圆柱侧面的折面 ABB_1A_1C(图 15-1). 请注意，具有水平边的两三角形面积之和大于

$$AB \cdot CD.$$

把 AA_1 的中点记为 A_2,BB_1 的中点记为 B_2,对矩形 ABB_2A_2 和 $A_1B_1B_2A_2$ 重复上面的做法,得到 $ABB_2A_2C_1$ 和 $A_1B_1B_2A_2C_2$. 将这两块拼起来代替 ABB_1A_1C. 我们看到:具有水平边的四个三角形面积之和大于

$$2AB \cdot CD.$$

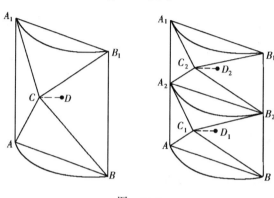

图 15-1

继续上面所说的手续,在对 P 的每一侧面做了 n 次对分之后,我们得到内接于圆柱面的一个折面,这折面的具有水平边的各三角形的面积之和大于

$$2^{m+n}AB \cdot CD.$$

对于任意取定的 m,只要 n 充分大,所作的内接折面的面积可以大于预先给定的任何正数.

读者已经注意到,随着 n 越来越大,所作折面中具有水平边的各三角形面与圆柱面的切平面的夹角也越来越大. 这正是问题的症结所在. 为了合理地定义曲面面积,就应要求逼近曲面的各平面小块趋于与曲面切面平行的位置. 从这分析得到启发,我们作出如下的定义:

设 S 是一块连续可微曲面,它在每一点有确定的切平面. 用分段连续可微的曲线将 S 分成若干小块:

$$S_1, S_2, \cdots, S_n,$$

——我们把 S 的这样一个分割记为 π，并约定记

$$|\pi| = \max_{1 \leqslant j \leqslant n} \operatorname{diam} S_j,$$

这里 $\operatorname{diam} S_j$ 表示集合 S_j 的直径. 在所分割的每一小块 S_j 中任取一点 Q_j，过 Q_j 作 S 的切平面 T_j. 将 S_j 垂直投影于 T_j 上，得到 T_j 上的一块平面区域. 这平面区域的面积记为 $\tau(S_j)$. 考查和数

$$(2.2) \qquad \tau(S, \pi) = \sum_{j=1}^n \tau(S_j).$$

曲面块 S 的面积 $\sigma(S)$ 就定义为

$$\sigma(S) = \lim_{|\pi| \to 0} \tau(S, \pi).$$

下面推导曲面面积的计算公式. 先介绍简单曲面、正则曲面等概念.

设 D 是 $\mathbb{R}^2$ 中的一个区域，向量值函数 $r(u, v)$ 在 D 上连续，曲面 S 的参数方程为

$$r = r(u, v), \quad (u, v) \in D.$$

如果映射 $r(u, v)$ 是单一对应，那么我们就说 S 是**简单曲面**.

设 D 是 $\mathbb{R}^2$ 中的一个区域，曲面 S 的参数方程为

$$r = r(u, v), \quad (u, v) \in D.$$

如果 $r(u, v)$ 是连续可微映射并且满足条件

$$r_u \times r_v \neq 0, \quad \forall (u, v) \in D,$$

那么我们就说 S 是**正则曲面**.

我们来推导计算正则简单曲面面积的公式. 设正则简单曲面 S 的参数方程为

$$r = r(u, v) \quad (u, v) \in D.$$

用参数曲线网

$$u = 常数, \quad v = 常数$$

把曲面 S 分成小块. 每一小块在切平面上的投影的面积可以近似

38

地表示为(参看图 15-2)：

$$\| \boldsymbol{r}_u \Delta u \times \boldsymbol{r}_v \Delta v \| = \| \boldsymbol{r}_u \times \boldsymbol{r}_v \| \Delta u \Delta v.$$

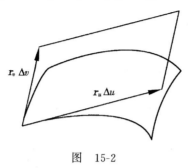

图　15-2

于是

$$\tau(S, \pi) = \sum \| \boldsymbol{r}_u \times \boldsymbol{r}_v \| \Delta u \Delta v.$$

由此得到

$$\sigma(S) = \lim_{|\pi| \to 0} \tau(S, \pi)$$

$$= \iint_{D} \| \boldsymbol{r}_u \times \boldsymbol{r}_v \| \mathrm{d}u \mathrm{d}v.$$

这就是简单正则曲面面积的计算公式.

我们考查这样的情形：S 只是分块正则的曲面,而且可以有重点. 如果能够把 S 剖分成若干块正则简单曲面,那么就可以分块计算面积,然后再相加. 如果这时 S 仍有统一的参数表示：

$$\boldsymbol{r} = \boldsymbol{r}(u, v), \quad (u, v) \in D,$$

那么仍有同样形式的计算面积的公式：

$$\sigma(S) = \iint_{D} \| \boldsymbol{r}_u \times \boldsymbol{r}_v \| \mathrm{d}u \mathrm{d}v.$$

下面,我们把曲面面积的计算公式改写为几种形式,以便于以后引用.

第一种形式　因为

$$\boldsymbol{r}_u \times \boldsymbol{r}_v = A\boldsymbol{i} + B\boldsymbol{j} + C\boldsymbol{k},$$

其中

$$A = \frac{\partial(y,z)}{\partial(u,v)}, \quad B = \frac{\partial(z,x)}{\partial(u,v)},$$

$$C = \frac{\partial(x,y)}{\partial(u,v)},$$

所以

$$\sigma(S) = \iint_{D} \sqrt{A^2 + B^2 + C^2}\,\mathrm{d}u\mathrm{d}v.$$

第二种形式　利用恒等关系

$$\|\boldsymbol{r}_u \times \boldsymbol{r}_v\|^2 + (\boldsymbol{r}_u, \boldsymbol{r}_v)^2 = \|\boldsymbol{r}_u\|^2\,\|\boldsymbol{r}_v\|^2,$$

可得

$$\|\boldsymbol{r}_u \times \boldsymbol{r}_v\| = \sqrt{\|\boldsymbol{r}_u\|^2\,\|\boldsymbol{r}_v\|^2 - (\boldsymbol{r}_u, \boldsymbol{r}_v)^2}.$$

我们回忆起

$$\|\boldsymbol{r}_u\|^2 = E, \quad \|\boldsymbol{r}_v\|^2 = G,$$

$$(\boldsymbol{r}_u, \boldsymbol{r}_v) = F,$$

——这里 E, F 和 G 是曲面第一基本形式的系数. 于是, 又得到

$$\sigma(S) = \iint_{D} \sqrt{EG - F^2}\,\mathrm{d}u\mathrm{d}v.$$

我们看到: 曲面的面积完全由这曲面的第一基本形式决定.

至于显式表示的曲面

$$z = f(x,y), \quad (x,y) \in D,$$

它可以看作参数曲面的一种特殊形式:

$$\begin{cases} x = x, \\ y = y, \\ z = f(x,y), \end{cases} \quad (x,y) \in D.$$

计算得

$$A = \frac{\partial(y,z)}{\partial(x,y)} = -\frac{\partial z}{\partial x} = -p,$$

$$B = \frac{\partial(z,x)}{\partial(x,y)} = -\frac{\partial z}{\partial y} = -q,$$

$$C = \frac{\partial(x,y)}{\partial(x,y)} = 1,$$

$$\sqrt{A^2 + B^2 + C^2} = \sqrt{\left(\frac{\partial z}{\partial x}\right)^2 + \left(\frac{\partial z}{\partial y}\right)^2 + 1}$$

$$= \sqrt{p^2 + q^2 + 1}.$$

因而有

$$\sigma(S) = \iint\limits_{D} \sqrt{p^2 + q^2 + 1}\ \mathrm{d}x\mathrm{d}y,$$

这里

$$p = \frac{\partial z}{\partial x}, \quad q = \frac{\partial z}{\partial y}.$$

2. b 第一型曲面积分

定义 设 S 是一张可求面积的曲面,函数 $f(x,y,z)$ 在 S 上有定义. 把 S 分割为有限块可求面积的小曲面块

$$S_1, S_2, \cdots, S_n$$

(我们把这样一个分割记为 π,并记

$$|\pi| = \max_{1 \leqslant j \leqslant n} \mathrm{diam}\, S_j.$$

这里 $\mathrm{diam}\, S_j$ 表示曲面块 S_j 的直径.)在每一小块曲面 S_j 上任意选取一点

$$Q_j = (\xi_j, \eta_j, \zeta_j) \quad (j = 1, 2, \cdots, n),$$

然后作和数

(2.3) $$\sum_{j=1}^{n} f(Q_j)\sigma(S_j) = \sum_{j=1}^{n} f(\xi_j, \eta_j, \zeta_j)\sigma(S_j).$$

当 $|\pi| \to 0$ 时和数(2.3)的极限就称为函数 f 沿曲面 S 的第一型曲面积分,记为

$$\iint\limits_{S} f(Q)\mathrm{d}\sigma = \lim_{|\pi| \to 0} \sum_{j=1}^{n} f(Q_j)\sigma(S_j).$$

读者容易看出:第一型曲面积分作为和数的极限,应该具有

线性及**可加性**等性质.

以下推导第一型曲面积分的计算公式. 基本的假设是:

(1) S 是正则简单曲面, 它的参数方程为
$$r = r(u,v), \quad (u,v) \in D,$$
——其中 D 是一个有界闭区域;

(2) 函数 $f(x,y,z)$ 在 S 上连续.

由于复合函数 $f(r(u,v))$ 在 D 上的一致连续性, 对任意 $\varepsilon > 0$, 可以作 D 的充分细的分割, 使得在所分成的每一闭子区域 D_j 上有:
$$|f(r(u,v)) - f(r(u',v'))| < \varepsilon,$$
$$\forall \ (u,v), (u',v') \in D_j.$$

在每一 D_j 上任意选取一点 (u_j, v_j), 记
$$Q_j = r(u_j, v_j).$$

又记
$$S_j: r = r(u,v), \quad (u,v) \in D_j.$$

我们来考查和数

(2.4)
$$\sum_j f(Q_j) \sigma(S_j)$$
$$= \sum_j f(r(u_j, v_j)) \iint_{D_j} W du dv,$$

这里为书写简便引入记号:

$$W = \|r_u \times r_v\|$$
$$= \sqrt{A^2 + B^2 + C^2} = \sqrt{EG - F^2},$$

$$A = \frac{\partial(y,z)}{\partial(u,v)}, \quad B = \frac{\partial(z,x)}{\partial(u,v)},$$

$$C = \frac{\partial(x,y)}{\partial(u,v)},$$

$$E = \|r_u\|^2, \quad G = \|r_v\|^2,$$

$$F = (r_u, r_v).$$

将和数(2.4)与下面的积分 J 比较:

$$J = \iint\limits_D f(\boldsymbol{r}(u,v))W\mathrm{d}u\mathrm{d}v$$

$$= \sum_j \iint\limits_{D_j} f(\boldsymbol{r}(u,v))W\mathrm{d}u\mathrm{d}v$$

我们看到

$$\left| \sum_j f(Q_j)\sigma(S_j) - J \right|$$

$$\leqslant \sum_j \iint\limits_{D_j} |f(\boldsymbol{r}(u_j,v_j)) - f(\boldsymbol{r}(u,v))|W\mathrm{d}d v$$

$$\leqslant \varepsilon \sum_j \iint\limits_{D_j} W\mathrm{d}u\mathrm{d}v = \varepsilon\sigma(S).$$

这证明了

$$\lim \sum_j f(Q_j)\sigma(S_j) = J.$$

在所设条件下,我们推导出第一型曲面积分的计算公式:

$$\iint\limits_S f(Q)\mathrm{d}\sigma$$

$$= \iint\limits_D f(x(u,v),y(u,v),z(u,v))W\mathrm{d}u\mathrm{d}v,$$

其中

$$W = \|\boldsymbol{r}_u \times \boldsymbol{r}_v\|$$

$$= \sqrt{A^2 + B^2 + C^2} = \sqrt{EG - F^2}.$$

还可以考查这样的情形: S 只是分块正则曲面. 对这情形,如果能够把 S 剖分成若干块正则简单曲面,那么就可以分块用上面的公式计算,然后再相加. 如果这时 S 仍有统一的参数表示:

$$\boldsymbol{r} = \boldsymbol{r}(u,v), \quad (u,v) \in D,$$

那么仍有同样形式的计算公式

$$\iint\limits_{S} f(Q) \mathrm{d}\sigma$$

$$= \iint\limits_{D} f(x(u,v), y(u,v), z(u,v)) W \mathrm{d}u \mathrm{d}v.$$

2. c 例题

例 1 设 S 是球面

$$x^2 + y^2 + z^2 = a^2,$$

试计算 S 的面积 $\sigma(S)$.

解 我们引入球面的参数方程

$$\boldsymbol{r} = \boldsymbol{r}(\theta, \varphi), \quad (\theta, \varphi) \in D,$$

这里

$$\boldsymbol{r}(\theta, \varphi) = (a\cos\theta\cos\varphi,\ a\sin\theta\cos\varphi,\ a\sin\varphi),$$

$$D = \left\{ (\theta, \varphi) \,|\, 0 \leqslant \theta \leqslant 2\pi,\ -\frac{\pi}{2} \leqslant \varphi \leqslant \frac{\pi}{2} \right\}.$$

计算得

$$\boldsymbol{r}_\theta = (-a\sin\theta\cos\varphi, a\cos\theta\cos\varphi, 0),$$

$$\boldsymbol{r}_\varphi = (-a\cos\theta\sin\varphi, -a\sin\theta\sin\varphi, a\cos\varphi),$$

$$E = \|\boldsymbol{r}_\theta\|^2 = a^2\cos^2\varphi,$$

$$F = (\boldsymbol{r}_\theta, \boldsymbol{r}_\varphi) = 0,$$

$$G = \|\boldsymbol{r}_\varphi\|^2 = a^2,$$

$$W = \sqrt{EG - F^2} = a^2\cos\varphi.$$

所求的面积为

$$\sigma(S) = \iint\limits_{D} \sqrt{EG - F^2}\, \mathrm{d}\theta\, \mathrm{d}\varphi$$

$$= a^2 \int_0^{2\pi} \mathrm{d}\theta \int_{-\pi/2}^{\pi/2} \cos\varphi\, \mathrm{d}\varphi = 4\pi a^2.$$

例 2 试计算球面

$$x^2 + y^2 + z^2 = a^2$$

被围在柱面

$$x^2 + y^2 = ax$$

之内的那一部分的面积.

解 由于对称性,所求的面积为其在第一卦限内的部分的 4 倍.仍用例 1 中的参数表示,我们把所求的面积表示为

$$\sigma(S) = 4 \iint\limits_{\Delta} \sqrt{EG - F^2}\, \mathrm{d}\theta \mathrm{d}\varphi$$

$$= 4a^2 \iint\limits_{\Delta} \cos\varphi \mathrm{d}\theta \mathrm{d}\varphi.$$

为确定积分区域 Δ,把球面的参数表示代入不等式

$$x^2 + y^2 \leqslant ax,$$

这样得到

$$\cos^2 \varphi \leqslant \cos\theta \cos\varphi.$$

我们看到:$(\theta, \varphi) \in \Delta$ 应满足这样的条件:

$$\begin{cases} 0 \leqslant \theta \leqslant \dfrac{\pi}{2},\ 0 \leqslant \varphi \leqslant \dfrac{\pi}{2}, \\ \cos^2 \varphi \leqslant \cos\theta \cos\varphi. \end{cases}$$

由此确定

$$\Delta = \left\{ (\theta, \varphi) \,\middle|\, 0 \leqslant \theta \leqslant \varphi \leqslant \frac{\pi}{2} \right\}.$$

所求的面积为

$$\sigma(S) = 4a^2 \int_0^{\pi/2} \mathrm{d}\theta \int_\theta^{\pi/2} \cos\varphi \mathrm{d}\varphi$$

$$= 4a^2 \int_0^{\pi/2} (1 - \sin\theta)\, \mathrm{d}\theta$$

$$= 4a^2 \left(\frac{\pi}{2} - 1 \right) = 2(\pi - 2)a^2.$$

例 3 试计算双曲抛物面 $z = xy$ 被围在圆柱面 $x^2 + y^2 = a^2$ 内的那一部分的面积.

解 计算得

$$p = \frac{\partial z}{\partial x} = y, \quad q = \frac{\partial z}{\partial y} = x,$$

$$\sqrt{p^2 + q^2 + 1} = \sqrt{x^2 + y^2 + 1}.$$

于是

$$\sigma(S) = \iint\limits_{x^2+y^2\leqslant a^2} \sqrt{x^2 + y^2 + 1}\, \mathrm{d}x\mathrm{d}y.$$

换极坐标计算得到

$$\sigma(S) = \int_0^{2\pi}\mathrm{d}\theta \int_0^a \sqrt{r^2 + 1}\, r\mathrm{d}r$$

$$= \frac{2\pi}{3}\big[(a^2 + 1)^{3/2} - 1\big].$$

例4 问以下两积分相差多少：

$$I = \iint\limits_S (x^2 + y^2 + z^2)\mathrm{d}\sigma,$$

$$J = \iint\limits_P (x^2 + y^2 + z^2)\mathrm{d}\sigma,$$

这里

$$S = \{(x,y,z)\,|\,x^2 + y^2 + z^2 = a^2\},$$
$$P = \{(x,y,z)\,|\,|x| + |y| + |z| = a\}.$$

解 根据曲面积分的定义，很容易求出第一个积分

$$I = \iint\limits_S a^2\mathrm{d}\sigma = 4\pi a^4.$$

利用对称性可以简化第二个积分的计算：

$$J = 8\iint\limits_{P_1} (x^2 + y^2 + z^2)\mathrm{d}\sigma,$$

这里的 P_1 是 P 在第一卦限的那一部分,这部分曲面可以用显式
方程表示为

$$z = a - x - y, \quad (x,y)\in\Delta_1,$$
$$\Delta_1 = \{(x,y)\,|\,x,y\geqslant 0,\ x + y \leqslant a\}.$$

计算得

$$p = \frac{\partial z}{\partial x} = -1, \quad q = \frac{\partial z}{\partial y} = -1,$$

$$\sqrt{p^2 + q^2 + 1} = \sqrt{3}.$$

于是得到

$$J = 8\sqrt{3} \iint\limits_{\Delta_1} [x^2 + y^2 + (a - x - y)^2] dx dy$$

$$= 8\sqrt{3} \Big[\iint\limits_{\Delta_1} x^2 dx dy + \iint\limits_{\Delta_1} y^2 dx dy$$

$$+ \iint\limits_{\Delta_1} (a - x - y)^2 dx dy \Big].$$

直接计算得

$$\iint\limits_{\Delta_1} x^2 dx dy = \iint\limits_{\Delta_1} y^2 dx dy$$

$$= \int_0^a dx \int_0^{a-x} y^2 dy = \frac{1}{12} a^4,$$

$$\iint\limits_{\Delta_1} (a - x - y)^2 dx dy$$

$$= \int_0^a dx \int_0^{a-x} (a - x - y)^2 dy$$

$$= \frac{1}{3} \int_0^a (a - x)^3 dx = \frac{1}{12} a^4.$$

我们得到

$$J = 2\sqrt{3} a^4,$$

因而

$$I - J = 2(2\pi - \sqrt{3}) a^4.$$

例 5 试计算积分

$$K = \iint\limits_S z d\sigma,$$

这里 S 是一段螺旋面：

$$r = (u\cos v, u\sin v, bv),$$
$$0 \leqslant u \leqslant a, \ 0 \leqslant v \leqslant b.$$

解 直接计算得到

$$r_u = (\cos v, \sin v, 0),$$
$$r_v = (-u\sin v, u\cos v, b),$$
$$E = \|r_u\|^2 = 1,$$
$$F = (r_u, r_v) = 0,$$
$$G = \|r_v\|^2 = u^2 + b^2,$$
$$\sqrt{EG - F^2} = \sqrt{u^2 + b^2}.$$

因而

$$K = \iint\limits_{\substack{0 \leqslant u \leqslant a \\ 0 \leqslant v \leqslant 2\pi}} bv\sqrt{u^2 + b^2}\,\mathrm{d}u\mathrm{d}v$$

$$= \pi^2 b\left(a\sqrt{a^2 + b^2} + b^2\ln\frac{a + \sqrt{a^2 + b^2}}{b}\right).$$

例 6 试计算积分

$$L = \iint\limits_{S} z^2\mathrm{d}\sigma,$$

其中 S 是球面 $x^2 + y^2 + z^2 = a^2$.

解 引入球面的参数表示当然可以进行计算(请读者自己练习),但利用对称性可以几乎不进行计算直接得出结果. 事实上,我们有

$$\iint\limits_{S} x^2\mathrm{d}\sigma = \iint\limits_{S} y^2\mathrm{d}\sigma = \iint\limits_{S} z^2\mathrm{d}\sigma,$$

所以

$$L = \frac{1}{3}\iint\limits_{S}(x^2 + y^2 + z^2)\mathrm{d}\sigma$$

$$= \frac{1}{3}\iint\limits_{S}a^2\mathrm{d}\sigma = \frac{4}{3}\pi a^4.$$

第十六章　第二型曲线积分与
第二型曲面积分

§1　第二型曲线积分

我们已经熟悉了"对弧长"的曲线积分——第一型曲线积分.
这里再来讨论"对坐标"的曲线积分——第二型曲线积分.

1.a　定义与性质

一条参数曲线

$$\gamma: r = r(t), \quad t \in J,$$

总是可以定向的. 例如我们可以选择参数 t 增加的方向为曲线的
正方向. 指定了正方向的一条曲线被称为**有向曲线**.

设在空间某区域 Ω 中有一个力场

$$F = F(x,y,z), \quad (x,y,z) \in \Omega.$$

设有一个单位质量的质点在这力场中沿一条曲线 γ 从 A 点移动
到 B 点. 我们来考查力场对这质点所做的功. 请注意, 在这样的问
题中, 应该把 γ 看作是从 A 到 B 的有向曲线. 因为沿同一条曲线,
从 B 移动到 A 所做的功, 与从 A 移动到 B 所做的功, 一般是不同
的(符号正好相反).

设曲线 γ 的参数方程为

$$r = r(t), \quad t \in [\alpha, \beta].$$

给参数区间一个分割

$$\pi: a = t_0 < t_1 < \cdots < t_n = \beta.$$

于是曲线 γ 被分成 n 小段. 在第 j 小段上, 力场对质点所做的功可
以近似地表示为

$$W_j = \boldsymbol{F} \cdot \Delta \boldsymbol{r}_j,$$

这里

$$\Delta \boldsymbol{r}_j = \boldsymbol{r}(t_j) - \boldsymbol{r}(t_{j-1}).$$

于是,力场对这质点所做的功可以近似地表示为:

$$\sum_{j=1}^{n} \boldsymbol{F} \cdot \Delta \boldsymbol{r}_j.$$

当 $|\pi| \to 0$ 时,上式的极限就应是所求的功 W:

(1.1) $$W = \lim_{|\pi| \to 0} \sum_{j=1}^{n} \boldsymbol{F} \cdot \Delta \boldsymbol{r}_j.$$

设 $P(x,y,z), Q(x,y,z)$ 和 $R(x,y,z)$ 是 $\boldsymbol{F}(x,y,z)$ 在三个坐标轴方向的分量,则(1.1)式又可以写成以下形式:

$$W = \lim_{|\pi| \to 0} \sum_{j=1}^{n} (P \Delta x_j + Q \Delta y_j + R \Delta z_j).$$

从以上讨论得到启发,引出了第二型曲线积分的定义.

设 γ 是一条连续参数曲线

$$\boldsymbol{r} = \boldsymbol{r}(t), \quad t \in [\alpha, \beta].$$

为确定起见,我们假定参数增加方向为曲线的正方向.

定义 设 γ 是如上所述的一条有向连续曲线,$P(M) = P(x,y,z)$ 是在 γ 上连续的一个数值函数.给曲线 γ 的参数区间 $[\alpha, \beta]$ 任意一个分割

$$\pi: a = t_0 < t_1 < \cdots < t_n <= \beta.$$

于是 γ 被剖分为曲线段

$$\gamma_1, \gamma_2, \cdots, \gamma_n,$$

这里

$$\gamma_j: \boldsymbol{r} = \boldsymbol{r}(t), \quad t \in [t_{j-1}, t_j],$$
$$j = 1, 2, \cdots, n.$$

在每一曲线段 γ_j 上任意选取一点

$$M_j = (x(\tau_j), y(\tau_j), z(\tau_j)),$$
$$j = 1, 2, \cdots, n,$$

50

然后作和数

(1.2)
$$\sum_{j=1}^{n} P(M_j) \Delta x_j$$
$$(\Delta x_j = x(t_j) - x(t_{j-1}), j = 1, 2, \cdots, n).$$

当 $|\pi| \to 0$ 时,和数(1.2)的极限(如果存在)就定义函数 P 沿有向曲线 γ 对 x 坐标的曲线积分,记为

$$\int_{\gamma} P \mathrm{d}x = \lim_{|\pi| \to 0} \sum_{j} P(M_j) \Delta x_j.$$

用类似的方式,可以定义函数 Q 对 y 坐标的曲线积分和函数 R 对 z 坐标的曲线积分:

$$\int_{\gamma} Q \mathrm{d}y = \lim_{|\pi| \to 0} \sum_{j} Q(M_j) \Delta y_j,$$

$$\int_{\gamma} R \mathrm{d}z = \lim_{|\pi| \to 0} \sum_{j} R(M_j) \Delta z_j.$$

以上这些对坐标的曲线积分,统统被称为**第二型曲线积分**. 我们还约定记

$$\int_{\gamma} P \mathrm{d}x + Q \mathrm{d}y + R \mathrm{d}z$$
$$= \int_{\gamma} P \mathrm{d}x + \int_{\gamma} Q \mathrm{d}y + \int_{\gamma} R \mathrm{d}z.$$

这积分的向量式写法是

$$\int_{\gamma} \boldsymbol{F} \cdot \mathrm{d}\boldsymbol{r},$$

其中

$$\boldsymbol{F} = P\boldsymbol{i} + Q\boldsymbol{j} + R\boldsymbol{k},$$
$$\mathrm{d}\boldsymbol{r} = \mathrm{d}x\boldsymbol{i} + \mathrm{d}y\boldsymbol{j} + \mathrm{d}z\boldsymbol{k}.$$

如果有向曲线 γ 的始端与终端相衔接,那么我们就说 γ 是一条闭有向曲线. 对于沿闭有向曲线的积分,常常把积分号写作 $\oint$. 例如

$$\oint_{\gamma} \boldsymbol{F} \mathrm{d}\boldsymbol{r}, \qquad \oint_{\gamma} P \mathrm{d}x + Q \mathrm{d}y + R \mathrm{d}z$$

等等.

从定义容易看出,第二型曲线积分具有以下重要性质(假定各等式右端的积分存在):

1. 线性

$$\int_\gamma (\alpha f + \beta g)\mathrm{d}x = \alpha \int_\gamma f\mathrm{d}x + \beta \int_\gamma g\mathrm{d}x,$$

——这里 α 和 β 是常数;

2. 可加性

设 γ_1 和 γ_2 是两有向曲线, γ_1 的终端就是 γ_2 的始端,我们用记号 $\gamma = \gamma_1 + \gamma_2$ 表示由 γ_1 和 γ_2 连接起来作成的有向曲线,则有

$$\int_\gamma f\mathrm{d}x = \int_{\gamma_1} f\mathrm{d}x + \int_{\gamma_2} f\mathrm{d}x;$$

3. 有向性

如果用记号 $-\gamma$ 表示由有向曲线 γ 反转定向而得到的有向曲线,那么就有

$$\int_{-\gamma} f\mathrm{d}x = -\int_\gamma f\mathrm{d}x.$$

注记 平面曲线

$$\gamma: x = x(t), y = y(t), \quad t \in [\alpha, \beta]$$

可以看做空间曲线的特殊情形. 沿这样的曲线显然有

$$\int_\gamma R\mathrm{d}z = 0$$

——因为沿这曲线 $z \equiv 0$. 因而,对于平面曲线 γ,只须考虑以下形式的积分:

$$\int_\gamma P\mathrm{d}x + Q\mathrm{d}y.$$

1. b   第二型曲线积分的计算

设 γ 是一条连续可微的参数曲线,它的向量方程为

$$\boldsymbol{r} = \boldsymbol{r}(t), \quad t \in [\alpha, \beta].$$

用分量表示,曲线 γ 的方程可以写成

52

$$\begin{cases} x = x(t), \\ y = y(t), \quad t \in [\alpha, \beta]. \\ z = z(t), \end{cases}$$

为确定起见，我们假定 γ 以参数增加的方向为正方向.

定理 设 γ 是如上所述的一条有向曲线，P, Q 和 R 是在 γ 上连续的函数. 则有

$$\int_\gamma P\mathrm{d}x + Q\mathrm{d}y + R\mathrm{d}z$$
$$= \int_\alpha^\beta [P(x(t), y(t), z(t))x'(t)$$
$$+ Q(x(t), y(t), z(t))y'(t)$$
$$+ R(x(t), y(t), z(t))z'(t)]\mathrm{d}t.$$

证明 因为 $x'(t)$ 在闭区间 $[\alpha, \beta]$ 上有界，可设

$$|x'(t)| \leqslant K, \quad \forall\, t \in [\alpha, \beta].$$

又因为复合函数 $P(x(t), y(t), z(t))$ 在闭区间 $[\alpha, \beta]$ 一致连续，所以对任何 $\varepsilon > 0$，存在 $\delta > 0$，使得只要

$$t, t' \in [\alpha, \beta], \ |t - t'| < \delta,$$

就有

$$|P(x(t), y(t), z(t)) - P(x(t'), y(t'), z(t'))| < \varepsilon.$$

对于 $[\alpha, \beta]$ 的分割

$$\pi: \alpha = t_0 < t_1 < \cdots < t_n = \beta$$

和任意选取的

$$\tau_j \in [t_{j-1}, t_j], \quad j = 1, 2, \cdots, n,$$

只要

$$|\pi| < \delta,$$

就有

$$\left| \sum_j P(x(\tau_j), y(\tau_j), z(\tau_j))\Delta x_j \right.$$

$$\left. - \int_\alpha^\beta P(x(t), y(t), z(t))x'(t)\mathrm{d}t \right|$$

$$= \left| \sum_j P(x(\tau_j), y(\tau_j), z(\tau_j)) \int_{t_{j-1}}^{t_j} x'(t) \mathrm{d}t \right.$$
$$\left. - \sum_j \int_{t_{j-1}}^{t_j} P(x(t), y(t), z(t)) x'(t) \mathrm{d}t \right|$$
$$\leqslant \sum_j \int_{t_{j-1}}^{t_j} | P(x(\tau_j), y(\tau_j), z(\tau_j))$$
$$- P(x(t), y(t), z(t)) | | x'(t) | \mathrm{d}t$$
$$\leqslant \varepsilon K \sum_j \int_{t_{j-1}}^{t_j} \mathrm{d}t = \varepsilon K (\beta - \alpha).$$

这证明了

$$\lim_{|\pi| \to 0} \sum_j P(x(\tau_j), y(\tau_j), z(\tau_j)) \Delta x_j$$
$$= \int_\alpha^\beta P(x(t), y(t), z(t)) x'(t) \mathrm{d}t.$$

至于对 y 坐标的和对 z 坐标的另外两个积分,可以用相同的办法处理. $\square$

例 1 设质量为 m 的质点沿任意连续曲线 γ 从空间位置 A 移动到位置 B. 试计算重力对这质点做的功 W.

解 设在 $OXYZ$ 直角坐标系中,OZ 轴是竖直向上的. 则功 W 可以表示为

$$W = \int_\gamma (-mg) \mathrm{d}z = -mg \int_\gamma \mathrm{d}z.$$

根据定义容易得到

$$\int_\gamma \mathrm{d}z = z_B - z_A.$$

因而

$$W = mg(z_A - z_B).$$

我们看到:重力场对质点所做的功,只与起点与终点的位置有关,与经过的路径无关.

例 2 试计算

$$I = \frac{1}{2} \oint_C x\mathrm{d}y - y\mathrm{d}x,$$

$$J = \frac{1}{2} \oint_E x\mathrm{d}y - y\mathrm{d}x,$$

这里 C 是 OXY 平面上中心在原点半径为 a 的圆周, E 是以 OX 轴和 OY 轴为对称轴并且两半轴长度分别为 a 和 b 的椭圆周.

解 我们写出 C 的参数方程

$$\begin{cases} x = a\cos t, \\ y = a\sin t, \end{cases} \quad t \in [0, 2\pi].$$

用上面定理中的公式进行计算得

$$I = \frac{1}{2} \int_0^{2\pi} [a\cos t(a\cos t) - a\sin t(-a\sin t)]\mathrm{d}t$$

$$= \pi a^2.$$

同样可得

$$J = \pi ab.$$

在例 2 中,我们看到,对于 $\gamma = C$ 或者 $\gamma = E$ 的情形,积分

$$\frac{1}{2} \oint_\gamma x\mathrm{d}y - y\mathrm{d}x$$

正好等于 γ 所围图形的面积. 这一结论可以推广于很一般的情形, 我们将在以后作进一步的讨论.

例 3 **试计算**

$$K = \oint_C x\mathrm{d}y + y\mathrm{d}x,$$

$$L = \oint_E x\mathrm{d}y + y\mathrm{d}x,$$

这里 C 和 E 如例 2 中所述.

解 用参数表示进行计算得

$$K = a^2 \int_0^{2\pi} (\cos^2 t - \sin^2 t)\mathrm{d}t = 0.$$

同样可得

55

$$L = ab \int_0^{2\pi} (\cos^2 t - \sin^2 t) \mathrm{d}t = 0.$$

例 4　试计算

$$M = \oint_C \frac{x\mathrm{d}y - y\mathrm{d}x}{x^2 + y^2},$$

这里 C 同上两例中所述.

解　用参数表示进行计算可得

$$M = 2\pi.$$

例 5　试计算

$$N = \int_H x\mathrm{d}x + y\mathrm{d}y + z\mathrm{d}z,$$

这里 H 是 k 圈螺旋线：

$$x = a\cos t, \ y = a\sin t, \ z = bt,$$
$$0 \leqslant t \leqslant 2k\pi.$$

解　我们有

$$N = \int_0^{2k\pi} \big[a\cos t \cdot (-a\sin t)$$
$$+ a\sin t \cdot (a\cos t) + b^2\big]\mathrm{d}t$$
$$= 2k\pi b^2.$$

1. c　与第一型曲线积分的联系

考查连续可微曲线 C：

$$\boldsymbol{r} = \boldsymbol{r}(t), \quad t \in [a,b],$$

这里假设

$$\boldsymbol{r}'(t) \neq 0, \quad \forall\, t \in [a,b].$$

我们约定以参数增加的方向为曲线 C 的正方向. 于是, 沿 C 正方向的切线单位向量为

$$\frac{\boldsymbol{r}'(t)}{\|\boldsymbol{r}'(t)\|}.$$

我们把这向量的分量 $\cos\alpha, \cos\beta, \cos\gamma$ 叫做有向曲线 C 的**方向数**：

$$\cos \alpha = \frac{x'(t)}{\sqrt{(x'(t))^2 + (y'(t))^2 + (z'(t))^2}},$$

$$\cos \beta = \frac{y'(t)}{\sqrt{(x'(t))^2 + (y'(t))^2 + (z'(t))^2}},$$

$$\cos \gamma = \frac{z'(t)}{\sqrt{(x'(t))^2 + (y'(t))^2 + (z'(t))^2}}.$$

设函数 $P(x,y,z), Q(x,y,z)$ 和 $R(x,y,z)$ 在曲线 C 上连续, 则有

$$\int_C P\mathrm{d}x + Q\mathrm{d}y + R\mathrm{d}z = \int_a^b (Px' + Qy' + Rz')\mathrm{d}t$$

$$= \int_a^b (P\cos a + Q\cos \beta + R\cos \gamma)$$

$$\cdot \sqrt{(x'(t))^2 + (y'(t))^2 + (z'(t))^2}\mathrm{d}t$$

$$= \int_C (P\cos a + Q\cos \beta + R\cos \gamma)\mathrm{d}s.$$

这样, 借助于方向数 $\cos \alpha, \cos \beta$ 和 $\cos \gamma$, 我们把第二型曲线积分形式上表示为第一型曲线积分

$$\int_C P\mathrm{d}x + Q\mathrm{d}y + R\mathrm{d}z = \int_C (P\cos a + Q\cos \beta + R\cos \gamma)\mathrm{d}s.$$

请注意, 第二型曲线积分与第一型曲线积分相比较, 有一个根本不同之处: 第二型曲线积分是有向的, 而第一型曲线积分是无向的. 在上面的公式中, 之所以能用第一型曲线积分表示第二型曲线积分, 是因为在被积函数中引入了方向数——当曲线反转定向时, 各方向数都改变符号.

§2 曲面的定向与第二型曲面积分

2.a 问题的提出

我们通过一个实际问题, 引出第二型曲面积分的概念. 设流体在空间某区域 Ω 内流动, 并设这流动是稳定的——这就是说, 在

Ω 中任意一点 (x,y,z) 观察, 流经该点的流体质点的速度不随时间而改变. 这样, 速度 v 只是点 (x,y,z) 的函数

$$v = v(x,y,z), \quad (x,y,z) \in \Omega.$$

设 S 是 Ω 中的一块曲面. 我们希望计算在单位时间内从曲面 S 的一侧流向另一侧的流体的量. 请注意, 流量与曲面 S 的定向有关, 即与我们指定曲面 S 的哪一侧为正侧有关. 从负侧流向正侧的流体的量算作正的, 而从正侧流向负侧的流体的量算作负的.

为了计算流量, 我们在曲面 S 上任取一块微小的面积元 $\mathrm{d}\sigma$, 并把这面积元的法线上指向正侧的单位向量记为 n. 于是, 在单位时间内, 通过这曲面微元的流体的量为

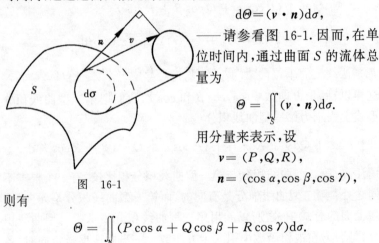

$$\mathrm{d}\Theta = (v \cdot n)\mathrm{d}\sigma,$$

—— 请参看图 16-1. 因而, 在单位时间内, 通过曲面 S 的流体总量为

$$\Theta = \iint\limits_{S} (v \cdot n)\mathrm{d}\sigma.$$

用分量来表示, 设

$$v = (P, Q, R),$$
$$n = (\cos\alpha, \cos\beta, \cos\gamma),$$

图 16-1

则有

$$\Theta = \iint\limits_{S} (P\cos\alpha + Q\cos\beta + R\cos\gamma)\mathrm{d}\sigma.$$

我们把形状如

$$\iint\limits_{S} (P\cos\alpha + Q\cos\beta + R\cos\gamma)\mathrm{d}\sigma$$

的曲面积分叫做第二型曲面积分. 请注意, 虽然上式写成第一型曲面积分的形式, 但因为被积表达式含有曲面的方向数 $\cos\alpha, \cos\beta$ 和 $\cos\gamma$ (即曲面正侧单位法向量的分量), 所以这积分与曲面的定向有关. 如果改变曲面的定向, 把原来的负侧当做正则, 那么所有

58

的方向系数都改变符号,整个积分就改变符号. 我们强调指出:第二型曲面积分是一种有向的积分.

2. b 曲面的定向

在正式叙述第二型曲面积分的定义之前,需要对曲面的定向作一些说明.

首先,我们指出,任何正则简单曲面都是可定向的. 事实上,设

$$S: \boldsymbol{r} = \boldsymbol{r}(u,v), \quad (u,v) \in D$$

是一块正则简单曲面. 因为

$$\boldsymbol{r}_u \times \boldsymbol{r}_v \neq 0,$$

所以曲面 S 在各点有确定的法线,两向量

$$\pm \frac{\boldsymbol{r}_u \times \boldsymbol{r}_v}{\|\boldsymbol{r}_u \times \boldsymbol{r}_v\|}$$

都是法线上的单位向量. 我们可以指定其中一个方向为正方向,例如可以指定

$$\frac{\boldsymbol{r}_u \times \boldsymbol{r}_v}{\|\boldsymbol{r}_u \times \boldsymbol{r}_v\|}$$

的指向为法线的正方向. 当参数对 (u,v) 连续变化时,这样指定的正法向单位向量也连续变化,不会突然转到相反的方向上去. 我们约定把曲面正法线指向的一侧叫做正侧,相反的一侧叫做负侧. 于是曲面 S 明确地分出正负两侧来——这样的曲面叫双侧曲面.

对于非简单的正则参数曲面,如果仍按照上面所说的方法去确定正法线向量或者正侧,就有可能遇到麻烦. 因为很可能存在两对参数 (u_1,v_1) 和 (u_2,v_2),它们对应着曲面上的同一点,而在该点的两法向量

$$\boldsymbol{r}_u \times \boldsymbol{r}_v |_{(u_1,v_1)} \quad 和 \quad \boldsymbol{r}_u \times \boldsymbol{r}_v |_{(u_2,v_2)}$$

具有相反的指向.

下面,我们介绍不可定向曲面的一个非常有名的例子——牟比乌斯(Möbius)带.

考查一条细长的矩形纸带 $AA'B'B$(图 16-2).

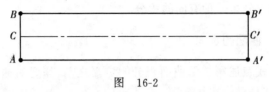

图　16-2

我们设想把这纸带弯曲并把 $A'B'$ 与 AB 这两端粘合起来. 这时可以有两种情形.

情形 1　$A'B'$ 与 AB 按同一方向粘合(A' 与 A 粘合,B' 与 B 粘合). 这种情形粘合所成的曲面可以看成一个圆柱体的侧面. 很容易说明这曲面是可定向的. 因为我们可以把从圆柱体内穿过侧面向外的方向,规定为法线的正方向.

情形 2　纸带 $AA'B'B$ 在弯曲的过程中同时扭转,$A'B'$ 边扭了 $180°$ 再与 BA 粘合($A'B'$ 与 AB 按相反方向粘合,A' 与 B 粘合,B' 与 A 粘合). 这样粘合所成的曲面,被称为牟比乌斯带(图 16-3). 下面,我们将说明:牟比乌斯带是不可定向的.

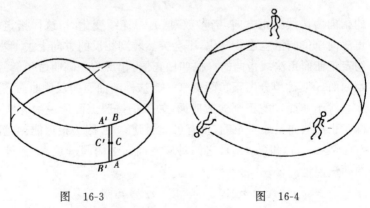

图　16-3　　　　　　　　　图　16-4

事实上,按照上述构造办法,矩形 $ABB'A$ 两端的中点 C' 与 C 互相粘合,因而原矩形的中位线 CC' 粘成了一个闭圈. 如果让点 P

沿着闭圈 CC' 在牟比乌斯带上绕行一周,在绕行过程中保持单位法线向量连续变化,那么不论我们在出发时指定怎样一个单位法线向量作为正方向,当我们绕行一周再回到出发点时,连续变化的单位法线向量必定指向相反的方向(参看图 16-4).

我们设法写出圆柱面与牟比乌斯带的参数方程.对于上述两种情形,实施粘合手续的时候,矩形 $AA'B'B$ 的中位线 CC' 总是粘合成一个闭圈.设这闭圈在 $OXYZ$ 坐标系中的方程是

$$x^2 + y^2 = a^2, \quad z = 0.$$

设 AB 是垂直于这圆周的线段

$$x = a, \quad y = 0, \quad -b \leqslant z \leqslant b.$$

情形 1 中的圆柱面,可以看作是由线段 AB 沿圆周 CC' 平行移动生成的.据此,我们写出这圆柱面的参数方程

$$\begin{cases} x = a \cos u, \\ y = a \sin u, \\ z = v, \end{cases}$$

$$0 \leqslant u \leqslant 2\pi, \quad -b \leqslant v \leqslant b.$$

在情形 2 中,线段 AB 沿圆周 CC' 移动,同时绕中点扭转,在环行一周过程中总共扭转 $180°$.据此,我们写出牟比乌斯带的参数方程

$$\begin{cases} x = \left(a + v \sin \dfrac{u}{2} \right) \cos u, \\ y = \left(a + v \sin \dfrac{u}{2} \right) \sin u, \\ z = v \cos \dfrac{u}{2}, \end{cases}$$

$$0 \leqslant u \leqslant 2\pi, \quad -b \leqslant v \leqslant b.$$

利用参数方程,可以通过计算验证我们在上面的讨论中借助于几何直观说明的事实.——对两种情形,分别考查

$$\boldsymbol{r}_u \times \boldsymbol{r}_v |_{u,v=(0,0)} \quad \text{和} \quad \boldsymbol{r}_u \times \boldsymbol{r}_v |_{(2\pi,0)}$$

就能揭示圆柱面与牟比乌斯带在定向问题上的差异.具体的计算与讨论留给读者作为练习.

我们常常会遇到那种由若干块连续可微曲面"拼接"而成的曲面——例如像正方体的表面那样的曲面. 对"拼接曲面"的定向问题, 需要作一些说明.

(a) 在平面 $\mathbb{R}^2$ 上, 由一条连续并且是分段连续可微的简单闭曲线所围成的闭区域, 被称为初等区域.

(b) 定义在初等区域上的正则简单参数曲面块被称为初等曲面.

(c) 对于给定的有限块初等曲面, 如果其中任意两块至多只相交于边界上的一段曲线, 任意三块(或更多的块)至多只相交于边界上的一点, 那么我们就说这有限块初等曲面是规则相处的. 由规则相处的有限块初等曲面组成的曲面, 被称为拼接曲面.

前面说过, 正则简单参数曲面总是可以定向的. 每一块初等曲面 E 当然都可以定向. E 的定向按照以下法则在其边界曲线 ∂E 上诱导出一个定向.

(d) 诱导定向法则: 在曲面 E 的正侧沿边界曲线 ∂E 的正方向前进, E 应该始终在 ∂E 的左方.

(e) 设 E_1 和 E_2 是规则相处的两块初等曲面, 并设这两块曲面各自选定了正向. 对以下两种情形, 我们就说 E_1 的定向与 E_2 的定向是协调的: 或者 E_1 与 E_2 无公共边界曲线(至多只能有一个公共边界点); 或者 E_1 与 E_2 在公共边界曲线上所诱导的定向正好相反.

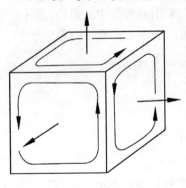

图 16-5

(f) 对于拼接曲面 S, 如果能给组成它的每一块初等曲面选择一个正向, 使得任意两块初等曲面的定向都是协调的, 那么我们就说这拼接曲面 S 是可定向的. 我们还约定, 把协调选择的各初等曲面块的正向(正侧), 看作是拼接曲面 S 的正向(正侧).

下面,我们通过具体的例子来说明拼接曲面的定向.

例1 考查正方体的表面 C.如果我们选择各面块向外的法线方向为正方向,那么这些面块的定向是协调的(参看图 16-5).因而 C 可以定向.

例2 圆柱体的侧面 L 可以看成由三块初等曲面拼接而成的.这三块初等曲面可以协调定向,因而——如我们已经知道的——圆柱面 L 是可定向的(参看图 16-6).

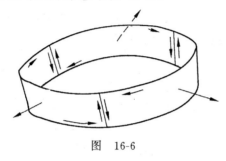

图 16-6

例3 牟比乌斯带 M 也可以看成是由三块初等曲面拼接而成的,但这三块初等曲面不可能协调地定向.——这符合我们已经知道的事实:牟比乌斯带是不可定向的(请参看图 16-7).

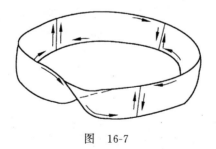

图 16-7

2.c 第二型曲面积分的定义

设 S 是 $\mathbb{R}^3$ 中的可定向正则曲面.如果指定了 S 的正法线单

63

位向量
$$\boldsymbol{n} = (\cos\alpha, \cos\beta, \cos\gamma),$$
那么也就指定了这曲面的正侧. S 的正侧通常记为 $+S$ 或 S^+. 我们还约定把同一曲面的相反一侧记为 $-S$ 或 S^-. 请注意, 像 $+S$ 与 $-S$ 这样的记号完全是相对的. 我们先指定可定向曲面 S 的任何一侧作为 $+S$, 另外一侧就成为 $-S$. 为了书写简单, 有时候也就把 $+S$ 省略地写做 S.

设 S 是如上所述的指定了正侧的曲面, 并设 $f(M) = f(x, y, z)$ 是在 S 上有定义并且连续的函数. 我们约定把

$$(2.1) \qquad \iint f(M)\cos\alpha(M)\mathrm{d}\sigma$$

叫做函数 f 沿曲面 S 的正侧对 yz 坐标的曲面积分, 并约定将这积分记为

$$\iint_{+S} f(x, y, z)\mathrm{d}y \wedge \mathrm{d}z.$$

按照定义, 积分 (2.1) 是以下和数的极限:

$$\sum_{i=1}^{n} f(M_i)\cos\alpha(M_i)\sigma(S_i).$$

这里的 $\cos\alpha(M_i)\sigma(S_i)$ 是微小的有向曲面块 S_i 在 OYZ 坐标平面上的投影的 (有向) 面积. —— 这就是我们采用记号 $\mathrm{d}y \wedge \mathrm{d}z$ 的理由. 类似地, 我们可以定义函数 f 沿曲面 S 的正侧对 zx 坐标与对 xy 坐标的曲面积分:

$$(2.2) \qquad \iint_{+S} f(x, y, z)\mathrm{d}z \wedge \mathrm{d}x = \iint_{S} f(M)\cos\beta(M)\mathrm{d}\sigma,$$

$$(2.3) \qquad \iint_{+S} f(x, y, z)\mathrm{d}x \wedge \mathrm{d}y = \iint_{S} f(M)\cos\gamma(M)\mathrm{d}\sigma.$$

以上这些对坐标的曲面积分, 统称为第二型曲面积分. 为了书写简便, 有时候也将 $\mathrm{d}y \wedge \mathrm{d}z$, $\mathrm{d}z \wedge \mathrm{d}x$ 和 $\mathrm{d}x \wedge \mathrm{d}y$ 等记号省略地写做 $\mathrm{d}y\mathrm{d}z$, $\mathrm{d}z\mathrm{d}x$ 和 $\mathrm{d}x\mathrm{d}y$. 例如, 积分 (2.1) 可以记为

$$\iint\limits_{+S} f(x,y,z)\mathrm{d}y\mathrm{d}z,$$

在不致于混淆的情况下甚至可以更简单地记为

$$\iint\limits_{S} f(x,y,z)\mathrm{d}y\mathrm{d}z.$$

在许多实际问题中,常常会遇到以下形状的和:

$$(2.4) \quad \iint\limits_{+S} P(x,y,z)\mathrm{d}y \wedge \mathrm{d}z + \iint\limits_{+S} Q(x,y,z)\mathrm{d}z \wedge \mathrm{d}x$$

$$+ \iint\limits_{+S} R(x,y,z)\mathrm{d}x \wedge \mathrm{d}y.$$

例如,在 2.a 段中,我们把流量的计算归结为以下形状的积分

$$\iint\limits_{S} (\boldsymbol{v} \cdot \boldsymbol{n})\mathrm{d}\sigma$$

$$= \iint\limits_{S} (P\cos\alpha + Q\cos\beta + R\cos\gamma)\mathrm{d}\sigma$$

$$= \iint\limits_{+S} P\mathrm{d}y \wedge \mathrm{d}z + \iint\limits_{+S} Q\mathrm{d}z \wedge \mathrm{d}x + \iint\limits_{+S} R\mathrm{d}x \wedge \mathrm{d}y.$$

我们约定把(2.4)简单地记为

$$(2.5) \quad \iint\limits_{+S} P\mathrm{d}y \wedge \mathrm{d}z + Q\mathrm{d}z \wedge \mathrm{d}x + R\mathrm{d}x \wedge \mathrm{d}y,$$

或者更简单地写成

$$(2.5)' \quad \iint\limits_{+S} P\mathrm{d}y\mathrm{d}z + Q\mathrm{d}z\mathrm{d}x + R\mathrm{d}x\mathrm{d}y.$$

如果 $+S$ 的法线单位向量选为

$$\boldsymbol{n} = (\cos\alpha, \cos\beta, \cos\gamma),$$

那么 $-S$ 的法线单位向量就是

$$-\boldsymbol{n} = (-\cos\alpha, -\cos\beta, -\cos\gamma).$$

我们看到

$$\iint\limits_{-S} f(x,y,z)\mathrm{d}y \wedge \mathrm{d}z = \iint\limits_{S} f(M)(-\cos\alpha(M))\mathrm{d}\sigma$$

$$= - \iint\limits_{S} f(M)\cos\alpha(M)\mathrm{d}\sigma,$$

也就是

$$\iint\limits_{-S} f(x,y,z)\mathrm{d}y \wedge \mathrm{d}z = - \iint\limits_{+S} f(x,y,z)\mathrm{d}y \wedge \mathrm{d}z.$$

这说明第二型曲面积分是一种有向的积分：如果改变曲面的定向,那么积分就改变符号.

记号 $\mathrm{d}y \wedge \mathrm{d}z$ 表示 OYZ 坐标平面上的有向面积元. 我们约定以 OX 轴的指向为面积元 $\mathrm{d}y \wedge \mathrm{d}z$ 的正法线方向,即约定以 i 作为面积元 $\mathrm{d}y \wedge \mathrm{d}z$ 的正法线单位向量. 我们还约定：记号 $\mathrm{d}z \wedge \mathrm{d}y$ 表示以 $-i$ 为正法线单位向量的同一块面积元,因而

$$\mathrm{d}z \wedge \mathrm{d}y = - \mathrm{d}y \wedge \mathrm{d}z.$$

对于面积元 $\mathrm{d}z \wedge \mathrm{d}x$ 与 $\mathrm{d}x \wedge \mathrm{d}z$, $\mathrm{d}x \wedge \mathrm{d}y$ 与 $\mathrm{d}y \wedge \mathrm{d}x$,也有类似的约定：

$$\mathrm{d}x \wedge \mathrm{d}z = - \mathrm{d}z \wedge \mathrm{d}x,$$
$$\mathrm{d}y \wedge \mathrm{d}x = - \mathrm{d}x \wedge \mathrm{d}y.$$

于是,我们约定

$$\iint\limits_{+S} P\mathrm{d}z \wedge \mathrm{d}y = - \iint\limits_{+S} P\mathrm{d}y \wedge \mathrm{d}z,$$

$$\iint\limits_{+S} Q\mathrm{d}x \wedge \mathrm{d}z = - \iint\limits_{+S} Q\mathrm{d}z \wedge \mathrm{d}x,$$

$$\iint\limits_{+S} R\mathrm{d}y \wedge \mathrm{d}x = - \iint\limits_{+S} R\mathrm{d}x \wedge \mathrm{d}y.$$

如果 S 是可定向的拼接曲面,那么沿 $+S$ 的第二型曲面积分,就定义为同一被积表示式沿各曲面块正侧的积分之和.

对于可定向的闭曲面,人们常采用带圈的积分号. 例如

$$\oiint\limits_{+S} P\mathrm{d}y\mathrm{d}z + Q\mathrm{d}z\mathrm{d}x + R\mathrm{d}x\mathrm{d}y.$$

——积分号上所加的"圈",用以强调这里积分所展布的曲面是可

定向的"闭"曲面.

2. d 第二型曲面积分的计算

我们来考查正则简单曲面
$$S: \boldsymbol{r} = \boldsymbol{r}(u,v), \quad (u,v) \in D.$$
这曲面的单位法线向量为

(2.6)
$$\boldsymbol{n} = \pm \frac{\boldsymbol{r}_u \times \boldsymbol{r}_v}{\|\boldsymbol{r}_u \times \boldsymbol{r}_v\|}$$

$$= \pm \frac{A\boldsymbol{i} + B\boldsymbol{j} + C\boldsymbol{k}}{\sqrt{A^2 + B^2 + C^2}}$$

$$= \cos \alpha \boldsymbol{i} + \cos \beta \boldsymbol{j} + \cos \gamma \boldsymbol{k},$$

其中

$$\cos \alpha = \pm \frac{A}{\sqrt{A^2 + B^2 + C^2}},$$

$$\cos \beta = \pm \frac{B}{\sqrt{A^2 + B^2 + C^2}},$$

$$\cos \gamma = \pm \frac{C}{\sqrt{A^2 + B^2 + C^2}},$$

$$A = \frac{\partial(y,z)}{\partial(u,v)}, \quad B = \frac{\partial(z,x)}{\partial(u,v)},$$

$$C = \frac{\partial(x,y)}{\partial(u,v)}.$$

根据第二型曲面积分的定义,我们有

$$\iint\limits_{+S} P(x,y,z)\mathrm{d}y \wedge \mathrm{d}z = \iint\limits_{S} P\cos\alpha\mathrm{d}\sigma$$

$$= \iint\limits_{D} P \frac{\pm A}{\sqrt{A^2 + B^2 + C^2}} \cdot \sqrt{A^2 + B^2 + C^2}\, \mathrm{d}u\mathrm{d}v$$

$$= \pm \iint\limits_{D} PA\mathrm{d}u\mathrm{d}v.$$

这里的±号须根据曲面的定向来选取. 如果在(2.6)式中选取＋号

67

来表示曲面 S 的正法线方向,那么这里也应选取＋号. 反之亦然.

于是,我们把第二型曲面积分归结为参数区域上的二重积分:

$(2.7)_1$
$$\iint_{+S} P\mathrm{d}y \wedge \mathrm{d}z = \pm \iint_{D} PA\mathrm{d}u\mathrm{d}v,$$

$(2.7)_2$
$$\iint_{+S} Q\mathrm{d}z \wedge \mathrm{d}x = \pm \iint_{D} QB\mathrm{d}u\mathrm{d}v,$$

$(2.7)_3$
$$\iint_{+S} R\mathrm{d}x \wedge \mathrm{d}y = \pm \iint_{D} RC\mathrm{d}u\mathrm{d}v.$$

一般地,我们有计算公式

(2.7)
$$\iint_{+S} P\mathrm{d}y\mathrm{d}z + Q\mathrm{d}z\mathrm{d}x + R\mathrm{d}x\mathrm{d}y$$

$$= \pm \iint_{D} (PA + QB + RC)\mathrm{d}u\mathrm{d}v.$$

以上各式右边的 P,Q,R 分别表示

$$P(x(u,v),y(u,v),z(u,v)),$$
$$Q(x(u,v),y(u,v),z(u,v)),$$
$$R(x(u,v),y(u,v),z(u,v));$$

记号 A,B,C 的定义如前:

$$A = \frac{\partial(y,z)}{\partial(u,v)}, \quad B = \frac{\partial(z,x)}{\partial(u,v)},$$

$$C = \frac{\partial(x,y)}{\partial(u,v)}.$$

各式右边积分号前的±号,要根据曲面的定向来选取.

显式表示的曲面

$$S: z = f(x,y), \quad (x,y) \in D$$

可以看成是以 (x,y) 为参数的曲面. 对这情形有

$$A = -\frac{\partial f}{\partial x}, \quad B = -\frac{\partial f}{\partial y}, \quad C = 1.$$

于是,第二型曲面积分的计算公式可以写成

$$\iint_{+S} P\mathrm{d}y\mathrm{d}z + Q\mathrm{d}z\mathrm{d}x + R\mathrm{d}x\mathrm{d}y$$

$$= \pm \iint\limits_{D} \left(-P \frac{\partial f}{\partial x} - Q \frac{\partial f}{\partial y} + R \right) \mathrm{d}x \mathrm{d}y.$$

如果 $P = Q = 0$, 那么计算就特别简单:

$$\iint\limits_{+S} R \mathrm{d}x \wedge \mathrm{d}y = \pm \iint\limits_{D} R(x, y, f(x, y)) \mathrm{d}x \mathrm{d}y.$$

这些计算公式右边积分号前的 $\pm$ 号, 要根据曲面的定向来选取. 如果以曲面 S 的上侧为正侧 (即要求正法线方向与 OZ 轴的正方向夹角为锐角: $\cos \gamma > 0$), 那么在这些公式中就应选取正号. 如果以曲面 S 的下侧为正侧, 那么在这些公式中就应选取负号.

例 4 试计算积分

$$I = \frac{1}{3} \iint\limits_{S} x\mathrm{d}y\mathrm{d}z + y\mathrm{d}z\mathrm{d}x + z\mathrm{d}x\mathrm{d}y,$$

这里 S 是球面 $x^2 + y^2 + z^2 = a^2$ 的外侧.

解 球面 S 的外法线单位向量表示为

$$\boldsymbol{n} = \left(\frac{x}{a}, \frac{y}{a}, \frac{z}{a} \right).$$

因而

$$I = \frac{1}{3} \iint\limits_{S} (x\cos \alpha + y\cos \beta + z\cos \gamma) \mathrm{d}\sigma$$

$$= \frac{1}{3} \iint\limits_{S} \frac{x^2 + y^2 + z^2}{a} \mathrm{d}\sigma$$

$$= \frac{a}{3} \iint\limits_{S} \mathrm{d}\sigma = \frac{4}{3} \pi a^3.$$

例 5 试计算与上例类似的积分

$$J = \frac{1}{3} \iint\limits_{\Gamma} x\mathrm{d}y\mathrm{d}z + y\mathrm{d}z\mathrm{d}x + z\mathrm{d}x\mathrm{d}y,$$

这里 Γ 是如下的长方体的表面, 约定以外侧为正侧:

$$|x| \leqslant a, \quad |y| \leqslant b, \quad |z| \leqslant c.$$

解 长方体的外表面 Γ 由六块侧面 $\Gamma_1, \Gamma_2, \cdots, \Gamma_6$ 拼接而成, 这里

$$\Gamma_1: \ x = a, \ |y| \leqslant b, \ |z| \leqslant c,$$
$$\Gamma_2: \ x = -a, \ |y| \leqslant b, \ |z| \leqslant c,$$
$$\Gamma_3: \ |x| \leqslant a, \ y = b, \ |z| \leqslant c,$$
$$\Gamma_4: \ |x| \leqslant a, \ y = -b, \ |z| \leqslant c,$$
$$\Gamma_5: \ |x| \leqslant a, \ |y| \leqslant b, \ z = c,$$
$$\Gamma_6: \ |x| \leqslant a, \ |y| = b, \ z = -c.$$

在侧面 Γ_1 上，$\boldsymbol{n} = (1,0,0)$，$x = a$，因而

$$\frac{1}{3} \iint\limits_{\Gamma_1} x \mathrm{d}y\mathrm{d}z + y\mathrm{d}z\mathrm{d}x + z\mathrm{d}x\mathrm{d}y$$

$$= \frac{1}{3} \iint\limits_{\Gamma_1} a\mathrm{d}\sigma = \frac{4}{3}abc.$$

同样可得

$$\frac{1}{3} \iint\limits_{\Gamma_i} x\mathrm{d}y\mathrm{d}z + y\mathrm{d}z\mathrm{d}x + z\mathrm{d}x\mathrm{d}y$$

$$= \frac{4}{3}abc, \ i = 2,3,\cdots,6.$$

最后，我们得到

$$J = 6 \times \frac{4}{3}abc = 8abc.$$

例6 试计算积分

$$K = \frac{1}{3} \iint\limits_{\Lambda} x\mathrm{d}y\mathrm{d}z + y\mathrm{d}z\mathrm{d}x + z\mathrm{d}x\mathrm{d}y,$$

这里 Λ 是以下椭球面的外侧：

$$\frac{x^2}{a^2} + \frac{y^2}{b^2} + \frac{z^2}{c^2} = 1.$$

解 我们引入椭球面 Λ 的参数表示：

$$\boldsymbol{r} = (a\cos\theta\cos\varphi, \ b\sin\theta\cos\varphi, \ c\sin\varphi),$$

$$(\theta,\varphi) \in D = \left\{ 0 \leqslant \theta \leqslant 2\pi, \ -\frac{\pi}{2} \leqslant \varphi \leqslant \frac{\pi}{2} \right\}.$$

计算得

$$\boldsymbol{r}_\theta = (-a\sin\theta\cos\varphi,\ b\cos\theta\cos\varphi,\ 0),$$

$$\boldsymbol{r}_\varphi = (-a\cos\theta\sin\varphi,\ -b\sin\theta\sin\varphi,\ c\cos\varphi),$$

$$\boldsymbol{r}_\theta \times \boldsymbol{r}_\varphi = (bc\cos\theta\cos^2\varphi,\ ac\sin\theta\cos^2\varphi,\ ab\cos\varphi\sin\varphi),$$

$$A = bc\cos\theta\cos^2\varphi,$$

$$B = ac\sin\theta\cos^2\varphi,$$

$$C = ab\cos\varphi\sin\varphi.$$

于是有

$$K = \frac{1}{3}\iint_D abc\,(\cos^2\theta\cos^3\varphi + \sin^2\theta\cos^3\varphi + \cos\varphi\sin^2\varphi)\mathrm{d}\theta\,\mathrm{d}\varphi$$

$$= \frac{1}{3}abc\iint_D \cos\varphi\,\mathrm{d}\theta\mathrm{d}\varphi$$

$$= \frac{4}{3}\pi abc.$$

在上面几例中,我们看到,积分

$$\frac{1}{3}\iint_S x\mathrm{d}y\mathrm{d}z + y\mathrm{d}z\mathrm{d}x + z\mathrm{d}x\mathrm{d}y$$

正好等于闭曲面 S 所围的体积. 这实际上是一个普遍成立的事实. 我们将在后面给予证明.

例 7 试计算

$$L = \iint_S x^2\mathrm{d}y\mathrm{d}z + y^2\mathrm{d}z\mathrm{d}x + z^2\mathrm{d}x\mathrm{d}y,$$

这里 S 是球面 $x^2+y^2+z^2=a^2$ 的外侧.

解 类似于例 4 中的做法,我们求得

$$L = \iint_S \frac{x^3 + y^3 + z^3}{a}\mathrm{d}\sigma$$

$$= \frac{1}{a}\left(\iint_S x^3\mathrm{d}\sigma + \iint_S y^3\mathrm{d}\sigma + \iint_S z^3\mathrm{d}\sigma\right).$$

利用球面 S 关于原点的对称性,很容易看出上式右端的三个积分都等于 0,因而

$$L = 0.$$

例 8 试计算

$$M = \iint_{\Gamma} f(x)\mathrm{d}y\mathrm{d}z + g(y)\mathrm{d}z\mathrm{d}x + h(z)\mathrm{d}x\mathrm{d}y,$$

这里 Γ 是以下长方体的外表面：

$$|x| \leqslant a, \quad |y| \leqslant b, \quad |z| \leqslant c.$$

解 仿照例 5 中的做法，我们求得

$$\begin{aligned} M = 4\{&[f(a) - f(-a)]bc \\ &+ [g(b) - g(-b)]ac \\ &+ [h(c) - h(-c)]ab\}. \end{aligned}$$

例 9 试计算积分

$$N = \iint_{\Lambda} x^3\mathrm{d}y\mathrm{d}z + y^3\mathrm{d}z\mathrm{d}x + z^3\mathrm{d}x\mathrm{d}y,$$

这里 Λ 是以下椭球面的外侧：

$$\frac{x^2}{a^2} + \frac{y^2}{b^2} + \frac{z^2}{c^2} = 1.$$

解 我们把 N 分成三项

$$N = N_1 + N_2 + N_3,$$

先来计算

$$N_3 = \iint_{\Lambda} z^3\mathrm{d}x\mathrm{d}y.$$

如同例 6 中那样引入椭球面 Λ 的参数表示，我们求得

$$N_3 = \iint_{D} abc^3\cos\varphi\sin^4\varphi\mathrm{d}\theta\mathrm{d}\varphi$$

$$= \frac{4}{5}\pi abc^3.$$

根据同样的道理，应该有

$$N_2 = \iint_{\Lambda} y^3\mathrm{d}z\mathrm{d}x = \frac{4}{5}\pi ab^3c,$$

$$N_1 = \iint\limits_{\Delta} x^3 \mathrm{d}y\mathrm{d}z = \frac{4}{5}\pi a^3 bc.$$

于是得到

$$N = N_1 + N_2 + N_3$$

$$= \frac{4}{5}\pi abc(a^2 + b^2 + c^2).$$

例 10 设 Δ 是以 $(1,0,0),(0,1,0)$ 和 $(0,0,1)$ 为顶点的三角形面的上侧,试计算

$$I = \iint\limits_{\Delta} x\mathrm{d}y\mathrm{d}z + y\mathrm{d}z\mathrm{d}x + z\mathrm{d}x\mathrm{d}y,$$

$$J = \iint\limits_{\Delta} x^2\mathrm{d}y\mathrm{d}z + y^2\mathrm{d}z\mathrm{d}x + z^2\mathrm{d}x\mathrm{d}y.$$

解 曲面 Δ 可以用显式方程表示为

$$z = 1 - x - y, \quad (x,y)\in D,$$

这里

$$D = \{(x,y)\,|\,x,y \geqslant 0,\ x + y \leqslant 1\}.$$

计算偏导数得

$$p = \frac{\partial z}{\partial x} = -1,$$

$$q = \frac{\partial z}{\partial y} = -1.$$

于是得到

$$I = \iint\limits_{D}[-xp - yq + (1 - x - y)]\mathrm{d}x\mathrm{d}y$$

$$= \iint\limits_{D}\mathrm{d}x\mathrm{d}y = \frac{1}{2}.$$

用同样办法可以计算 J:

$$J = \iint\limits_{D}[x^2 + y^2 + (1 - x - y)^2]\mathrm{d}x\mathrm{d}y$$

$$= \frac{1}{4}.$$

§3　格林公式、高斯公式与斯托克斯公式

在一定的条件下,沿适当几何形体边界的积分可以转换为展布于这几何形体上的积分.本节将要介绍的格林(Green)公式、高斯(Gauss)公式和斯托克斯(Stokes)公式都涉及这种类型的转换.

3.a　格林公式

格林公式把绕二维区域边界的第二型曲线积分转换为展布于这区域上的二重积分.我们先分析两种较特殊的情形,然后介绍更一般的结论.

情形 1　考查 $\mathbb{R}^2$ 中的闭区域

$$D = \{(x,y) \mid y_0(x) \leqslant y \leqslant y_1(x), a \leqslant x \leqslant b\},$$

这里 $y_0(x)$ 和 $y_1(x)$ 是连续函数,$y_0(x) \leqslant y_1(x)$.为了叙述方便,以下我们把像 D 这样的区域叫做甲类区域.通常把 D 的边界记为 ∂D,并约定在 ∂D 上按下述法则诱导定向:沿 ∂D 的正向前进时, D 应在 ∂D 的左方.设函数 $P(x,y)$ 在 D 上连续可微,我们来计算第二型曲线积分

$$\oint_{\partial D} P \mathrm{d}x.$$

曲线 ∂D 可以分成四段(参看图 16-8):

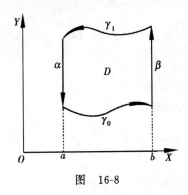

图　16-8

74

$$\gamma_0: y = y_0(x), \ a \leqslant x \leqslant b;$$
$$\beta: x = b, y_0(b) \leqslant y \leqslant y_1(b);$$
$$\gamma_1: y = y_1(x), \ b \geqslant x \geqslant a;$$
$$a: x = a, y_1(a) \geqslant y \geqslant y_0(a).$$

于是

$$\oint_{\partial D} P\mathrm{d}x = \int_{\gamma_0} P\mathrm{d}x + \int_{\beta} P\mathrm{d}x + \int_{\gamma_1} P\mathrm{d}x + \int_{a} P\mathrm{d}x.$$

直线段 a 和 β 都垂直于 OX 轴，根据第二型曲线积分的定义，应该有

$$\int_{a} P\mathrm{d}x = \int_{\beta} P\mathrm{d}x = 0.$$

因而

$$\oint_{\partial D} P\mathrm{d}x = \int_{\gamma_0} P\mathrm{d}x + \int_{\gamma_1} P\mathrm{d}x$$

$$= \int_a^b P(x, y_0(x))\mathrm{d}x + \int_b^a P(x, y_1(x))\mathrm{d}x$$

$$= \int_a^b P(x, y_0(x)) - P(x, y_1(x))]\mathrm{d}x$$

$$= \int_a^b \left(\int_{y_0(x)}^{y_1(x)} -\frac{\partial P}{\partial y}\mathrm{d}y \right)\mathrm{d}x$$

$$= \iint_D \left(-\frac{\partial P}{\partial y} \right)\mathrm{d}x\mathrm{d}y.$$

这样，我们把沿 ∂D 的第二型曲线积分，转换为展布在 D 上的二重积分：

$$\oint_{\partial D} P\mathrm{d}x = \iint_D \left(-\frac{\partial P}{\partial y} \right)\mathrm{d}x\mathrm{d}y.$$

设 $\mathbb{R}^2$ 中的闭区域 Ω 可以分拆为甲类区域——这就是说，Ω 可以表示成两两无公共内点的有限个甲类区域的并集：

$$\Omega = \bigcup_{i=1}^m D_i.$$

如果函数 P 在 Ω 上连续可微，那么就有

$$\iint_{\Omega}\left(-\frac{\partial P}{\partial y}\right)\mathrm{d}x\mathrm{d}y=\sum_{i=1}^{m}\iint_{D_i}\left(-\frac{\partial P}{\partial y}\right)\mathrm{d}x\mathrm{d}y$$

$$=\sum_{i=1}^{m}\oint_{\partial D_i}P\mathrm{d}x.$$

相邻的 D_i 和 D_j 在它们的公共边界线上诱导的定向正好相反,这使得沿公共边界线的积分互相抵消(参看图 16-9),所以

$$\sum_{i=1}^{m}\oint_{\partial D_i}P\mathrm{d}x=\oint_{\partial\Omega}P\mathrm{d}x.$$

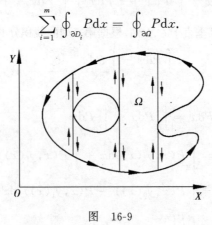

图 16-9

于是,我们得到

$$\oint_{\partial\Omega}P\mathrm{d}x=\iint_{\Omega}\left(-\frac{\partial P}{\partial y}\right)\mathrm{d}x\mathrm{d}y.$$

这是格林公式的一种特殊情形.

情形 2 再来考查另一类较特殊的区域

$$E=\{(x,y)\,|\,x_0(y)\leqslant x\leqslant x_1(y),\ A\leqslant y\leqslant B\},$$

这里 $x_0(y)$ 和 $x_1(y)$ 是连续函数,$x_0(y)\leqslant x_1(y)$. 我们把像 E 这样的区域叫做乙类区域. 区域 E 的边界 ∂E 仍照以前所述的法则定向(沿 ∂E 的正方向前进时,E 在 ∂E 的左边). 设函数 Q 在 E 上连续可微,我们来计算积分

$$\oint_{\partial E} Q \mathrm{d}y.$$

与情形 1 中的讨论类似,可以得到

$$\oint_{\partial E} Q \mathrm{d}y = \iint\limits_{E} \frac{\partial Q}{\partial x} \mathrm{d}x \mathrm{d}y.$$

设 $\mathbb{R}^2$ 中的闭区域 Ω 可以发拆为乙类区域——这就是说, Ω 可以表示成两两无公共内点的有限个乙类区域的并集:

$$\Omega = \bigcup_{j=1}^{n} E_j.$$

如果函数 Q 在 Ω 上连续可微,那么仍有

$$\oint_{\partial \Omega} Q \mathrm{d}y = \iint\limits_{\Omega} \frac{\partial Q}{\partial x} \mathrm{d}x \mathrm{d}y.$$

这是格林公式的另一特殊情形.

一般情形　综合上面的情形 1 和情形 2,就可得到这样的结论:

设 Ω 是 $\mathbb{R}^2$ 中的闭区域,它既可以分拆为甲类区域又可以分拆为乙类区域. 如果函数 $P(x,y)$ 和 $Q(x,y)$ 在 Ω 上连续可微,那么就有

$$\oint_{\partial \Omega} P \mathrm{d}x + Q \mathrm{d}y = \iint\limits_{\Omega} \left(\frac{\partial Q}{\partial x} - \frac{\partial P}{\partial y} \right) \mathrm{d}x \mathrm{d}y,$$

这里 $\partial \Omega$ 是 Ω 的边界,它按照我们前面所述的诱导法则定向.

在上面的陈述中,要求闭区域 Ω 既可以分拆为甲类区域又可以分拆为乙类区域. 许多实际问题所涉及的闭区域都能满足这样的条件. 其实,格林公式对更一般的闭区域也能成立,我们把这更一般的结果陈述为定理的形式.

定理 1(格林公式)　设 Ω 是 $\mathbb{R}^2$ 中由有限条分段连续可微曲线围成的闭区域. 如果函数 $P(x,y)$ 和 $Q(x,y)$ 在 Ω 上连续可微,那么就有

$$\oint_{\partial \Omega} P \mathrm{d}x + Q \mathrm{d}y = \iint\limits_{\Omega} \left(\frac{\partial Q}{\partial x} - \frac{\partial P}{\partial y} \right) \mathrm{d}x \mathrm{d}y,$$

这里的 $\partial \Omega$ 是 Ω 的边界,它的定向按照以下法则确定:沿 $\partial \Omega$ 的正方向前进时,区域 Ω 在 $\partial \Omega$ 的左侧.

我们介绍这定理证明的基本思想,但不打算深入探讨证明的细节.首先注意到:$\mathbb{R}^2$中由有限条折线围成的闭区域既可以分拆为甲类区域又可以分拆为乙类区域.因而,对于由有限条折线围成的闭区域,格林公式应该成立.其次,设 Ω 是 $\mathbb{R}^2$ 中由有限条分段连续可微曲线围成的闭区域,P 和 Q 是在 Ω 上连续可微的函数.——按照约定,这意味着 P 和 Q 在包含了闭区域 Ω 的某一个开集 W 上连续可微.我们可以作一个由有限条折线围成的闭区域 $\Pi \subset W$,使得 $\partial\Pi$ 与 $\partial\Omega$ 充分接近,Π 与 Ω 相差无几(请参看图 16-10),从而使得

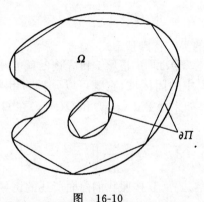

图　16-10

$$\left| \oint_{\partial\Omega} P\mathrm{d}x + Q\mathrm{d}y - \oint_{\partial\Pi} P\mathrm{d}x + Q\mathrm{d}y \right| < \frac{\varepsilon}{2},$$

$$\left| \iint_{\Pi} \left(\frac{\partial Q}{\partial x} - \frac{\partial P}{\partial y} \right) \mathrm{d}x\mathrm{d}y - \iint_{\Omega} \left(\frac{\partial Q}{\partial x} - \frac{\partial P}{\partial y} \right) \mathrm{d}x\mathrm{d}y \right| < \frac{\varepsilon}{2}.$$

前面说过,对于由有限条折线围成的闭区域,格林公式成立:

$$\oint_{\partial\Pi} P\mathrm{d}x + Q\mathrm{d}y = \iint_{\Pi} \left(\frac{\partial Q}{\partial x} - \frac{\partial P}{\partial y} \right) \mathrm{d}x\mathrm{d}y.$$

我们得到

$$\left| \oint_{\partial\Omega} P\mathrm{d}x + Q\mathrm{d}y - \iint_{\Omega} \left(\frac{\partial Q}{\partial x} - \frac{\partial P}{\partial y} \right) \mathrm{d}x\mathrm{d}y \right| < \varepsilon.$$

78

因为 $\varepsilon > 0$ 可以取得任意小, 所以

$$\oint_{\partial\Omega} P\mathrm{d}x + Q\mathrm{d}y = \iint_{\Omega}\left(\frac{\partial Q}{\partial x} - \frac{\partial P}{\partial y}\right)\mathrm{d}x\mathrm{d}y.$$

于是, 对于相当一般的情形, 我们证明了格林公式.

注记 采用意义容易理解的符号表示, 我们可以把格林公式写成:

$$\oint_{\partial\Omega} P\mathrm{d}x + Q\mathrm{d}y = \iint_{\Omega}\begin{vmatrix}\dfrac{\partial}{\partial x} & \dfrac{\partial}{\partial y}\\[2mm] P & Q\end{vmatrix}\mathrm{d}x\mathrm{d}y.$$

格林公式的这种整齐对称的写法, 更便于记忆.

例 1 设 Ω 是 $\mathbb{R}^2$ 中由一条或几条分段连续可微曲线围成的闭区域. 试说明 Ω 的面积 $\sigma(\Omega)$ 可按以下各式计算:

$$\sigma(\Omega) = \oint_{\partial\Omega} x\mathrm{d}y = -\oint_{\partial\Omega} y\mathrm{d}x$$
$$= \frac{1}{2}\oint_{\partial\Omega} x\mathrm{d}y - y\mathrm{d}x.$$

解 根据格林公式, 我们有

$$\oint_{\partial\Omega} x\mathrm{d}y = \iint_{\Omega}\mathrm{d}x\mathrm{d}y = \sigma(\Omega),$$

$$-\oint_{\partial\Omega} y\mathrm{d}x = \iint_{\Omega}\mathrm{d}x\mathrm{d}y = \sigma(\Omega),$$

$$\frac{1}{2}\oint_{\partial\Omega} x\mathrm{d}y - y\mathrm{d}x = \frac{1}{2}\iint_{\Omega}(1+1)\mathrm{d}x\mathrm{d}y$$
$$= \sigma(\Omega).$$

例 2 我们继续例 1 中的讨论. 设 Ω 的边界 $\partial\Omega$ 表示为

$$x = x(t),\, y = y(t),\, \alpha \leqslant t \leqslant \beta,$$

——这里 $x(t)$ 和 $y(t)$ 是分段连续可微的函数. 则有

$$\sigma(\Omega) = \frac{1}{2}\oint_{\partial\Omega} x\mathrm{d}y - y\mathrm{d}x$$
$$= \pm\frac{1}{2}\int_{\alpha}^{\beta}(xy' - yx')\mathrm{d}t$$

$$= \pm \frac{1}{2} \int_\alpha^\beta \begin{vmatrix} x & y \\ x' & y' \end{vmatrix} \mathrm{d}t.$$

实际计算时不必顾虑符号的选择——只要对最后计算的结果取绝对值就可以了.

例 3 试用例 1 中的公式计算椭圆面积.

解 椭圆的参数方程为

$$x = a\cos t, \quad y = b\sin t, \quad 0 \leqslant t \leqslant 2\pi.$$

利用这参数表示计算第二型曲线积分得

$$\sigma(\Omega) = \frac{1}{2} \oint_{\partial\Omega} x\mathrm{d}y - y\mathrm{d}x$$

$$= \frac{1}{2} \int_0^{2\pi} (ab\cos^2 t + ab\sin^2 t)\mathrm{d}t$$

$$= \pi ab.$$

例 4 星形线的参数方程为

$$x = a\cos^3 t, \quad y = a\sin^3 t, \quad 0 \leqslant t \leqslant 2\pi.$$

试求由星形线所围成的平面图形 Ω 的面积(参看图 16-11).

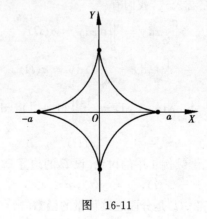

图 16-11

解 我们有

$$\sigma(\Omega) = \frac{1}{2} \int_{\partial\Omega} x\mathrm{d}y - y\mathrm{d}x$$

$$= \frac{1}{2}\int_0^{2\pi}\big[a\cos^3t(3a\sin^2t\cos t)$$
$$- a\sin^3t(-3a\cos^2t\sin t)\big]\mathrm{d}t$$
$$= \frac{3a^2}{2}\int_0^{2\pi}\cos^2t\sin^2t\,\mathrm{d}t$$
$$= \frac{3a^2}{8}\int_0^{2\pi}\sin^2 2t\,\mathrm{d}t$$
$$= \frac{3a^2}{8}\int_0^{2\pi}\frac{1-\cos 4t}{2}\mathrm{d}t$$
$$= \frac{3}{8}\pi a^2.$$

例 5 试计算

$$W_C = \oint_C \frac{x\mathrm{d}y - y\mathrm{d}x}{x^2 + y^2},$$

$$W_E = \oint_E \frac{x\mathrm{d}y - y\mathrm{d}x}{x^2 + y^2},$$

$$W_\Gamma = \oint_\Gamma \frac{x\mathrm{d}y - y\mathrm{d}x}{x^2 + y^2},$$

这里 C 是圆周 $x^2+y^2=r^2$，E 是椭圆周 $\dfrac{x^2}{a^2}+\dfrac{y^2}{b^2}=1$，$\Gamma$ 是环绕原点的任意连续可微的简单闭曲线——这些曲线都根据它们所围的有界区域来诱导定向.

解 利用圆的参数方程进行计算，很容易求得

$$W_C = \int_0^{2\pi}\frac{r^2\cos^2t + r^2\sin^2t}{r^2\cos^2t + r^2\sin^2t}\mathrm{d}t = 2\pi.$$

第二个积分的直接计算比较麻烦，我们将采用间接方法计算.选取半径充分小的圆周 C，使得这圆周完全包含在 E 的内部.把 C 与 E 之间的闭环状区域记为 Ω. 在这环状区域中，函数

$$P = -\frac{y}{x^2+y^2} \quad \text{和} \quad Q = \frac{x}{x^2+y^2}$$

都是连续可微的，并且

$$\frac{\partial Q}{\partial x} = \frac{y^2 - x^2}{(x^2 + y^2)^2} = \frac{\partial P}{\partial y}.$$

因而

$$\int_{\partial \Omega} P \mathrm{d}x + Q \mathrm{d}y = \iint_{\Omega} \left(\frac{\partial Q}{\partial x} - \frac{\partial P}{\partial y} \right) \mathrm{d}x \mathrm{d}y$$

$$= 0.$$

由此得到

$$W_E = W_C = 2\pi.$$

用同样的办法可以求得

$$W_\Gamma = 2\pi.$$

这结果似乎有些使人感到惊奇. 其实, 我们可以把被积表达式写成

$$\frac{x \mathrm{d}y - y \mathrm{d}x}{x^2 + y^2} = \mathrm{d} \operatorname{arc} \operatorname{tg} \frac{y}{x} = \mathrm{d}\theta,$$

这里 θ 是点 (x, y) 的辐角. 不管沿怎样的连续可微简单闭曲线 Γ 绕原点一周, 积分 W_Γ 的值都应等于辐角的增量 2π.

例 6 试计算积分

$$W_\Gamma = \oint_\Gamma \frac{x \mathrm{d}y - y \mathrm{d}x}{x^2 + y^2},$$

这里 Γ 是不围绕原点的连续可微简单闭曲线, 并且依据它所围的有界区域诱导定向.

解 把 Γ 所围绕的有界闭区域记为 Ω. 因为 Ω 不含原点, 所以函数

$$P = -\frac{y}{x^2 + y^2}, \quad Q = \frac{x}{x^2 + y^2}$$

都在 Ω 连续可微, 并且有

$$\frac{\partial Q}{\partial x} = \frac{y^2 - x^2}{x^2 + y^2} = \frac{\partial P}{\partial y}.$$

因而

82

$$W_\Gamma = \oint_{\partial\Omega} P\mathrm{d}x + Q\mathrm{d}y = 0.$$

3.b 高斯公式

高斯公式把沿三维区域边界的第二型曲面积分转换为展布在这区域上的三重积分. 与上一段中的讨论类似, 我们通过对几种较简单情形的分析, 证明一般的结论.

考查 $\mathbb{R}^3$ 中的闭区域

$$H = \{x_0(y,z) \leqslant x \leqslant x_1(y,z), \quad (y,z) \in D\},$$
$$K = \{y_0(z,x) \leqslant y \leqslant y_1(z,x), \quad (z,x) \in E\}$$

和

$$M = \{z_0(x,y) \leqslant z \leqslant z_1(x,y), \quad (x,y) \in F\},$$

这里的 D,E 和 F 分别是 YZ 平面, ZX 平面和 XY 平面上由连续并且分段连续可微的曲线围成的闭区域, x_0, x_1, y_0, y_1 和 z_0, z_1 分别是 D, E 和 F 上的连续可微函数. 我们约定把像 H 这样的区域叫做甲类区域, 把像 K 这样的区域叫做乙类区域, 把像 M 这样的区域叫做丙类区域. 设 Ω 是 $\mathbb{R}^3$ 中的闭区域. 如果 Ω 可以表示成有限多个两两无公共内点的甲类(乙类、丙类)区域的并集, 那么我们就说 Ω 可以分拆为甲类(乙类、丙类)区域.

定理 2(高斯公式) 设 Ω 是 $\mathbb{R}^3$ 中的闭区域, 它既可以分拆为甲类区域, 又可以分拆为乙类区域, 也可以分拆为丙类区域. 如果函数 $P(x,y,z)$, $Q(x,y,z)$ 和 $R(x,y,z)$ 都在 Ω 上连续可微, 那么就有

$$\oiint_{\partial\Omega} P\mathrm{d}y\mathrm{d}z + Q\mathrm{d}z\mathrm{d}x + R\mathrm{d}x\mathrm{d}y$$

$$= \iiint_{\Omega} \left(\frac{\partial P}{\partial x} + \frac{\partial Q}{\partial y} + \frac{\partial R}{\partial z}\right) \mathrm{d}x\mathrm{d}y\mathrm{d}z,$$

这里 $\partial\Omega$ 是 Ω 的边界, 它以向外的法线方向为正方向.

证明 设 H 是一个甲类区域. 我们来计算积分

$$\oiint_{\partial H} P\mathrm{d}y \wedge \mathrm{d}Z.$$

甲类区域 H 的边界 ∂H 由左、右两块曲面 S_0, S_1 和柱形侧面 S 组成,这里

$$S_0: x = x_0(y,z), \quad (y,z) \in D,$$
$$S_1: x = x_1(y,z), \quad (y,z) \in D,$$

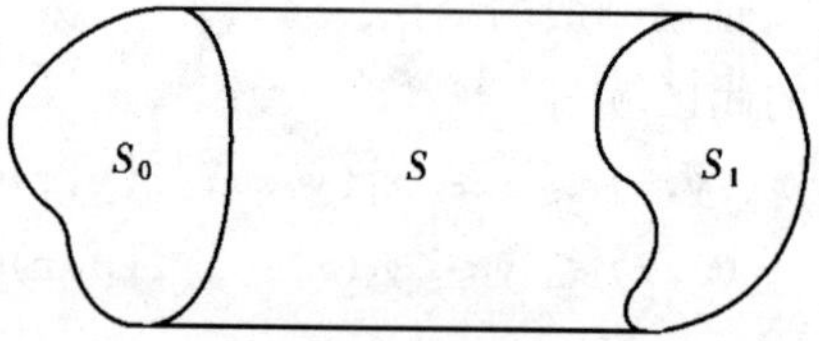

图　16-12

柱形侧面 S 垂直于 YZ 平面(图 16-12). 根据第二型曲面积分的定义,应该有

$$\iint_S P\mathrm{d}y \wedge \mathrm{d}z = 0.$$

沿 S_0 和 S_1 的积分也容易计算:

$$\iint_{S_0} P\mathrm{d}y \wedge \mathrm{d}z = -\iint_D P(x_0(y,z),y,z)\mathrm{d}y\mathrm{d}z,$$
$$\iint_{S_1} P\mathrm{d}y \wedge \mathrm{d}z = \iint_D P(x_1(y,z),y,z)\mathrm{d}y\mathrm{d}z.$$

这样,我们得到

$$\oiint_{\partial H} P\mathrm{d}y \wedge \mathrm{d}z$$
$$= \iint_D \left(\int_{x_0(y,z)}^{x_1(y,z)} \frac{\partial P}{\partial x}\mathrm{d}x \right)\mathrm{d}y\mathrm{d}z$$
$$= \iiint_H \frac{\partial P}{\partial x}\mathrm{d}x\mathrm{d}y\mathrm{d}z.$$

因为 Ω 可以表示成有限多个两两无公共内点的甲类区域的并集,

84

所以也应有

$$\oiint_{\partial\Omega} P\mathrm{d}y \wedge \mathrm{d}z = \iiint_{\Omega} \frac{\partial P}{\partial x}\mathrm{d}x\mathrm{d}y\mathrm{d}z.$$

类似地可以证明

$$\oiint_{\partial\Omega} Q\mathrm{d}z \wedge \mathrm{d}x = \iiint_{\Omega} \frac{\partial Q}{\partial y}\mathrm{d}x\mathrm{d}y\mathrm{d}z,$$

$$\oiint_{\partial\Omega} R\mathrm{d}x \wedge \mathrm{d}y = \iiint_{\Omega} \frac{\partial R}{\partial z}\mathrm{d}x\mathrm{d}y\mathrm{d}z.$$

以上三式相加就得到高斯公式的一般形式. □

引入记号

$$\nabla = \boldsymbol{i}\,\frac{\partial}{\partial x} + \boldsymbol{j}\,\frac{\partial}{\partial y} + \boldsymbol{k}\,\frac{\partial}{\partial z},$$

$$\boldsymbol{F} = \boldsymbol{i}P + \boldsymbol{j}Q + \boldsymbol{k}R,$$

可以把高斯公式改写成这样的形式

$$\oiint_{\partial\Omega} \boldsymbol{F} \cdot \boldsymbol{n}\mathrm{d}\sigma = \iiint_{\Omega} \nabla \cdot \boldsymbol{F}\mathrm{d}x\mathrm{d}y\mathrm{d}z,$$

这里 $\boldsymbol{n}$ 表示 $\partial\Omega$ 的外法线单位向量.

例 7 设 Ω 满足定理 2 中的条件,试说明 Ω 的体积可按以下任一式计算:

$$\begin{aligned} V(\Omega) &= \oiint_{\partial\Omega} x\mathrm{d}y \wedge \mathrm{d}z = \oiint_{\partial\Omega} y\mathrm{d}z \wedge \mathrm{d}x \\ &= \oiint_{\partial\Omega} z\mathrm{d}x \wedge \mathrm{d}y \\ &= \frac{1}{3}\oiint_{\partial\Omega} x\mathrm{d}y\mathrm{d}z + y\mathrm{d}z\mathrm{d}x + z\mathrm{d}x\mathrm{d}y. \end{aligned}$$

解 利用高斯公式就得到

$$\oiint_{\partial\Omega} x\mathrm{d}y \wedge \mathrm{d}z = \iiint_{\Omega}\mathrm{d}x\mathrm{d}y\mathrm{d}z = V(\Omega).$$

其余几式可以类似地证明.

例 8 我们继续上例中的讨论. 设 Ω 的边界具有正则参数表示

$$r = r(u,v), \quad (u,v) \in D,$$

这里

$$r(u,v) = (x(u,v), y(u,v), z(u,v)).$$

利用这一参数表示来计算表示体积的曲面积分,就得到

$$V(\Omega) = \pm \frac{1}{3} \iint_D (xA + yB + zC) du dv$$

$$= \pm \frac{1}{3} \iint_D \begin{vmatrix} x & y & z \\ x_u & y_u & z_u \\ x_v & y_v & z_v \end{vmatrix} du dv.$$

在具体计算时,不必费心考虑怎样的符号选择对应于外法线向量. 因为体积总是正的,所以只要对计算的结果取绝对值就可以了.

3.c 斯托克斯公式

斯托克斯公式把沿一块曲面边界的第二型曲线积分与展布在这块曲面上的第二型曲面积分联系起来. 在某种意义上,斯托克斯公式可以看作格林公式的推广. 我们也将利用格林公式来证明斯托克斯公式.

设 D 是一块二阶连续可微的正则简单参数曲面:

$$r = r(u,v), \quad (u,v) \in \Delta,$$

这里 Δ 是 $\mathbb{R}^2$ 上由分段正则曲线围成的闭区域,而

$$r(u,v) = (x(u,v), y(u,v), z(u,v))$$

是二阶连续可微的单一的映射,满足条件

$$r_u \times r_v \neq 0, \quad \forall (u,v) \in \Delta.$$

在曲面块 D 上选择好一个定向,这定向也就在 D 的边界 ∂D 上诱导了一个定向(诱导法则:在 D 的正侧沿 ∂D 的正方向前进时,D 应该在 ∂D 的左方). 又设函数 $P(x,y,z)$ 在 D 上连续可微(这就是说 P 在包含 D 的一个开集上是连续可微的). 我们来考查第二型曲线积分

$$\oint_{\partial D} P(x,y,z)\mathrm{d}x.$$

在所给的条件下,应该有

(3.1)
$$\oint_{\partial D} P\mathrm{d}x = \oint_{\partial \Delta} P\left(\frac{\partial x}{\partial u}\mathrm{d}u + \frac{\partial x}{\partial v}\mathrm{d}v\right).$$

事实上,以边界曲线的参数表示代入计算,上式左右两端的结果是一样的.

在(3.1)式中,我们已将空间的第二型曲线积分转换为参数平面上的第二型曲线积分. 于是,可以对后者运用格林公式:

(3.2)
$$\oint_{\partial \Delta} P\left(\frac{\partial x}{\partial u}\mathrm{d}u + \frac{\partial x}{\partial v}\mathrm{d}v\right)$$

$$= \iint_{\Delta}\left[\frac{\partial}{\partial u}\left(P\frac{\partial x}{\partial v}\right) - \frac{\partial}{\partial v}\left(P\frac{\partial x}{\partial u}\right)\right]\mathrm{d}u\mathrm{d}v.$$

计算得

$$\frac{\partial}{\partial u}\left(P\frac{\partial x}{\partial v}\right) - \frac{\partial}{\partial v}\left(P\frac{\partial x}{\partial u}\right)$$

$$= \left(\frac{\partial P}{\partial x}\frac{\partial x}{\partial u} + \frac{\partial P}{\partial y}\frac{\partial y}{\partial u} + \frac{\partial P}{\partial z}\frac{\partial z}{\partial u}\right)\frac{\partial x}{\partial v} + P\frac{\partial^2 x}{\partial u\partial v}$$

$$- \left(\frac{\partial P}{\partial x}\frac{\partial x}{\partial v} + \frac{\partial P}{\partial y}\frac{\partial y}{\partial v} + \frac{\partial P}{\partial z}\frac{\partial z}{\partial v}\right)\frac{\partial x}{\partial u} - P\frac{\partial^2 x}{\partial v\partial u}$$

$$= \frac{\partial P}{\partial z}\frac{\partial(z,x)}{\partial(u,v)} - \frac{\partial P}{\partial y}\frac{\partial(x,y)}{\partial(u,v)}.$$

于是得到

(3.3)
$$\iint_{\Delta}\left[\frac{\partial}{\partial u}\left(P\frac{\partial x}{\partial v}\right) - \frac{\partial}{\partial v}\left(P\frac{\partial x}{\partial u}\right)\right]\mathrm{d}u\mathrm{d}v$$

$$= \iint_{\Delta}\left[\frac{\partial P}{\partial z}\frac{\partial(z,x)}{\partial(u,v)} - \frac{\partial P}{\partial y}\frac{\partial(x,y)}{\partial(u,v)}\right]\mathrm{d}u\mathrm{d}v$$

$$= \iint_{D}\frac{\partial P}{\partial z}\mathrm{d}z \wedge \mathrm{d}x - \frac{\partial P}{\partial y}\mathrm{d}x \wedge \mathrm{d}y.$$

综合(3.1),(3.2)和(3.3),我们得到

$$(3.4) \qquad \oint_{\partial D} P \mathrm{d}x = \iint\limits_{D} \frac{\partial P}{\partial z} \mathrm{d}z \mathrm{d}x - \frac{\partial P}{\partial y} \mathrm{d}x \mathrm{d}y.$$

设 $Q(x,y,z)$ 和 $R(x,y,z)$ 也都在 D 上连续可微,用类似的办法可以证明:

$$(3.5) \qquad \oint_{\partial D} Q \mathrm{d}y = \iint\limits_{D} \frac{\partial Q}{\partial x} \mathrm{d}x \mathrm{d}y - \frac{\partial Q}{\partial z} \mathrm{d}y \mathrm{d}z,$$

$$(3.6) \qquad \oint_{\partial D} R \mathrm{d}z = \iint\limits_{D} \frac{\partial R}{\partial y} \mathrm{d}y \mathrm{d}z - \frac{\partial R}{\partial x} \mathrm{d}z \mathrm{d}x.$$

将(3.4)式,(3.5)式和(3.6)式相加,就得到

$$(3.7) \qquad \oint_{\partial D} P \mathrm{d}x + Q \mathrm{d}y + R \mathrm{d}z$$

$$= \iint\limits_{D} \left(\frac{\partial Q}{\partial x} - \frac{\partial P}{\partial y} \right) \mathrm{d}x \wedge \mathrm{d}y$$

$$+ \left(\frac{\partial R}{\partial y} - \frac{\partial Q}{\partial z} \right) \mathrm{d}y \wedge \mathrm{d}z$$

$$+ \left(\frac{\partial P}{\partial z} - \frac{\partial R}{\partial x} \right) \mathrm{d}z \wedge \mathrm{d}x.$$

这就是对正则简单曲面情形的斯托克斯公式. 据此可以得到更一般情形的斯托克斯公式.

定理 3(斯托克斯公式) 设 S 是由有限块二阶连续可微的正则简单曲面拼接而成的可定向曲面,$P(x,y,z)$,$Q(x,y,z)$ 和 $R(x,y,z)$ 是在 S 上连续可微的函数,则有以下等式成立:

$$\oint_{\partial S} P \mathrm{d}x + Q \mathrm{d}y + R \mathrm{d}z$$

$$= \iint\limits_{S} \left(\frac{\partial Q}{\partial x} - \frac{\partial P}{\partial y} \right) \mathrm{d}x \wedge \mathrm{d}y$$

$$+ \left(\frac{\partial R}{\partial y} - \frac{\partial Q}{\partial z} \right) \mathrm{d}y \wedge \mathrm{d}z$$

$$+ \left(\frac{\partial P}{\partial z} - \frac{\partial R}{\partial x} \right) \mathrm{d}z \wedge \mathrm{d}x.$$

注记 我们提醒读者注意:在斯托克斯公式中,边界曲线 ∂S 的定向应该是按照诱导法则决定的定向,否则在公式的右端就需

要添上一个负号.

为了帮助读者记忆斯托克斯公式,我们指出以下几点:

(1) 斯托克斯公式右端被积表达式的第一项与格林公式的情形类似,第二和第三项可以通过字母轮换而得到;

(2) 斯托克斯公式的右端可以写成

$$\iint\limits_{S} \begin{vmatrix} \mathrm{d}y\mathrm{d}z & \mathrm{d}z\mathrm{d}x & \mathrm{d}x\mathrm{d}y \\ \dfrac{\partial}{\partial x} & \dfrac{\partial}{\partial y} & \dfrac{\partial}{\partial z} \\ P & Q & R \end{vmatrix}.$$

(3) 如果借助于第一型曲面积分来表示第二型曲面积分,那么(2)中的积分又可写成

$$\iint\limits_{S} \begin{vmatrix} \cos\alpha & \cos\beta & \cos\gamma \\ \dfrac{\partial}{\partial x} & \dfrac{\partial}{\partial y} & \dfrac{\partial}{\partial z} \\ P & Q & R \end{vmatrix} \mathrm{d}\sigma.$$

§4 微 分 形 式

微分形式(又称外微分形式)是一种很有用的数学工具. 采用微分形式记号,能够统一地表达上节中的几个重要公式. 这种表达形式还能作很一般的推广——对进一步的数学研究有重要意义的推广. 虽然我们这里还不能对有关问题作全面深入的探讨,但初步结识微分形式也仍然是很有益处的.

在学习第二型曲线积分和第二型曲面积分的时候,我们涉及到这样一些被积表达式:

(4.1) $$P\mathrm{d}x + Q\mathrm{d}y + R\mathrm{d}z,$$

(4.2) $$P\mathrm{d}y \wedge \mathrm{d}z + Q\mathrm{d}z \wedge \mathrm{d}x + R\mathrm{d}x \wedge \mathrm{d}y.$$

像(4.1)和(4.2)这样的式子,分别被称为($\mathbb{R}^3$中的)1 次微分形式和 2 次微分形式. 我们还把如下形状的表示式

(4.3) $$g(x,y,z)\mathrm{d}x \wedge \mathrm{d}y \wedge \mathrm{d}z$$

叫做($\mathbb{R}^3$中的)3 次微分形式.

在讨论曲线积分的时候,我们把(4.1)式中的 $\mathrm{d}x,\mathrm{d}y$ 和 $\mathrm{d}z$ 看作有向长度(有向曲线上一段微小的长度在三个坐标轴上的投影). 在讨论曲面积分的时候,我们把(4.2)式中的 $\mathrm{d}y \wedge \mathrm{d}z, \mathrm{d}z \wedge \mathrm{d}x$ 和 $\mathrm{d}x \wedge \mathrm{d}y$ 看作有向面积(有向曲面上一块微小面积在三个坐标面上的投影). 至于(4.3)式中的 $\mathrm{d}x \wedge \mathrm{d}y \wedge \mathrm{d}z$,我们也把它看作 $\mathbb{R}^3$ 中的有向体积元. 为了体现有向性,我们约定:

$$\mathrm{d}y \wedge \mathrm{d}x = -\mathrm{d}x \wedge \mathrm{d}y,$$
$$\mathrm{d}z \wedge \mathrm{d}y = -\mathrm{d}y \wedge \mathrm{d}z,$$
$$\mathrm{d}x \wedge \mathrm{d}z = -\mathrm{d}z \wedge \mathrm{d}x,$$
$$\mathrm{d}y \wedge \mathrm{d}x \wedge \mathrm{d}z = -\mathrm{d}x \wedge \mathrm{d}y \wedge \mathrm{d}z,$$
$$\mathrm{d}x \wedge \mathrm{d}z \wedge \mathrm{d}y = -\mathrm{d}x \wedge \mathrm{d}y \wedge \mathrm{d}z,$$
$$\mathrm{d}z \wedge \mathrm{d}y \wedge \mathrm{d}x = -\mathrm{d}x \wedge \mathrm{d}y \wedge \mathrm{d}z,$$
$$\mathrm{d}x \wedge \mathrm{d}y \wedge \mathrm{d}z = \mathrm{d}y \wedge \mathrm{d}z \wedge \mathrm{d}x$$
$$= \mathrm{d}z \wedge \mathrm{d}x \wedge \mathrm{d}y.$$

通常以 $\mathrm{d}x \wedge \mathrm{d}y \wedge \mathrm{d}z$ 表示正的体积元. 于是

$$\iiint_V g(x,y,z)\mathrm{d}x \wedge \mathrm{d}y \wedge \mathrm{d}z$$

$$= \iiint_V g(x,y,z)\mathrm{d}x\mathrm{d}y\mathrm{d}z,$$

$$\iiint_V g(x,y,z)\mathrm{d}y \wedge \mathrm{d}x \wedge \mathrm{d}z$$

$$= -\iiint_V g(x,y,z)\mathrm{d}x\mathrm{d}y\mathrm{d}z.$$

——这里的

$$\iiint_V g(x,y,z)\mathrm{d}x\mathrm{d}y\mathrm{d}z$$

表示通常的三重积分.

除了上面所说的 1 次, 2 次和 3 次微分形式而外, 我们还把数值函数 $f(x,y,z)$ 叫做 ($\mathbb{R}^3$ 中的) 0 次微分形式.

在 $\mathbb{R}^n$ 空间中, 我们把如下形状的表示式叫做 p 次微分形式:

$$(4.4) \qquad \sum_{i_1,\cdots,i_p} a_{i_1\cdots i_p}(x)\mathrm{d}x^{i_1} \wedge \cdots \wedge \mathrm{d}x^{i_p},$$

这里对每一个标号 $i_1,\cdots,i_p$ 都从 1 到 n 求和. 为了书写省事, 常常把 (4.4) 式简单地记为

$$(4.4)' \qquad \sum_I a_I(x)\mathrm{d}x^I,$$

——对于 p 次形式而言 I 是 p 重指标

$$I = \{i_1,\cdots,i_p\},$$

它的每一个分量都在 1 到 n 范围内变化. 我们也把数值函数

$$g(x^1,\cdots,x^n)$$

叫做 ($\mathbb{R}^n$ 中的) 0 次形式.

对于 p 次微分形式, 按以下两式定义了加法和乘以数值函数的运算:

$$\sum_I a_I(x)\mathrm{d}x^I + \sum_I b_I(x)\mathrm{d}x^I$$
$$= \sum_I (a_I(x) + b_I(x))\,\mathrm{d}x^I,$$
$$f(x) \cdot \sum_I a_I(x)\mathrm{d}x^I = \sum_I (f(x)a_I(x))\mathrm{d}x^I.$$

关于符号 "$\wedge$", 我们约定

$$(4.5) \qquad \mathrm{d}x^j \wedge \mathrm{d}x^i = -\,\mathrm{d}x^i \wedge \mathrm{d}x^j,$$
$$(4.6) \qquad \mathrm{d}x^i \wedge \mathrm{d}x^i = 0.$$

鉴于这些关系, 表达式 (4.4) 中某些项是 0, 另外还有一些项可以合并. 于是, (4.4) 式可以写成这样的形式:

$$(4.7) \qquad \sum_{(i_1,\cdots,i_p)} c_{i_1\cdots i_p}(x)\mathrm{d}x^{i_1} \wedge \cdots \wedge \mathrm{d}x^{i_p},$$

这里求和号下的圆括号表示对满足以下条件的 $i_1,\cdots,i_p$ 求和:

$$1 \leqslant i_1 < i_2 < \cdots < i_p \leqslant n.$$

为了书写省事,也常常把(4.7)式简记为

(4.7)′
$$\sum_{(I)} c_I(x) \mathrm{d}x^I.$$

下面,我们扩充符号"$\wedge$"的用法,在微分形式之间定义一种外乘运算:

(1) 对于 0 次形式(即数值函数)f 与 p 次形式 ω,规定
$$f \wedge \omega = \omega \wedge f = f\omega;$$

(2) 对于 p 次形式
$$\omega = \sum_I a_I(x) \mathrm{d}x^I$$

与 q 次形式
$$\theta = \sum_J b_J(x) \mathrm{d}x^J,$$

规定

$$\begin{aligned}
\omega \wedge \theta &= \left(\sum_I a_I(x) \mathrm{d}x^I \right) \wedge \left(\sum_J b_J(x) \mathrm{d}x^J \right) \\
&= \sum_{I,J} a_I(x) b_J(x) \mathrm{d}x^I \wedge \mathrm{d}x^J,
\end{aligned}$$

——所得的结果还应利用关系式(4.5)和(4.6)进行化简.

这样定义的外乘法适合下面所述的运算律:

设 f_1, f_2, g_1, g_2 是数值函数,$\omega_1, \omega_2, \omega$ 是 p 次形式,$\theta, \theta_1, \theta_2$ 是 q 次形式,η 是 r 次形式,则有

(Λ_1) 　$(f_1\omega_1 + f_2\omega_2) \wedge \theta = f_1\omega_1 \wedge \theta + f_2\omega_2 \wedge \theta,$

$\omega \wedge (g_1\theta_1 + g_2\theta_2) = g_1\omega \wedge \theta_1 + g_2\omega \wedge \theta_2;$

(Λ_2) 　$\omega \wedge \theta = (-1)^{pq} \theta \wedge \omega;$

(Λ_3) 　$(\omega \wedge \theta) \wedge \eta = \omega \wedge (\theta \wedge \eta).$

例1 设有微分形式
$$\omega = f\mathrm{d}x + g\mathrm{d}y + h\mathrm{d}z,$$
$$\theta = P\mathrm{d}y \wedge \mathrm{d}z + Q\mathrm{d}z \wedge \mathrm{d}x + R\mathrm{d}x \wedge \mathrm{d}y,$$
试计算 $\omega \wedge \theta$.

解 我们有

$$\omega \wedge \theta = fP\mathrm{d}x \wedge \mathrm{d}y \wedge \mathrm{d}z + gQ\mathrm{d}y \wedge \mathrm{d}z \wedge \mathrm{d}y$$
$$+ hR\mathrm{d}z \wedge \mathrm{d}x \wedge \mathrm{d}y$$
$$= (fP + gQ + kR)\mathrm{d}x \wedge \mathrm{d}y \wedge \mathrm{d}z.$$

例 2 设有微分形式

$$\omega = a\mathrm{d}x + b\mathrm{d}y + c\mathrm{d}z,$$
$$\theta = A\mathrm{d}x + B\mathrm{d}y + C\mathrm{d}z,$$

试计算 $\omega \wedge \theta$.

解 我们有

$$\omega \wedge \theta = (aB - bA)\mathrm{d}x \wedge \mathrm{d}y$$
$$+ (bC - cB)\mathrm{d}y \wedge \mathrm{d}z$$
$$+ (cA - aC)\mathrm{d}z \wedge \mathrm{d}x$$
$$= \begin{vmatrix} a & b \\ A & B \end{vmatrix} \mathrm{d}x \wedge \mathrm{d}y$$
$$+ \begin{vmatrix} b & c \\ B & C \end{vmatrix} \mathrm{d}y \wedge \mathrm{d}z$$
$$+ \begin{vmatrix} c & a \\ C & A \end{vmatrix} \mathrm{d}z \wedge \mathrm{d}x.$$

例 3 考查 $\mathbb{R}^n$ 中的 n 个 1 次形式

$$\omega^j = \sum_{i=1}^{n} a_i^j(x)\mathrm{d}x^i, \quad j = 1,2,\cdots,n.$$

试证明

$$\omega^1 \wedge \cdots \wedge \omega^n = \det(a_i^j(x))\mathrm{d}x^1 \wedge \cdots \wedge \mathrm{d}x^n.$$

证明 根据定义应有

$$\omega^1 \wedge \cdots \wedge \omega^n$$
$$= \left(\sum_{i_1} a_{i_1}^1(x)\mathrm{d}x^{i_1} \right) \wedge \cdots \wedge \left(\sum_{i_n} a_{i_n}^n(x)\mathrm{d}x^{i_n} \right)$$
$$= \sum_{i_1,\cdots,i_n} a_{i_1}^1(x)\cdots a_{i_n}^n(x)\mathrm{d}x^{i_1} \wedge \cdots \wedge \mathrm{d}x^{i_n}.$$

为了整理上面的表示式,我们引入记号

$$\varepsilon^{i_1 \cdots i_n} = \begin{cases} 0, & \text{如果 } i_1, \cdots, i_n \text{ 当中有相同的数字;} \\ -1, & \text{如果 } i_1, \cdots, i_n \text{ 是数字 } 1, \cdots, n \text{ 的奇排列;} \\ 1, & \text{如果 } i_1, \cdots, i_n \text{ 是数字 } 1, \cdots, n \text{ 的偶排列.} \end{cases}$$

利用这记号,可以把 $\mathrm{d}x^{i_1} \wedge \cdots \wedge \mathrm{d}x^{i_n}$ 表示为

$$\varepsilon^{i_1 \cdots i_n} \mathrm{d}x^1 \wedge \cdots \wedge \mathrm{d}x^n.$$

这样,我们得到

$$\omega^1 \wedge \cdots \wedge \omega^n$$
$$= \Big(\sum_{i_1, \cdots, i_n} \varepsilon^{i_1 \cdots i_n} a_{i_1}^1(x) \cdots a_{i_n}^n(x) \Big) \mathrm{d}x^1 \wedge \cdots \wedge \mathrm{d}x^n.$$

也就是

$$\omega^1 \wedge \cdots \wedge \omega^n = \det(a_i^j(x)) \mathrm{d}x^1 \wedge \cdots \wedge \mathrm{d}x^n.$$

例 4 设 $f^j(x^1, \cdots, x^n)$, $j = 1, 2, \cdots, n$, 是数值函数,则有

$$\mathrm{d}f^1 \wedge \cdots \wedge \mathrm{d}f^n = \frac{\partial(f^1, \cdots, f^n)}{\partial(x^1, \cdots, x^n)} \mathrm{d}x^1 \wedge \cdots \wedge \mathrm{d}x^n.$$

证明 我们有

$$\mathrm{d}f^j = \sum_{i=1}^n \frac{\partial f^j}{\partial x^i} \mathrm{d}x^i, \quad j = 1, 2, \cdots, n.$$

利用例 3,就得到所求的结果.

前面已经谈到,任何 p 次微分形式都可以写成

(4.8) $$\omega = \sum_{(I)} a_I(x) \mathrm{d}x^I,$$

其中 Σ 号下的圆括弧,表示对满足以下条件的重指标 $I = \{i_1, \cdots, i_p\}$ 求和:

$$1 \leqslant i_1 < i_2 < \cdots < i_p \leqslant n.$$

在这样的标准表示下,如果各系数 $a_I(x)$ 都在某区域上 r 阶连续可微,那么我们就说这形式 ω 在该区域上是 r 阶连续可微的,简称是 C^r 的. 对于 $r \geqslant 1$ 的情形,我们可以定义一种运算 d,这运算作用于一个 p 次 C^r 微分形式,产生一个 $p+1$ 次 C^{r-1} 微分形式,运算 d 由以下条件唯一确定:

(d_1) $$\mathrm{d}(\omega_1 + \omega_2) = \mathrm{d}\omega_1 + \mathrm{d}\omega_2;$$

(d_2) $$d(\omega \wedge \theta) = d\omega \wedge \theta + (-1)^p \omega \wedge d\theta$$
（这里设 ω 是 p 次形式）；

(d_3) $$d(d\omega) = 0;$$

(d_4) 如果 f 是 0 次 C^r 形式（即 r 阶连续可微函数），

那么 df 就是函数 f 的微分.

我们来说明这样的运算 d 是完全确定的. 由于条件(d_1)，我们可以只考查 d 对"单项形式"的作用，不妨设 ω 具有这样的形状：

$$\omega = f(x)dx^1 \wedge \cdots \wedge dx^p.$$

利用条件(d^2)，我们得到

$$
\begin{aligned}
d\omega = & df \wedge dx^1 \wedge \cdots \wedge dx^p \\
& + f \wedge d(dx^1 \wedge \cdots \wedge dx^p).
\end{aligned}
$$

利用条件(d_3)（并利用(d_2)），通过归纳法可以证明

$$d(dx^1 \wedge \cdots \wedge dx^p) = 0.$$

这样，我们得到

$$d\omega = df \wedge dx^1 \wedge \cdots \wedge dx^p.$$

根据(d_4)，我们得知

$$df = \sum_{i=1}^n \frac{\partial f}{\partial x^i} dx^i.$$

于是

$$
\begin{aligned}
d\omega &= \left(\sum_{i=1}^n \frac{\partial f}{\partial x^i} dx^i \right) \wedge dx^1 \wedge \cdots \wedge dx^p \\
&= \sum_{j=p+1}^n \frac{\partial f}{\partial x^j} dx^j \wedge dx^1 \wedge \cdots \wedge dx^p.
\end{aligned}
$$

我们把由性质(d_1)—(d_4)所决定的运算 d 叫做 外导数或者外微分. 根据上面的讨论，对于

$$\omega = \sum_I a_I(x)dx^I,$$

应有

$$d\omega = \sum_I (da_I(x)) \wedge dx^I.$$

下面,我们再来考查 $\mathbb{R}^2$ 和 $\mathbb{R}^3$ 中的微分形式,并给格林公式,高斯公式和斯托克斯公式以新的表述.

在格林公式中,曲线积分的被积表达式是 $\mathbb{R}^2$ 中的微分形式

$$\omega = P\mathrm{d}x + Q\mathrm{d}y.$$

计算这形式的外微分得

$$\begin{aligned}
\mathrm{d}\omega &= \mathrm{d}P \wedge \mathrm{d}x + \mathrm{d}Q \wedge \mathrm{d}y \\
&= \left(\frac{\partial P}{\partial x}\mathrm{d}x + \frac{\partial P}{\partial y}\mathrm{d}y \right) \wedge \mathrm{d}x + \left(\frac{\partial Q}{\partial x}\mathrm{d}x + \frac{\partial Q}{\partial y}\mathrm{d}y \right) \wedge \mathrm{d}y \\
&= \frac{\partial P}{\partial y}\mathrm{d}y \wedge \mathrm{d}x + \frac{\partial Q}{\partial x}\mathrm{d}x \wedge \mathrm{d}y \\
&= \left(\frac{\partial Q}{\partial x} - \frac{\partial P}{\partial y} \right)\mathrm{d}x \wedge \mathrm{d}y.
\end{aligned}$$

于是,格林公式可以写成

$$\oint_{\partial D}\omega = \iint_{D}\mathrm{d}\omega,$$

——这里的 D 是满足一定条件的平面区域,而 ∂D 是它的边界曲线.

在高斯公式中,曲面积分的被积表达式是 2 次微分形式

$$\omega = P\mathrm{d}y \wedge \mathrm{d}z + Q\mathrm{d}z \wedge \mathrm{d}x + R\mathrm{d}x \wedge \mathrm{d}y.$$

计算这形式的外微分得

$$\mathrm{d}\omega = \left(\frac{\partial P}{\partial x} + \frac{\partial Q}{\partial y} + \frac{\partial R}{\partial z} \right)\mathrm{d}x \wedge \mathrm{d}y \wedge \mathrm{d}z.$$

于是,高斯公式可以写成

$$\oiint_{\partial D}\omega = \iiint_{D}\mathrm{d}\omega,$$

——这里的 D 是满足一定条件的空间区域,而 ∂D 是 D 的边界曲面.

在斯托克斯公式中,曲线积分的被积表达式是

$$\omega = P\mathrm{d}x + Q\mathrm{d}y + R\mathrm{d}z.$$

计算这形式的外微分得

$$d\omega = \left(\frac{\partial Q}{\partial x} - \frac{\partial P}{\partial y}\right) dx \wedge dy + \left(\frac{\partial R}{\partial y} - \frac{\partial Q}{\partial z}\right) dy \wedge dz$$
$$+ \left(\frac{\partial P}{\partial z} - \frac{\partial R}{\partial x}\right) dz \wedge dx.$$

于是,斯托克斯公式可以写成

$$\oint_{\partial D} \omega = \iint_D d\omega,$$

——这里的 D 是满足一定条件的可定向曲面块,而 ∂D 是 D 的边界曲线.

我们看到,采用微分形式记号,格林公式,高斯公式和斯托克斯公式可以统一地表示为(不论维数如何,都只写一重积分号):

$$\int_D d\omega = \int_{\partial D} \omega,$$

这里 D 是适当的区域或适当的曲面块,∂D 是 D 的边界. 人们把这样的一些公式统称为"斯托克斯型公式". 所有这些公式,都把展布于一定几何形的积分,与沿这几何形的边界的积分联系起来. 其实,可以归入这一类型公式的还有牛顿-莱布尼兹公式:

$$\int_{[a,b]} dF(x) = F(b) - F(a).$$

——这公式的左端是沿闭区间 $I=[a,b]$ 的积分,右端的表示式可以解释为沿 I 的边界 ∂I 的"积分".

所有的斯托克斯型公式都可以看作牛顿-莱布尼兹公式的推广. 事实上,这些公式证明中的关键步骤,都用到了牛顿-莱布尼兹公式. 人们把牛顿-莱布尼兹公式叫做"微积分的基本定理",这是很有道理的.

§5 布劳沃尔不动点定理

空间 $\mathbb{R}^n$ 中的点集

$$B^n(r) = \{(x_1, \cdots, x_n) \in \mathbb{R}^n \mid x_1^2 + \cdots + x_n^2 \leqslant r^2\}$$

被称为 n 维闭球体. 我们来考查从 $B^n(r)$ 到 $B^n(r)$ 的连续映射

$$f: B^n(r) \to B^n(r).$$

对于 $n=1$ 的情形, $B^1(r)$ 就是闭区间 $[-r, r]$. 根据一元连续函数的介值定理, 容易得知: 任何连续映射

$$f: [-r, r] \to [-r, r]$$

都一定有不动点. —— 这就是说, 必定存在

$$\xi \in [-r, r],$$

使得

$$f(\xi) = \xi.$$

本世纪早期, 布劳沃尔(Brouwer)发展拓扑学的方法, 将上面所说的结果推广到很普遍的情形. 他证明了: 从 n 维闭球体 $B^n(r)$ 到 $B^n(r)$ 的任何连续映射 f 都一定有不动点, 即必定存在 $\xi \in B^n(r)$, 使得 $f(\xi) = \xi$. —— 这就是著名的布劳沃尔不动点定理. 在理论数学与应用数学中, 这定理都起着很重要的作用. 在本节中, 我们将利用"斯托克斯型公式"这样的分析工具, 作出布劳沃尔不动点定理的一种较简单的证明. 为了便于理解, 我们将首先对 $n=2$ 与 $n=3$ 的情形展开讨论; 然后说明怎样将这证明推广到更一般的情形. 我们将对闭单位球体

$$B^n = B^n(1)$$

陈述并证明定理.

以下判断符合我们的直观与经验: 一个圆面, 保持边界圆周上的每一点固定不动, 如果不把这圆面撕破, 那么就不能使整个圆面缩到边界圆周上去. 如果以 $B^2 = B^2(1)$ 表示闭单位圆面, 以 $\partial B^2 = S^1$ 表示 B^2 的边界——单位圆周, 那么上述基本事实(附加一定的分析条件)可以陈述为这样一个定理:

定理 1 不存在满足以下条件(1)和(2)的二阶连续可微映射 $g: B^2 \to \mathbb{R}^2$,

(1) $g(x) = x. \ \forall \ x = (x_1, x_2) \in \partial B^2$;

(2) $g(B^2) \subset \partial B^2$.

证明 用反证法. 假设存在满足条件(1)和(2)的二阶连续可

微映射

$$g = (g_1, g_2): B^2 \to \mathbb{R}^2.$$

——这里 $g_1(x) = g_1(x_1, x_2)$ 和 $g_2(x) = g_2(x_1, x_2)$ 表示 $g(x) = g(x_1, x_2)$ 的分量. 利用 g, 我们构造这样一个微分形式:

$$\omega = g_1 \mathrm{d} g_2.$$

下面, 将用两种不同的方法计算 ω 沿着单位圆周 $\partial B^2 = S^1$ 的积分 (约定 $\partial B^2 = S^1$ 以反时针方向为正向).

首先, 根据格林公式, 我们有

$$\int_{\partial B^2} \omega = \iint_{B^2} \mathrm{d}\omega.$$

这里须指出, 为了应用格林公式于微分形式

$$P \mathrm{d} x_1 + Q \mathrm{d} x_2,$$

至少要求 P 和 Q 是一阶连续可微的. 因为 $g = (g_1, g_2)$ 是二阶连续可微的, 所以可以对微分形式

$$\omega = g_1 \mathrm{d} g_2 = g_1 \frac{\partial g_2}{\partial x_1} \mathrm{d} x_1 + g_1 \frac{\partial g_2}{\partial x_2} \mathrm{d} x_2$$

应用格林公式. 利用上一节中所述的外微分运算的性质 (d_1) — (d_4) 计算 $\mathrm{d}\omega$, 我们得到

$$\mathrm{d}\omega = \mathrm{d} g_1 \wedge \mathrm{d} g_2 = \frac{\partial(g_1, g_2)}{\partial(x_1, x_2)} \mathrm{d} x_1 \wedge \mathrm{d} x_2.$$

但因为

$$g(B^2) \subset \partial B^2 = S^1,$$

所以对任何 $x = (x_1, x_2) \in B^2$, 都有

$$(g_1(x))^2 + (g_2(x))^2 = 1.$$

微分这式子就得到

$$g_1 \frac{\partial g_1}{\partial x_1} + g_2 \frac{\partial g_2}{\partial x_1} = 0,$$

$$g_1 \frac{\partial g_1}{\partial x_2} + g_2 \frac{\partial g_2}{\partial x_2} = 0.$$

我们看到,以

$$\begin{bmatrix} \dfrac{\partial g_1}{\partial x_1}(x) & \dfrac{\partial g_2}{\partial x_1}(x) \\[4mm] \dfrac{\partial g_1}{\partial x_2}(x) & \dfrac{\partial g_2}{\partial x_2}(x) \end{bmatrix}$$

为系数方阵的齐次线性方程组有非零解

$$(g_1(x), \quad g_2(x)).$$

因而这方阵的行列式应该等于 0:

$$\frac{\partial(g_1, g_2)}{\partial(x_1, x_2)} = 0.$$

由此得到

$$\int_{\partial B^2} \omega = \iint_{B^2} \mathrm{d}\omega = \iint_{B^2} \frac{\partial(g_1, g_2)}{\partial(x_1, x_2)} \mathrm{d}x_1 \wedge \mathrm{d}x_2 = 0.$$

另一方面,因为

$$g(x) = x, \quad \forall\, x \in \partial B^2,$$

所以有

(5.1) $$\int_{\partial B^2} g_1 \mathrm{d}g_2 = \int_{\partial B^2} x_1 \mathrm{d}x_2{}^{①}. \quad ①$$

由此得到

$$\begin{aligned} \int_{\partial B^2} \omega &= \int_{\partial B^2} g_1 \mathrm{d}g_2 = \int_{\partial B^2} x_1 \mathrm{d}x_2 \\ &= \iint_{B^2} \mathrm{d}(x_1 \mathrm{d}x_2) = \iint_{B^2} \mathrm{d}x_1 \wedge \mathrm{d}x_2 \\ &= \pi > 0. \end{aligned}$$

以上我们用不同的办法计算积分

---

① 设 $x_1 = x_1(t)$, $x_2 = x_2(t)$ 是圆周 ∂B^2 的参数表示,则有
$$g_2(x_1(t), x_2(t)) = x_2(t),$$
$$\frac{\partial g_2}{\partial x_1} \mathrm{d}x_1(t) + \frac{\partial g_2}{\partial x_2} \mathrm{d}x_2(t) = \mathrm{d}x_2(t).$$
因此,利用参数表示计算(5.1)两边的积分所得结果应该相同.

100

$$\int_{\partial B^2} \omega = \int_{\partial B^2} g_1 \mathrm{d}g_2$$

得到了互相矛盾的结果.这矛盾说明满足所述条件的二阶连续可微映射 $g = (g_1, g_2)$ 根本就不可能存在. $\square$

定理 2 设 $f: B^2 \to \mathbb{R}^2$ 是二阶连续可微映射,满足条件

$$f(B^2) \subset B^2.$$

则必定存在 $\xi \in B^2$,使得

$$f(\xi) = \xi.$$

证明 用反证法.假设 f 没有不动点.则可按以下办法构作一个映射 g:从点 $f(x)$ 出发经过点 x 引射线与 ∂B^2 交于一点 y(参看图 16-13),我们定义

$$g(x) = y.$$

下面来说明:对任意给定的 $x \in B^2$,上述 $g(x)$ 是唯一确定的;并且 $g: B^2 \to \mathbb{R}^2$ 是二阶连续可微映射.事实上,$g(x)$ 应满足条件

$$g(x) = f(x) + t(x - f(x)), \quad t \geqslant 1,$$
$$\|g(x)\|^2 = \|f(x) + t(x - f(x))\|^2 = 1.$$

因此,t 应该满足二次方程

$$t^2 \|x - f(x)\|^2 + 2tf(x) \cdot (x - f(x)) + \|f(x)\|^2 - 1 = 0$$
$$\text{(圆黑点 "·" 表示向量的内积).}$$

因为

$$\|x - f(x)\|^2 > 0,$$
$$\|f(x)\|^2 - 1 \leqslant 0,$$

所以,对于给定的 $x \in B^2$,关于 t 的二次方程有两个实根,并且其中至多只有一个根是正的.考查方程左边的式子,我们看到:当 $t = 1$ 的时候该式等于

$$\|x\|^2 - 1 \leqslant 0;$$

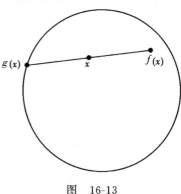

图 16-13

101

而当 t 充分大的时候该式显然大于 0. 由此得知, 对任意给定的 $x \in B^2$, 关于 t 的二次方程有唯一正根

$$t = t(x) \geqslant 1.$$

(这一事实从几何上看是很明显的: 从点 $f(x)$ 出发经过点 x 所引的射线与 ∂B^2 恰有一个交点.) 利用二次方程根的表示式容易看出: $t(x)$ 关于 x 至少是二阶连续可微的. 因而

$$g(x) = f(x) + t(x)(x - f(x))$$

也至少是二阶连续可微的.

按照 g 的定义, 显然有

(1) $g(x) = x$, $\forall\ x \in \partial B^2$,

(2) $g(B^2) \subset \partial B^2$.

但这与定理 1 矛盾. 我们用反证法证明了定理 2. $\qquad\square$

定理 2 是关于二阶连续可微映射的布劳沃尔不动点定理. 为了证明关于连续映射的布劳沃尔定理, 我们需要用到这样一个逼近定理:

维尔斯特拉斯逼近定理　设 n 元函数 $q(x)$ 在闭球体 B^n 上连续, 则对任意给定的 $\varepsilon > 0$, 存在 n 元多项式 $p(x)$, 使得

$$|p(x) - q(x)| < \varepsilon, \quad \forall\ x \in B^n.$$

我们将在第二十一章中证明这个关于 n 元连续函数的维尔斯特拉斯逼近定理. 这里先引用它来证明以下的布劳沃尔不动点定理.

定理 3　设 $f: B^2 \to \mathbb{R}^2$ 是连续映射, 满足条件

$$f(B^2) \subset B^2,$$

则存在 $\xi \in B^2$, 使得

$$f(\xi) = \xi.$$

证明　用反证法. 假设 f 在 B^2 上没有不动点, 那么连续函数

$$\|f(x) - x\|$$

在有界闭集 B^2 上一定取得正的最小值. 我们可以取 $\varepsilon > 0$, 使得

$$3\varepsilon < \min_{x \in B^2} \|f(x) - x\|.$$

102

映射 $f = (f_1, f_2)$: $B^2 \to \mathbb{R}^2$ 的两个分量

$$f_1: B^2 \to \mathbb{R}^1 \quad \text{和} \quad f_2: B^2 \to \mathbb{R}^1$$

都是连续函数. 根据维尔斯特拉斯逼近定理, 存在多项式 $p_1(x)$ 和 $p_2(x)$, 使得

$$|p_1(x) - f_1(x)| < \frac{\varepsilon}{\sqrt{2}}, \quad \forall\ x \in B^2,$$

$$|p_2(x) - f_2(x)| < \frac{\varepsilon}{\sqrt{2}}, \quad \forall\ x \in B^2.$$

我们记

$$p = (p_1, p_2),$$

则有

$$\|p(x) - f(x)\| < \varepsilon, \quad \forall\ x \in B^2.$$

虽然对于 $x \in B^2$, 不一定有 $p(x) \in B^2$, 但可断定

$$\|p(x)\| \leqslant \|f(x)\| + \|p(x) - f(x)\| < 1 + \varepsilon.$$

如果记

$$h(x) = \frac{1}{1 + \varepsilon} p(x),$$

那么 $h: B^2 \to \mathbb{R}^2$ 满足条件

$$h(B^2) \subset B^2.$$

对任意的 $x \in B^2$, 我们有

$$\|h(x) - f(x)\|$$

$$= \left\| \frac{1}{1 + \varepsilon} p(x) - f(x) \right\|$$

$$= \frac{1}{1 + \varepsilon} \|p(x) - f(x) - \varepsilon f(x)\|$$

$$\leqslant \frac{1}{1 + \varepsilon} \|p(x) - f(x)\| + \frac{\varepsilon}{1 + \varepsilon} \|f(x)\|$$

$$\leqslant \frac{2\varepsilon}{1 + \varepsilon} < 2\varepsilon,$$

$$\|x - h(x)\|$$

$$\geqslant \|x - f(x)\| - \|h(x) - f(x)\|$$

$$> 3\varepsilon - 2\varepsilon = \varepsilon > 0.$$

但 $h: B^2 \to \mathbb{R}^2$ 是二阶连续可微映射,满足条件

$$h(B^2) \subset B^2.$$

根据定理 2,映射 h 必定具有不动点. 这就是说,必定存在 $x \in B^2$,使得

$$\|x - h(x)\| = 0.$$

我们得到了矛盾的结果,从而完成了反证法的证明. $\square$

对于 $n = 3$ 的情形,可以仿照上面的讨论,用类似的办法证明布劳沃尔不动点定理. 我们将简单地陈述主要的步骤.

定理 1′ 不存在满足以下条件(1)和(2)的二阶连续可微映射 $g: B^3 \to \mathbb{R}^3$,

(1) $g(x) = x$, $\forall\, x \in \partial B^3$;

(2) $g(B^3) \subset \partial B^3$.

假设存在这样的映射 $g = (g_1, g_2, g_3)$,则可构作微分形式

$$\omega = g_1 \mathrm{d}g_2 \wedge \mathrm{d}g_3.$$

如同定理 1 证明中那样,我们可以用两种不同的办法计算积分

$$\iint_{\partial B^3} \omega,$$

从而导出矛盾. 只不过代替定理 1 证明中所用到的格林公式,我们这里需要利用高斯公式.

定理 1′ 是关键的一步. 有了定理 1′,利用与定理 2 几乎完全相同的证明方法,就可得到

定理 2′ 设 $f: B^3 \to \mathbb{R}^3$ 是二阶连续可微映射,满足条件

$$f(B^3) \subset B^3,$$

则必定存在 $\xi \in B^3$,使得

$$f(\xi) = \xi.$$

然后,利用关于三元连续函数的维尔斯特拉斯逼近定理,几乎逐字逐句照搬定理 3 的证明,就能得到

定理 3′ 设 $f: B^3 \to \mathbb{R}^3$ 是连续映射,满足条件

$$f(B^3) \subset B^3,$$

则必定存在 $\xi \in B^3$，使得

$$f(\xi) = \xi.$$

上面介绍了对 $n=2$ 情形与 $n=3$ 情形的布劳沃尔不动点定理的证明. 这里叙述的证明方法，原则上也适用于更一般的情形. 在对 $n=2$ 情形与 $n=3$ 情形的证明中，我们用到了格林公式与高斯公式. 对于一般的 n，这种证明方法需要用到关于 n 维球的斯托克斯型公式. 在以后的关于微分流形的课程中，将要介绍很一般的斯托克斯型公式. 有了那样的分析工具之后，仿照这里的做法，读者可以很轻松地完成对一般情形的布劳沃尔不动点定理的证明.

§6　曲线积分与路径无关的条件

在怎样的条件下曲线积分与路径无关(只与起点和终点有关)? 这样的问题对于理论研究和实际应用都有十分重要的意义. 例如，在物理学中，功与路径无关意味着力场是有势场. 这样的场值得特别关注.

6.a　平面单连通区域情形

设 G 是 $\mathbb{R}^2$ 中的一个区域，函数 $P(x,y)$ 和 $Q(x,y)$ 在 G 中连续可微. 又设 M_0 和 M_1 是 G 中任意给定的两点，联结 G 中两点 M_0 和 M_1 的路径 γ 当然不止一条. 如果对于 G 中从 M_0 到 M_1 的任意分段连续可微曲线 γ，积分

$$(6.1) \qquad \int_{\gamma} P dx + Q dy$$

都取同样的值，那么我们就说曲线积分(6.1)与路径无关.

曲线积分与路径无关的某些讨论，涉及到区域 G 本身的性质.

定义　设 G 是 $\mathbb{R}^2$ 中的一个区域. 如果 G 中任何简单闭曲线所围成的有界区域，总是整个包含在 G 中，那么我们就说 G 是单

连通的(否则我们就说 G 是多连通的)

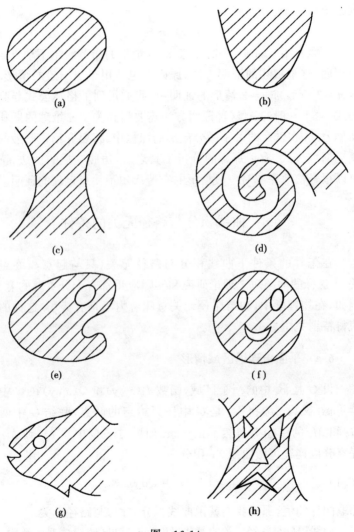

图　16-14

用直观的语言来描述,平面上的单连通区域就是没有洞的区域.在图 16-14 中,画阴影的区域(a),(b),(c),(d)都是单连通的,而(e),(f),(g),(h)则是多连通的.

定理 1 设 G 是 $\mathbb{R}^2$ 中的单连通区域,函数 $P(x,y)$ 和 $Q(x,y)$ 在 G 上连续可微,则以下各条件相互等价:

(1) 对于 G 中任何分段连续可微的闭曲线 C 都有

$$\oint_C P\mathrm{d}x + Q\mathrm{d}y = 0;$$

(2) 对于 G 中从 M_0 点到 M_1 点的任意两条分段连续可微曲线 γ 和 η 都有

$$\int_\gamma P\mathrm{d}x + Q\mathrm{d}y = \int_\eta P\mathrm{d}x + Q\mathrm{d}y;$$

(3) 存在函数 $U(x,y)$,这函数在 G 上连续可微,并且使得

$$\mathrm{d}U(x,y) = P\mathrm{d}x + Q\mathrm{d}y$$

(这样的函数 U 被称为微分式 $P\mathrm{d}x + Q\mathrm{d}y$ 在 G 中的一个原函数);

(4) 在 G 中有

$$\frac{\partial Q}{\partial x} = \frac{\partial P}{\partial y}.$$

证明 我们按以下程序证明定理中所列出的各条件相互等价:

$$(1) \Rightarrow (2) \Rightarrow (3) \Rightarrow (4) \Rightarrow (1).$$

首先证明"(1)⇒(2)".设 M_0 和 M_1 是 G 中任意两点,γ 和 η 是 G 中从 M_0 到 M_1 的任意两条分段连续可微的曲线.我们来考查这样的一条闭路径 C:先沿着 γ 的正向从 M_0 到 M_1,再沿着 η 的负向从 M_1 回到 M_0.根据条件(1),对于闭路径 C 应有

$$\oint_C P\mathrm{d}x + Q\mathrm{d}y = 0.$$

这就是

$$\int_\gamma P\mathrm{d}x + Q\mathrm{d}y - \int_\eta P\mathrm{d}x + Q\mathrm{d}y = 0.$$

其次证明"(2)⇒(3)".对于 G 中从 M_0 到 M 的任意一条(分

段连续可微的)路径 γ，曲线积分

$$\int_\gamma P \mathrm{d}x + Q \mathrm{d}y$$

都取同样的值. 这样的积分只依赖于路径的起点 M_0 和终点 M，而与中间的路径无关. 我们可以把它记为

$$\int_{M_0}^M P \mathrm{d}x + Q \mathrm{d}y.$$

下面，我们固定 $M_0(x_0, y_0)$，而让 $M(x, y)$ 在 G 中变动，这样定义了一个函数

$$U(x, y) = \int_{(x_0, y_0)}^{(x, y)} P \mathrm{d}x + Q \mathrm{d}y.$$

将证明 $U(x, y)$ 就是微分式 $P\mathrm{d}x + Q\mathrm{d}y$ 的一个原函数. 为此，我们来考查 U 在 G 中任意一点 $M_1(x_1, y_1)$ 处的偏导数. 因为

$$\frac{U(x_1 + h, y_1) - U(x_1, y_1)}{h}$$

$$= \frac{1}{h}\left(\int_{(x_0, y_0)}^{(x_1 + h, y_1)} P \mathrm{d}x + Q \mathrm{d}y \right.$$

$$\left. - \int_{(x_0, y_0)}^{(x_1, y_1)} P \mathrm{d}x + Q \mathrm{d}y \right)$$

$$= \frac{1}{h} \int_{(x_1, y_1)}^{(x_1 + h, y_1)} P \mathrm{d}x + Q \mathrm{d}y.$$

只要 h 充分小，从点 $M_1(x_1, y_1)$ 到点 $M(x_1 + h, y_1)$ 的直线段就全含在区域 G 之中，我们可以沿这直线段计算上面最后一个积分 (参看图 16-15). 这样得到

$$\frac{U(x_1 + h, y_1) - U(x_1, y_1)}{h}$$

$$= \frac{1}{h} \int_{(x_1, y_1)}^{(x_1 + h, y_1)} P \mathrm{d}x + Q \mathrm{d}y$$

$$= \frac{1}{h} \int_{x_1}^{x_1 + h} P(x, y_1) \mathrm{d}x.$$

在上式中让 $h \to 0$ 取极限就得到

$$\frac{\partial U}{\partial x}(x_1, y_1) = P(x_1, y_1).$$

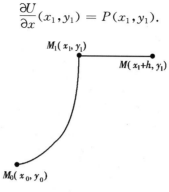

图 16-15

同样可得

$$\frac{\partial U}{\partial y}(x_1, y_1) = \lim_{k \to 0} \frac{U(x_1, y_1 + k) - U(x_1, y_1)}{k}$$

$$= \lim_{k \to 0} \frac{1}{k} \int_{y_1}^{y_1 + k} Q(x_1, y) \mathrm{d}y$$

$$= Q(x_1, y_1).$$

我们证明了 U 在 G 中有连续偏导数

$$\frac{\partial U}{\partial x}(x, y) = P(x, y),$$

$$\frac{\partial U}{\partial y}(x, y) = Q(x, y).$$

因而 U 是微分式 $P\mathrm{d}x + Q\mathrm{d}y$ 的一个原函数. 顺便指出, 微分式 $P\mathrm{d}x + Q\mathrm{d}y$ 的任何一个原函数都可以表示为

$$A + \int_{(x_0, y_0)}^{(x, y)} P\mathrm{d}x + Q\mathrm{d}y,$$

这里 A 是任意常数.

再来证明"(3)⇒(4)". 设 $U(x, y)$ 是微分式 $P\mathrm{d}x + Q\mathrm{d}y$ 的一个原函数, 则有

$$P = \frac{\partial U}{\partial x}, \quad Q = \frac{\partial U}{\partial y}.$$

109

因为 P 和 Q 都是连续可微的,所以 U 是二阶连续可微的,因而 U 的两个二阶混合偏导数相等:

$$\frac{\partial Q}{\partial x} = \frac{\partial^2 U}{\partial x \partial y} = \frac{\partial^2 U}{\partial y \partial x} = \frac{\partial P}{\partial y}.$$

最后证明"(4)$\Rightarrow$(1)". 我们分几种情形讨论.

情形 1 设 C 是 G 中的一条分段连续可微的简单闭曲线. 我们把由 C 所围成的闭区域记为 D. 则由格林公式可得

$$\oint_C P\mathrm{d}x + Q\mathrm{d}y = \iint_D \left(\frac{\partial Q}{\partial x} - \frac{\partial P}{\partial y} \right) \mathrm{d}x\mathrm{d}y = 0.$$

情形 2 设 C 是 G 中的一条只有有限个自交点的分段连续可微闭曲线,对这情形,可以把 C 分成有限个简单闭曲线

$$C_1, C_2, \cdots, C_m$$

(图 16-16 中画出了 $m = 3$ 的情形).

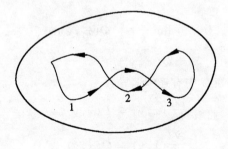

图 16-16

于是

$$\oint_C P\mathrm{d}x + Q\mathrm{d}y = \sum_{i=1}^{m} \oint_{C_i} P\mathrm{d}x + Q\mathrm{d}y = 0.$$

情形 3 曲线 C 有无穷多个自交点. 对这情形,我们可以用封闭折线 Λ 去逼近曲线 C,并可要求 Λ 只有有穷多个自交点. 于是

$$\oint_\Lambda P\mathrm{d}x + Q\mathrm{d}y = 0.$$

取一序列这样的闭折线 Λ_n 趋近于曲线 C,通过极限过程就得到

110

$$\oint_C P\mathrm{d}x + Q\mathrm{d}y = 0. \quad \square$$

于是,对于 G 是平面单连通区域的情形,如果需要判断积分

$$\int P\mathrm{d}x + Q\mathrm{d}y$$

是否与路径无关,或者需要判断微分式

$$P\mathrm{d}x + Q\mathrm{d}y$$

在 G 上是否恰好为某个函数的全微分(即是否所谓的"恰当形式"),那么最方便的办法就是去检验是否有

$$\frac{\partial Q}{\partial x} = \frac{\partial P}{\partial y}.$$

6.b 平面多连通区域情形

对于平面多连通区域 G,上段定理 1 中的(1),(2)和(3)这三项仍然互相等价,但第(4)项不与前三项等价. 对这情形,(1)与(2)的等价性同样很容易证明(请参看定理 1 证明中"(1)⇒(2)"那一部分). 我们把(2)与(3)的等价性陈述为以下的定理.

定理 2 设 G 是 $\mathbb{R}^2$ 中的区域,函数 $P(x,y)$ 和 $Q(x,y)$ 在 G 连续,则以下两陈述相互等价:

(a) 第二型曲线积分

$$\int P\mathrm{d}x + Q\mathrm{d}y$$

在 G 中与路径无关;

(b) 微分式 $P\mathrm{d}x+Q\mathrm{d}y$ 在 G 中具有原函数 $U(x,y)$.

证明 在上面定理 1 的证明中,"(2)⇒(3)"这一步推理并未用到区域的单连通性质. 本定理的"(a)⇒(b)"这一部分,实际上已在那里证明了. 下面,我们来证明"(b)⇒(a)".

考查 G 中从点 M_0 到点 M_1 的任意一条分段连续可微曲线:

$$x = x(t), \quad y = y(t), \quad t\in[\alpha,\beta].$$

复合函数 $U(x(t),y(t))$ 也是分段连续可微的. 在这函数连续可微

处,我们有

$$dU(x(t), y(t)) = P(x(t), y(t))dx(t) + Q(x(t), y(t))dy(t).$$

于是

$$\int_\gamma P dx + Q dy$$

$$= \int_\alpha^\beta dU(x(t), y(t))$$

$$= U(x(\beta), y(\beta)) - U(x(\alpha), y(\alpha))$$

$$= U(M) - U(M_0).$$

这说明曲线积分 $\int Pdx + Qdy$ 在 G 中与路径无关. $\quad\square$

例 1 区域 $G = \mathbb{R}^2 \backslash \{(0,0)\}$ 不是单连通的. 在这区域上, 考查函数

$$P = \frac{-y}{x^2 + y^2}, \quad Q = \frac{x}{x^2 + y^2}.$$

虽然有

$$\frac{\partial Q}{\partial x} = \frac{y^2 - x^2}{(x^2 + y^2)^2} = \frac{\partial P}{\partial y},$$

但曲线积分

$$\int Pdx + Qdy$$

仍与路径有关. —— 我们在 §3 例 5 中已经看到, 沿绕原点的任何分段连续可微的简单闭曲线 Γ, 都有

$$\oint_\Gamma Pdx + Qdy = 2\pi.$$

6. c   原函数的计算

设 G 是 $\mathbb{R}^2$ 中的一个区域, 函数 $P(x, y)$ 和 $Q(x, y)$ 在 G 上连续. 如果曲线积分

$$\int Pdx + Qdy$$

在 G 中与路径无关,那么微分式
$$P\mathrm{d}x + Q\mathrm{d}y$$
就是一个恰当形式,它的原函数可按下式计算

(6.2) $\qquad U(x,y) = C + \displaystyle\int_{(x_0,y_0)}^{(x,y)} P\mathrm{d}x + Q\mathrm{d}y.$

考查点 $M_0(x_0,y_0)$, $M'(x,y_0)$, $M''(x_0,y)$ 和 $M(x,y)$(参看图 16-17).

如果区域 G 包含了折线 $M_0M'M$,那么我们可以沿这折线计算积分(6.2),这样得到

$U(x,y)$

$\quad = C + \displaystyle\int_{(x_0,y_0)}^{(x,y_0)} P\mathrm{d}x + Q\mathrm{d}y$

$\qquad + \displaystyle\int_{(x,y_0)}^{(x,y)} P\mathrm{d}x + Q\mathrm{d}y$

$\quad = C + \displaystyle\int_{x_0}^{x} P(\xi,y_0)\mathrm{d}\xi$

$\qquad + \displaystyle\int_{y_0}^{y} Q(x,\eta)\mathrm{d}\eta.$

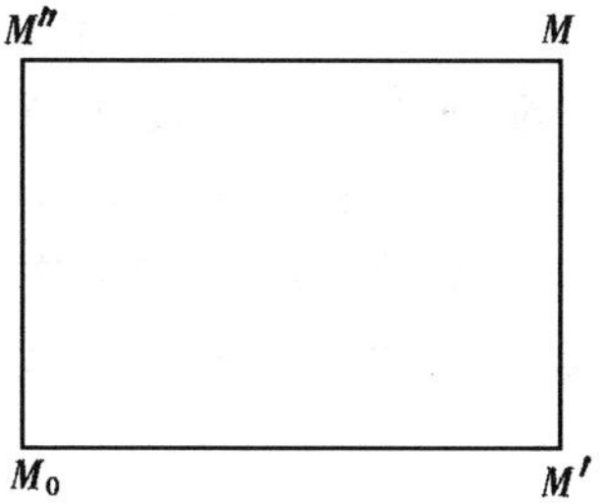

图 16-17

在上面最后的表示式中,所有的积分都已化成了寻常的定积分.

如果区域 G 包含了折线 $M_0M''M$,那么我们可以按以下方式把(6.2)化为定积分计算:

$U(x,y) = C + \displaystyle\int_{(x_0,y_0)}^{(x_0,y)} P\mathrm{d}x + Q\mathrm{d}y + \int_{(x_0,y)}^{(x,y)} P\mathrm{d}x + Q\mathrm{d}y$

$\qquad = C + \displaystyle\int_{y_0}^{y} Q(x_0,\eta)\mathrm{d}\eta + \int_{x_0}^{x} P(\xi,y)\mathrm{d}\xi.$

6.d 涉及空间区域的讨论

在空间区域 G 中讨论曲线积分

$$\int P\mathrm{d}x + Q\mathrm{d}y + R\mathrm{d}z$$

与路径无关的条件,基本结论与平面区域的情形十分相似.但就空

间区域而言,单连通性的定义陈述起来稍费口舌. 我们先从较一般的情形(不一定单连通的情形)开始讨论.

定理 3　设 G 是 $\mathbb{R}^3$ 中的区域,函数 $P(x,y,z), Q(x,y,z)$ 和 $R(x,y,z)$ 在 G 连续,则以下两陈述互相等价:

(a) 第二型曲线积分

$$\int P\mathrm{d}x + Q\mathrm{d}y + R\mathrm{d}z$$

在 G 中与路径无关;

(b) 微分式 $P\mathrm{d}x + Q\mathrm{d}y + R\mathrm{d}z$ 在 G 中有原函数 $U(x,y,z)$,即

$$P\mathrm{d}x + Q\mathrm{d}y + R\mathrm{d}z = \mathrm{d}U.$$

定理 3 的证明与定理 2 的证明几乎完全一样,这里就不再重复了(请读者自己练习).

例 2　在力学或电学中,常常需要考查与距离平方成反比的中心力场(例如万有引力场或电场). 这样的力场可以表示为

$$\boldsymbol{F}(x,y,z) = -\,q\,\frac{\boldsymbol{r}}{r^3},$$

这里

$$r = \|\boldsymbol{r}\| = \sqrt{x^2 + y^2 + z^2}.$$

设有单位质量的质点或单位电量的点电荷沿路径 $\varGamma$ 移动,则力场 $\boldsymbol{F}$ 对它所做的功可以表示为以下的第二型曲线积分

$$\int_\varGamma \boldsymbol{F} \cdot \mathrm{d}\boldsymbol{r} = -\,q\int_\varGamma \frac{x\mathrm{d}x + y\mathrm{d}y + z\mathrm{d}z}{r^3}.$$

因为微分式

$$-\,q\,\frac{x\mathrm{d}x + y\mathrm{d}y + z\mathrm{d}z}{r^3}$$

有原函数

$$U(x,y,z) = \frac{q}{r},$$

所以在这样的力场中,功与路径无关.

对于一类比较简单的区域——星形区域,曲线积分与路径无

114

关的条件很容易讨论. 下面,先介绍 $\mathbb{R}^3$ 中星形区域的定义.

定义 设 D 是 $\mathbb{R}^3$ 中的一个区域. 若存在 D 中一点 A, 使得对于任何 $M \in D$, 直线段 $\overline{AM}$ 均完全包含在 D 中, 则称 D 是关于 A 点为星形的区域, 简称星形区域.

定理 4 设 D 是 $\mathbb{R}^3$ 中的星形区域, 函数 $P(x,y,z)$, $Q(x,y,z)$ 和 $R(x,y,z)$ 在 D 中连续可微, 则以下三项陈述相互等价:

(1) 第二型曲线积分

$$\int P\mathrm{d}x + Q\mathrm{d}y + R\mathrm{d}z$$

在 D 中与路径无关;

(2) 微分式 $P\mathrm{d}x + Q\mathrm{d}y + R\mathrm{d}z$ 在区域 D 中有原函数 $U(x,y,z)$, 即

$$P\mathrm{d}x + Q\mathrm{d}y + R\mathrm{d}z = \mathrm{d}U;$$

(3) 在 D 中有

$$\frac{\partial Q}{\partial x} = \frac{\partial P}{\partial y}, \quad \frac{\partial R}{\partial y} = \frac{\partial Q}{\partial z}, \quad \frac{\partial P}{\partial z} = \frac{\partial R}{\partial x}.$$

证明 定理 3 已经对更一般的情形肯定了 (1) 与 (2) 的等价性. 这里只需对星形区域的情形证明 (2) 与 (3) 等价. 推理 "(2) $\Rightarrow$ (3)" 也不用星形区域的条件, 因而这部分结论对一般区域也能适用.

设函数 $U(x,y,z)$ 在 D 中连续可微, 并且使得

$$P\mathrm{d}x + Q\mathrm{d}y + R\mathrm{d}z = \mathrm{d}U,$$

也就是

$$P = \frac{\partial U}{\partial x}, \quad Q = \frac{\partial U}{\partial y}, \quad R = \frac{\partial U}{\partial z}.$$

因为 P, Q 和 R 是连续可微的, 所以 U 是二阶连续可微的. 因而有

$$\frac{\partial^2 U}{\partial x \partial y} = \frac{\partial^2 U}{\partial y \partial x}.$$

这就是

$$\frac{\partial Q}{\partial x} = \frac{\partial P}{\partial y}.$$

同样可证

$$\frac{\partial R}{\partial y} = \frac{\partial Q}{\partial z}, \quad \frac{\partial P}{\partial z} = \frac{\partial R}{\partial x}.$$

下面证明"(3)⇒(2)". 设 D 是关于 A 点为星形的区域. 对于 D 中的任意点 $M(x,y,z)$，我们定义

$$U(M) = \int_{\overline{AM}} P\mathrm{d}x + Q\mathrm{d}y + R\mathrm{d}z.$$

将证明 $U(x,y,z) = U(M)$ 是微分式

$$P\mathrm{d}x + Q\mathrm{d}y + R\mathrm{d}z$$

的一个原函数. 为此，我们考查 D 中的点 $M_0(x_0,y_0,z_0)$ 和 $M(x_0+h, y_0, z_0)$. 因为 D 是区域，M_0 的某个邻域包含在 D 中，所以对充分小的 h，线段 $\overline{M_0M}$ 包含在 D 中. 又由于 D 关于 A 点的星形性质，三角形面 $\triangle AMM_0$ 应完全包含在 D 中(图 16-18). 利用斯托克斯公式计算沿 $\triangle AM_0M$ 周界的曲线积分得到

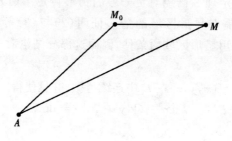

图　16-18

$$\int_{AMM_0A} P\mathrm{d}x + Q\mathrm{d}y + R\mathrm{d}z$$

$$= \iint\limits_{\triangle AMM_0} \left(\frac{\partial Q}{\partial x} - \frac{\partial P}{\partial y} \right) \mathrm{d}x\mathrm{d}y$$

116

$$+ \left(\frac{\partial R}{\partial y} - \frac{\partial Q}{\partial z} \right) \mathrm{d}y \mathrm{d}z$$

$$+ \left(\frac{\partial P}{\partial z} - \frac{\partial R}{\partial x} \right) \mathrm{d}z \mathrm{d}x$$

$$= 0.$$

由此可得

$$\int_{\overline{AM}} P\mathrm{d}x + Q\mathrm{d}y + R\mathrm{d}z$$

$$= \left(\int_{\overline{AM_0}} + \int_{\overline{M_0 M}} \right) P\mathrm{d}x + Q\mathrm{d}y + R\mathrm{d}z,$$

也就是

$$U(x_0 + h, y_0, z_0)$$

$$= U(x_0, y_0, z_0) + \int_{x_0}^{x_0 + h} P(x, y_0, z_0)\mathrm{d}x.$$

由此容易得知

$$\frac{\partial U}{\partial x}(x_0, y_0, z_0) = P(x_0, y_0, z_0).$$

因为 (x_0, y_0, z_0) 可以是 D 中任意一点，我们已经证明了

$$\frac{\partial U(x, y, z)}{\partial x} = P(x, y, z).$$

同样可证

$$\frac{\partial U(x, y, z)}{\partial y} = Q(x, y, z),$$

$$\frac{\partial U(x, y, z)}{\partial z} = R(x, y, z).$$

这样，我们证明了，$U(x, y, z)$ 是微分式 $P\mathrm{d}x + Q\mathrm{d}y + R\mathrm{d}z$ 的一个原函数． $\square$

下面就空间区域情形介绍单连通的概念．为了叙述方便，我们尽可能将参数曲线的定义区间"标准化"，即尽可能将区域 G 中的参数曲线表示成这样的映射

$$\gamma : I \to G,$$

其中的 $I = [0,1]$ 是标准区间. 显然定义于任意区间 J 上的参数曲线都可以通过参数的适当线性变换化成上述形式.

定义 设 G 是 $\mathbb{R}^3$ 中的一个区域.

(i) 如果 A 和 B 是 G 中的点,

$$\gamma : I \to G$$

是一个连续映射, 满足条件

$$\gamma(0) = A, \quad \gamma(1) = B,$$

那么我们就说 γ 是 G 中联结 A 和 B 的一条（连续）曲线. 对于 $B = A$, 也就是

$$\gamma(0) = \gamma(1) = A$$

的情形, 我们说 γ 是一条闭曲线.

(ii) 若(i)中的映射 $\gamma : I \to G$ 是连续可微的, 则称 γ 为连续可微曲线.

(iii) 若(i)中的映射 $\gamma : I \to G$ 是分段连续可微的, 则称 γ 为分段连续可微曲线.

注记 所谓映射 $\gamma : I \to G$ "分段连续可微" 是指:

(a) 映射 γ 本身是连续的

(b) 存在区间 $I = [0,1]$ 的一个分割

$$0 = t_0 < t_1 < \cdots < t_n = 1,$$

使得 γ 在 $(t_0, t_1) \bigcup (t_1, t_2) \bigcup \cdots \bigcup (t_{n-1}, t_n)$ 是连续可微的, 在 t_0 右侧可微, 在 t_n 左侧可微, 并且在 $t_1, t_2, \cdots, t_{n-1}$ 各处既是左侧可微的又是右侧可微的.

我们还约定把分段连续可微曲线 γ 上连续可微性质遭到破坏的点 $\gamma(t_1), \gamma(t_2), \cdots, \gamma(t_{n-1})$ 叫做这曲线的例外点.

定义 设 G 是 $\mathbb{R}^3$ 中的一个区域, γ 是 G 中一条连续可微的闭曲线,

$$\gamma(0) = \gamma(1) = A.$$

如果存在连续可微映射

$$H : I \times I \to G,$$

满足这样的条件

$$H(s,0) = H(s,1) = A, \quad \forall\, s \in I,$$
$$\left.\begin{array}{l} H(0,t) = \gamma(t) \\ H(1,t) = A \end{array}\right\}, \quad \forall\, t \in I,$$

那么我们就说连续可微曲线 γ 在区域 G 中是零伦的.

注记 我们可以把上面定义中的 H 看成是依赖于参数 $s \in I$ 的一族闭曲线

$$\gamma_s(t) = H(s,t).$$

当参数 s 从 0 变到 1 时,闭曲线 γ 就逐渐缩成点 A. 因此,"零伦"的几何直观意义就是:闭曲线 γ 可以在 G 中缩成一个点(图 16-19).

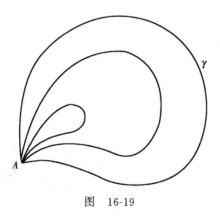

图 16-19

定义 设 G 是 $\mathbb{R}^3$ 中的一个区域. 如果 G 中任何一条连续可微的闭曲线在这区域中都是零伦的,那么我们就说 G 是单连通的.

例 3 (a) 开球体是单连通的. (b) 开球体内部抠了一个球形小空洞之后,剩下的部分仍然是单连通的. (c) 开球体上打了一个贯通的圆柱形孔洞之后,剩下的像一粒穿了孔的珠子那样的区域就不再是单连通的了.

下面的定理讨论空间单连通区域里第二型曲线积分与路径无

119

关的条件.

定理 5 设 G 是 $\mathbb{R}^3$ 中的单连通区域, $P(x,y,z), Q(x,y,z)$ 和 $R(x,y,z)$ 是在 G 中连续可微的函数,则以下四项陈述相互等价:

(1) 沿 G 中任何一条分段连续可微的闭曲线 γ 都有

$$\oint_\gamma P\mathrm{d}x + Q\mathrm{d}y + R\mathrm{d}z = 0;$$

(2) 沿 G 中任何两条有共同起点和共同终点的分段连续可微曲线 η 和 ζ 有

$$\int_\eta P\mathrm{d}x + Q\mathrm{d}y + R\mathrm{d}z = \int_\zeta P\mathrm{d}x + Q\mathrm{d}y + R\mathrm{d}z,$$

即曲线积分

$$\int P\mathrm{d}x + Q\mathrm{d}y + R\mathrm{d}z$$

在 G 中与路径无关;

(3) 微分式 $P\mathrm{d}x + Q\mathrm{d}y + R\mathrm{d}z$ 在 G 中有原函数,即存在定义于 G 上的连续可微函数 $U(x,y,z)$,使得

$$P\mathrm{d}x + Q\mathrm{d}y + R\mathrm{d}z = \mathrm{d}U;$$

(4) 在 G 中有

$$\frac{\partial Q}{\partial x} = \frac{\partial P}{\partial y}, \quad \frac{\partial R}{\partial y} = \frac{\partial Q}{\partial z}, \quad \frac{\partial P}{\partial z} = \frac{\partial R}{\partial x}.$$

我们将省略一些细节,概要地介绍这定理的证明.

证明的梗概 仿照前面的讨论,很容易证明"(1)$\Rightarrow$(2)$\Rightarrow$(3)$\Rightarrow$(4)"(这部分论证不用区域的单连通性质). 剩下来的较为困难的任务是对单连通区域的情形证明"(4)$\Rightarrow$(1)".

首先指出,为了证明"(4)$\Rightarrow$(1)",只须在条件(4)的前提下,证明对于 G 中任何一条连续可微的闭曲线 γ 都有

$$\oint_\gamma P\mathrm{d}x + Q\mathrm{d}y + R\mathrm{d}z = 0.$$

对此,我们作如下的论证:如果 G 中的闭曲线 γ_0 仅仅是分段连续可微的,M 是 γ_0 上的一个例外点(即连续可微性质遭到破坏的

点),那么可以在 M 点两侧的曲线上分别选择对应于邻近参数值 t' 和 t 的点 M' 和 M'',然后设法用一段连续可微曲线 $\overgroup{M'M''}$ 代替 γ。的一段 $\overgroup{M'MM''}$,要求换上的一段在 M' 点和 M'' 点外的衔接是连续可微的(具体做法在本段末的注记中予以说明). 用这样的办法依次消去所有的例外点之后,就得到一条连续可微的闭曲线 γ. 所作的修改可以很细小,使得修改后的一段 $\overgroup{M'M''}$ 与原来的那一段 $\overgroup{M'MM''}$ 都在 M 点的一个包含于 G 内的 ε 球形邻域之中. 球形邻域当然是星形的,根据定理 4 就有

$$\int_{\overgroup{M'M''}} P\mathrm{d}x + Q\mathrm{d}y + R\mathrm{d}z$$
$$= \int_{\overgroup{M'MM''}} P\mathrm{d}x + Q\mathrm{d}y + R\mathrm{d}z.$$

我们看到:分段连续可微的闭曲线 γ_0 可以修改成一条连续可微的闭曲线 γ,使得

$$\oint_{\gamma_0} P\mathrm{d}x + Q\mathrm{d}y + R\mathrm{d}z$$
$$= \oint_{\gamma} P\mathrm{d}x + Q\mathrm{d}y + R\mathrm{d}z.$$

如果能证明上式右边的积分等于 0,左边的积分自然也就等于 0.

下面,我们就在条件(4)的前提下,证明沿 G 中的任何连续可微的闭曲线 γ 都有

$$\oint_{\gamma} P\mathrm{d}x + Q\mathrm{d}y + R\mathrm{d}z = 0.$$

设 $\gamma(0) = \gamma(1) = A$. 因为区域 G 是单连通的,所以存在连续可微映射

$$H: I \times I \to G,$$

使得

$$H(s,0) = H(s,1) = A, \quad \forall\, s \in I,$$

121

$$H(0,t) = \gamma(t) \\ H(1,t) = A \Bigg\}, \quad \forall \, t \in I.$$

将 H 的像集记为

$$K = H(I \times I).$$

显然 K 是完全包含在 G 中的一个紧致集. 于是,存在 $\varepsilon > 0$,使得到 K 的距离不超过 ε 的点全在 G 中,即

$$\{W \in \mathbb{R}^3 \mid d(W, K) \leqslant \varepsilon\} \subset G.$$

因为 H 在 $I \times I$ 上是一致连续的,所以存在 $\delta > 0$, 使得只要 (s,t), $(s',t') \in I \times I$,

$$|s - s'| < \delta, \quad |t - t'| < \delta,$$

就有

$$d(H(s,t), H(s',t')) < \varepsilon.$$

我们取足够大的自然数 n, 使得

$$\frac{1}{n} < \delta.$$

用分界线

$$s = \frac{j}{n}, \quad t = \frac{k}{n},$$

$$j, k = 1, 2, \cdots, n-1,$$

将正方形 $I \times I$ 剖分成 $n \times n$ 个小方块

$$\Pi_{jk} = \left\{ (s,t) \,\middle|\, \frac{j-1}{n} \leqslant s \leqslant \frac{j}{n}, \ \frac{k-1}{n} \leqslant t \leqslant \frac{k}{n} \right\},$$

$$j, k = 1, 2, \cdots, n.$$

我们还引入记号

$$M_{jk} = H\left(\frac{j}{n}, \frac{k}{n} \right),$$

$$j, k = 0, 1, \cdots, n.$$

自然有

$$M_{j0} = M_{jn} = A, \quad M_{nk} = A.$$

每个小方块 Π_{jk} 的像集 $H(\Pi_{jk})$ 都包含在点 M_{jk} 的 ε 球形邻域

122

之中. 这些 ε 球形邻域都是包含在 G 内的星形区域. 根据定理 4, 在每一个这样的 ε 球内部曲线积分

$$\int P\mathrm{d}x + Q\mathrm{d}y + R\mathrm{d}z$$

与路径无关. 我们可以逐次对路径 γ 作细小的改变, 使得每次变动均局限在一个 ε 球之中以保证积分值不改变. 最后将路径缩到 A 点的 ε 球形邻域之中, 从而证明积分值等于 0. 具体做法略述如下:

第一步, 将沿路径

$$\gamma = AM_{01}M_{02}\cdots M_{0,n-1}A$$

的积分转换成沿路径

$$AM_{11}M_{01}M_{02}\cdots M_{0,n-1}A$$

的积分, 这里的 $AM_{11}M_{01}$ 是 $H(\mathrm{Bd}\mathit{\Pi}_{11})$ 的一部分 (参看图 16-20).

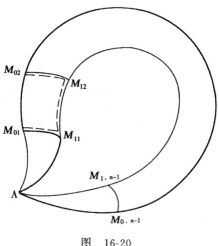

图 16-20

第二步, 再将沿路径 $AM_{11}M_{01}M_{02}\cdots M_{0,n-1}A$ 的积分转换成沿路径

$$AM_{11}M_{01}M_{11}M_{12}M_{02}\cdots M_{0,n-1}A$$

的积分 ($M_{01}M_{11}M_{12}M_{02}$ 这一段是 $H(\mathrm{Bd}\mathit{\Pi}_{12})$ 的一部分). 这后一积

123

分沿曲线段 $M_{11}M_{01}$ 和 $M_{01}M_{11}$ 的部分互相抵消,所以能转化成沿着
路径

$$AM_{11}M_{12}M_{02}\cdots M_{0,n-1}A$$

的积分. 这样逐次做下去, 可以将原来沿闭曲线 γ 的积分化成沿闭
曲线

$$\gamma_1 = AM_{11}M_{12}\cdots M_{1,n-1}A$$

的积分, 然后再转化成沿闭曲线

$$\gamma_2 = AM_{21}M_{22}\cdots M_{2,n-1}A$$

的积分, $\cdots\cdots$ 最后转化成沿闭曲线

$$\gamma_{n-1} = AM_{n-1,1}M_{n-1,2}\cdots M_{n-1,n-1}A$$

的积分. 整个转化过程可以简略地写成如下的一组等式 —— 所有
积分的被积表示式都是

$$Pdx + Qdy + Rdz,$$

为书写简便起见而省略了.

$$\oint_{\gamma} = \oint_{AM_{01}M_{02}\cdots M_{0,n-1}A}$$

$$= \oint_{AM_{11}M_{01}M_{02}\cdots M_{0,n-1}A}$$

$$= \oint_{AM_{11}M_{12}M_{02}\cdots M_{0,n-1}A}$$

$$= \oint_{AM_{11}M_{12}\cdots M_{1,n-1}A}$$

$$= \oint_{AM_{21}M_{22}\cdots M_{2,n-1}A}$$

$$\cdots\cdots\cdots\cdots\cdots\cdots\cdots\cdots$$

$$= \oint_{AM_{n-1,1}M_{n-1,2}\cdots M_{n-1,n-1}A}.$$

因为闭曲线 $\gamma_{n-1} = AM_{n-1,1}M_{n-1,2}\cdots M_{n-1,n-1}A$ 上各点离 A 点的距
离都小于 ε, 即 γ_{n-1} 完全包含在 A 点的 ε 球形邻域之中, 所以根据
定理 4 应有

$$\oint_{\gamma_{n-1}} P\mathrm{d}x + Q\mathrm{d}y + R\mathrm{d}z = 0.$$

这样,我们证明了

$$\oint_{\gamma} P\mathrm{d}x + Q\mathrm{d}y + R\mathrm{d}z = 0.$$

定理 5 的证明到此完成. $\square$

注记 上面证明开始时所述的局部修改,可以通过多项式插值的办法作出. 设待修改的分段连续曲线是

$$\gamma_0(t) = (\varphi_0(t), \psi_0(t), \omega_0(t)).$$

为叙述省事起见,不妨设曲线 γ_0 只有一个例外点 M. 在这例外点两侧邻近的曲线上各取一点 M' 和 M'' (分别对应于参数 t' 和 t''). 我们作待定系数的三次多项式

$$\varphi(t) = \lambda + \mu t + \nu t^2 + \rho t^3,$$

要求它满足条件

$$\begin{cases} \varphi(t') = \varphi_0(t'), & \varphi'(t') = \varphi_0'(t') \\ \varphi(t'') = \varphi_0(t''), & \varphi'(t'') = \varphi_0'(t''). \end{cases}$$

上面的条件可以看成关于未知数 λ, μ, ν, ρ 的线性方程组,该方程组的系数行列式等于 $(t'-t'')^4 > 0$. 解这方程组就可以定出 $\lambda, \mu,$ ν, ρ 从而定出 $\varphi(t)$ 来. 用类似的办法可以相应地确定 $\psi(t)$ 和 $\omega(t)$. 这样作出的修改曲线

$$\gamma(t) = (\psi(t), \varphi(t), \omega(t))$$

就能满足我们的要求.

6.e 用外微分术语陈述条件

设 ω 是一个 p 次微分形式. 如果

$$\mathrm{d}\omega = 0,$$

那么我们就说 ω 是一个闭形式;如果存在一个 $p-1$ 次微分形式 θ,使得

$$\omega = \mathrm{d}\theta,$$

那么我们就说 ω 是一个恰当形式.

因为 $d(d\theta)=0$,所以任何一个恰当形式都是闭形式.

采用外微分的术语,曲线积分与路径无关的条件可陈述如下:

定理 6 设 G 是 ($\mathbb{R}^2$ 或 $\mathbb{R}^3$) 中的一个区域,ω 是在 G 上连续可微的一个 1 次微分形式,则以下两条件相互等价:

(a) 积分 $\int \omega$ 在 G 中与路径无关;

(b) 在 G 中,ω 是恰当形式.

如果 G 是一个单连通区域,那么上面的条件(a)和(b)还与以下的条件(c)等价:

(c) 在 G 中,ω 是闭形式.

读者不难通过术语的相互翻译认出这定理只不过是前面几段所得结论的另一种陈述方式.

§7 恰当微分方程与积分因子

微分方程式

$$(7.1) \qquad \frac{\mathrm{d}y}{\mathrm{d}x} = f(x,y)$$

可以改写成

$$f(x,y)\mathrm{d}x - \mathrm{d}y = 0.$$

这种写法的更一般形式是

$$(7.2) \qquad P(x,y)\mathrm{d}x + Q(x,y)\mathrm{d}y = 0.$$

将一阶微分方程写成这样的形式,对于探寻初等积分方法,有时比较方便.

7.a 恰当微分方程

首先考查这样的情形:方程(7.2)的左端是一个恰当的微分式. 我们把这样的方程叫做恰当微分方程或者全微分方程. 对这种情形,存在连续可微函数 $U(x,y)$,使得

126

(7.3)　　　　$\mathrm{d}U(x,y) = P(x,y)\mathrm{d}x + Q(x,y)\mathrm{d}y.$

于是,方程(7.2)的任何一个解 $y=y(x)$ 必定使得

$$\mathrm{d}[U(x,y(x))] = 0,$$

因而满足

(7.4)　　　　　　　$U(x,y(x)) = C,$

——这里 C 是常数.反过来,由于(7.3)式,任何满足(7.4)的连续可微函数 $y(x)$ 也必定满足方程(7.2).我们求得了用隐函数形式表示的方程(7.2)的一般解

(7.5)　　　　　　　$U(x,y) = C,$

这里 C 是一个任意常数.像这样的用隐函数形式表示的解,通常叫做"积分".我们得到以下结论:

定理 1　恰当微分方程

$$P(x,y)\mathrm{d}x + Q(x,y)\mathrm{d}y = 0$$

的通积分为

$$U(x,y) = C,$$

这里 $U(x,y)$ 是方程左端微分式的一个原函数, C 是任意常数.

上节中的讨论,实际上已经解决了以下两个基本问题(特别是对单连通区域的情形):

一、怎样判断像(7.2)那样的方程是否恰当微分方程?

二、如果(7.2)是一个恰当的微分方程,那么我们怎样具体求出方程左端微分式的原函数?

因此,恰当微分方程的求解问题,可以认为是已经解决了.

具体求解的时候,常常可以通过观察直接写出原函数来.要做到这一点,需要十分熟悉微分的运算法则,并善于将微分式分组.请看下面的例子.

例 1　求解方程

$$\mathrm{e}^y\mathrm{d}x + (x\mathrm{e}^y + 2y)\mathrm{d}y = 0.$$

解　将方程左端的微分式分成两组:

$$(\mathrm{e}^y\mathrm{d}x + x\mathrm{e}^y\mathrm{d}y) + 2y\mathrm{d}y = 0.$$

127

很容易看出：第一组微分式的一个原函数是 $x\mathrm{e}^y$，第二组微分式的一个原函数是 y^2. 因而原方程左端微分式的一个原函数是

$$x\mathrm{e}^y + y^2.$$

原方程的通解（通积分）为

$$x\mathrm{e}^y + y^2 = C.$$

例 2 求解方程

$$(7x + 3y)\mathrm{d}x + (3x - 5y)\mathrm{d}y = 0.$$

解 原方程左端可按以下办法分组

$$(7x\mathrm{d}x - 5y\mathrm{d}y) + (3y\mathrm{d}x + 3x\mathrm{d}y).$$

容易求出上式的原函数

$$\frac{7}{2}x^2 - \frac{5}{2}y^2 + 3xy.$$

原方程的通解为

$$\frac{7}{2}x^2 - \frac{5}{2}y^2 + 3xy = C.$$

以下一些公式当然是需要熟记的：

$$\alpha\mathrm{d}u + \beta\mathrm{d}v = \mathrm{d}(\alpha u + \beta v)$$

$$(\alpha, \beta \in \mathbb{R});$$

$$u\mathrm{d}v + v\mathrm{d}u = \mathrm{d}(uv);$$

$$\frac{u\mathrm{d}v - v\mathrm{d}u}{u^2} = \mathrm{d}\left(\frac{v}{u}\right);$$

$$\frac{u\mathrm{d}v - v\mathrm{d}u}{u^2 + v^2} = \mathrm{d}\left(\operatorname{arctg}\frac{v}{u}\right);$$

$$\frac{\mathrm{d}u}{u} = \mathrm{d}\ln|u| \quad (u \neq 0);$$

$$\varphi'(u)\mathrm{d}u = \mathrm{d}\varphi(u).$$

应该指出，观察法求原函数虽然很省事，但这方法依赖于技巧和熟练，并不是每次都能成功的. 另外，除了简单的情形而外，不容易一眼就看出方程是否恰当的. 如果盲目去做，可能会误入歧途. 因此，上节所介绍的恰当微分式的判别法和原函数的求法. 是必须

128

牢固掌握的.

7.b 积分因子

恰当微分方程要求左端的微分式凑巧是一个全微分. 这种情形并不多见. 对一般的方程

$$(7.6) \qquad M(x,y)\mathrm{d}x + N(x,y)\mathrm{d}y = 0,$$

我们可以用适当的非零因子 $\mu(x,y)$ 去乘等号两边, 把它化成

$$(7.7) \qquad P(x,y)\mathrm{d}x + Q(x,y)\mathrm{d}y = 0,$$

这里

$$P(x,y) = \mu(x,y)M(x,y),$$
$$Q(x,y) = \mu(x,y)N(x,y).$$

如果这样得到的方程(7.7)是一个恰当微分方程, 那么我们就说 $\mu(x,y)$ 是方程(7.6)的一个积分因子.

我们指出一个重要的事实: 任何形如(7.6)的方程, 都必定具有积分因子. 但这一事实的证明, 涉及到一阶偏微分方程理论, 我们这里不能讲述. 而且理论上的证明, 只是肯定了积分因子的存在性, 并没有告诉具体求出这因子的办法, 对实际解题未必有很多帮助. 下面将要介绍的, 是求积分因子的某些具体办法. 对于一阶微分方程来说, 积分因子法概括总结了主要的初等积分法, 因而给我们提供了一个很好的复习机会.

例3 可分离变元的一阶微分方程.

这种方程的一般形式为

$$M_1(x)M_2(y)\mathrm{d}x + N_1(x)N_2(y)\mathrm{d}y = 0.$$

如果 $M_2(y)N_1(x) \neq 0$, 那么这方程就有积分因子

$$\mu(x,y) = \frac{1}{M^2(y)N_1(x)}.$$

用这因子乘方程两边就可将变元分离:

$$\frac{M_1(x)}{N_1(x)}\mathrm{d}x + \frac{N^2(y)}{M^2(y)}\mathrm{d}y = 0.$$

上式左端是一个恰当形式，它的一个原函数为

$$U(x,y) = \int \frac{M_1(x)}{N_1(x)}\mathrm{d}x + \int \frac{N_2(y)}{M_2(y)}\mathrm{d}y.$$

因而原方程的通解为

$$\int \frac{M_1(x)}{N_1(x)}\mathrm{d}x + \int \frac{N_2(y)}{M_2(y)}\mathrm{d}y = C.$$

例 4　考查一阶线性方程

$$\frac{\mathrm{d}y}{\mathrm{d}x} + p(x)y = q(x),$$

这方程具有积分因子

$$\mu = \mathrm{e}^{\int P(x)\mathrm{d}x}.$$

以这因子乘原方程，就把它化成了可积分的形式

$$\mathrm{d}(\mathrm{e}^{\int P(x)\mathrm{d}x}y) = \mathrm{e}^{\int P(x)\mathrm{d}x}q(x)\mathrm{d}x.$$

一个函数 $M(x,y)$ 被称为 k 次齐次函数，如果它满足这样的条件

(7.8)　　　　　$M(tx,ty) = t^k M(x,y), \quad \forall\, t > 0.$

连续可微的 k 次齐次函数 $M(x,y)$ 满足以下的欧拉恒等式：

(7.9)　　　　　$x\dfrac{\partial M}{\partial x} + y\dfrac{\partial M}{\partial y} = kM.$

事实上，只要将(7.8)的两边对 t 求导，然后代进 $t=1$，就可得到(7.9)式.

在下面的例子中，我们考查系数为齐次函数的微分方程.

例 5　设 $M(x,y)$ 和 $N(x,y)$ 都是 k 次齐次函数，则微分方程

$$M(x,y)\mathrm{d}x + N(x,y)\mathrm{d}y = 0$$

具有积分因子

$$\mu = \frac{1}{xM + yN},$$

这里设 $xM + yN \neq 0.$

证明　首先，引入记号

130

$$P = \frac{M}{xM + yN}, \quad Q = \frac{N}{xM + yN}.$$

我们来证明

$$\frac{\partial Q}{\partial x} = \frac{\partial P}{\partial y}.$$

计算得

$$\frac{\partial Q}{\partial x} = \frac{x\left(M\dfrac{\partial N}{\partial x} - N\dfrac{\partial M}{\partial x} \right) - MN}{(xM + yN)^2},$$

$$\frac{\partial P}{\partial y} = \frac{y\left(N\dfrac{\partial M}{\partial y} - M\dfrac{\partial N}{\partial y} \right) - MN}{(xM + yN)^2}.$$

所得两式相减,并利用恒等式(7.9),就得到

$$\frac{\partial Q}{\partial x} - \frac{\partial P}{\partial y} = 0.$$

因而,在任何单连通区域上,$Pdx + Qdy$ 都是恰当微分形式.

例 6 求解方程

$$\frac{\mathrm{d}y}{\mathrm{d}x} = \frac{2xy}{x^2 + y^2}.$$

解 上面的方程可以改写为

$$2xy\mathrm{d}x - (x^2 + y^2)\mathrm{d}y = 0.$$

由例 5 可知,这方程有积分因子

$$\mu = \frac{1}{2x^2y - y(x^2 + y^2)} = \frac{1}{y(x^2 - y^2)}.$$

下面,我们来求解恰当方程

$$\frac{2x\mathrm{d}x}{x^2 - y^2} - \frac{x^2 + y^2}{y(x^2 - y^2)}\mathrm{d}y = 0.$$

这方程又可写成

$$\frac{2x\mathrm{d}x - 2y\mathrm{d}y}{x^2 - y^2} - \frac{x^2 - y^2}{y(x^2 - y^2)}\mathrm{d}y = 0,$$

即

131

$$\frac{2x\mathrm{d}x - 2y\mathrm{d}y}{x^2 - y^2} - \frac{\mathrm{d}y}{y} = 0.$$

积分这方程就得到

$$\ln|x^2 - y^2| - \ln|y| = \ln|C|,$$

$$\frac{x^2 - y^2}{y} = C,$$

也就是

$$x^2 - y^2 = Cy.$$

实际解题时,常常用到分组求积分因子法. 下面,我们就来说明这种方法.

设 $\mu(x,y)$ 是微分式

(7.10) $$M(x,y)\mathrm{d}x + N(x,y)\mathrm{d}y$$

的一个积分因子,并设

$$\mu(M\mathrm{d}x + N\mathrm{d}y) = \mathrm{d}U.$$

如果 φ 是一个一元连续函数,它能够与函数 U 复合,那么

$$\varphi(U)\mu$$

也是微分式(7.10)的一个积分因子. 事实上,我们有

$$(\varphi(U)\mu)(M\mathrm{d}x + N\mathrm{d}y) = \varphi(U)\mathrm{d}U = \mathrm{d}\Phi(U),$$

这里 Φ 是 φ 的原函数.

我们来考查方程

$$(M_1\mathrm{d}x + N_1\mathrm{d}y) + (M_2\mathrm{d}x + N_2\mathrm{d}y) = 0.$$

设这里的两组微分式分别具有积分因子 μ_1 和 μ_2,并设

$$\mu_1(M_1\mathrm{d}x + N_1\mathrm{d}y) = \mathrm{d}U_1,$$

$$\mu_2(M_2\mathrm{d}x + N_2\mathrm{d}y) = \mathrm{d}U_2.$$

如果我们能选取连续函数 φ_1 和 φ_2,使得

$$\varphi_1(U_1)\mu_1 = \varphi_2(U_2)\mu_2,$$

那么

$$\mu = \varphi_1(U_1)\mu_1 = \varphi_2(U_2)\mu_2$$

就是两组微分式共同的积分因子,因而是

132

$$(M_1 \mathrm{d}x + N_1 \mathrm{d}y) + (M_2 \mathrm{d}x + N_2 \mathrm{d}y)$$

的积分因子.

实际解题时,采取灵活变通的做法,往往能更快地凑出积分因子来.

例 7 求解方程

$$(x^2 + y^2 - y)\mathrm{d}x + x\mathrm{d}y = 0.$$

解 将这方程改写为

$$(x^2 + y^2)\mathrm{d}x + x\mathrm{d}y - y\mathrm{d}x = 0.$$

很容易看出一个积分因子

$$\mu = \frac{1}{x^2 + y^2}.$$

用这因子乘方程两边,就得到

$$\mathrm{d}x + \frac{x\mathrm{d}y - y\mathrm{d}x}{x^2 + y^2} = 0.$$

我们求得原方程的通解

$$x + \mathrm{arctg}\, \frac{y}{x} = C.$$

例 8 求解方程

$$y\mathrm{d}x + x(1 + x^2 y^2)\mathrm{d}y = 0.$$

解 这方程可改写为

$$(y\mathrm{d}x + x\mathrm{d}y) + x^3 y^2 \mathrm{d}y = 0.$$

形状如 $\varphi(xy)$ 的函数都是前一组的积分因子. 我们选择 φ 使 $\varphi(xy)$ 也是后一组的积分因子. 容易看出,只要取

$$\varphi(u) = u^{-3}$$

就能达到目的. 以因子

$$\mu = \varphi(xy) = \frac{1}{x^3 y^3}$$

乘方程两边就得到

$$\frac{y\mathrm{d}x + x\mathrm{d}y}{x^3 y^3} + \frac{\mathrm{d}y}{y} = 0.$$

133

积分得

$$-\frac{1}{2x^2y^2} + \ln|y| = C.$$

另外,因为我们乘了因子 $\frac{1}{x^3y^3}$,可能会失掉 $x=0$ 或 $y=0$ 这样的解.经检验,$x=0$ 和 $y=0$ 都是原方程的解[①].

例 9 求以 OX 轴为旋转轴的旋转面,使得这样的镜面把放在原点的光源发出的光反射成平行于 OX 轴的光束.

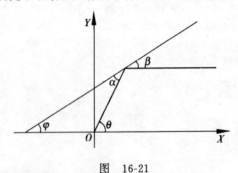

图 16-21

解 参看图 16-21.根据条件应有

$$\alpha = \beta = \varphi.$$

于是

$$\theta = \alpha + \varphi = 2\beta,$$

$$\operatorname{tg}\theta = \operatorname{tg}2\beta = \frac{2\operatorname{tg}\beta}{1 - \operatorname{tg}^2\beta}.$$

但

$$\operatorname{tg}\theta = \frac{y}{x}, \quad \operatorname{tg}\beta = \frac{\mathrm{d}y}{\mathrm{d}x}.$$

---

① 对于写成

$$M(x,y)\mathrm{d}x + N(x,y)\mathrm{d}y = 0$$

的微分方程,我们不但寻求形状如 $y=y(x)$ 的解,而且也寻求形状如 $x=x(y)$ 的解.

所以有

$$\frac{y}{x} = \frac{2\dfrac{\mathrm{d}y}{\mathrm{d}x}}{1 - \left(\dfrac{\mathrm{d}y}{\mathrm{d}x}\right)^2}.$$

解这个关于 $\dfrac{\mathrm{d}y}{\mathrm{d}x}$ 的二次方程,我们得到

$$\frac{\mathrm{d}y}{\mathrm{d}x} = \frac{-x \pm \sqrt{x^2 + y^2}}{y}.$$

由此得到

$$x\mathrm{d}x + y\mathrm{d}y = \pm \sqrt{x^2 + y^2}\mathrm{d}x.$$

容易看出这方程的一个积分因子

$$\mu = \frac{1}{\pm \sqrt{x^2 + y^2}}.$$

以这因子乘之,就得到

$$\frac{x\mathrm{d}x + y\mathrm{d}y}{\pm \sqrt{x^2 + y^2}} = \mathrm{d}x.$$

积分得

$$\pm \sqrt{x^2 + y^2} = x + C.$$

由此得到

$$y^2 = 2Cx + C^2,$$

即

$$y^2 = 2C\left(x + \frac{C}{2}\right).$$

这是以原点为焦点的抛物线族. 在学习一元函数微分学时,我们已经知道抛物线具有这种光学性质. 现在,我们又证明了逆命题:具有这种光学性质的曲线只能是以上抛物线族中的一条抛物线.

第十七章　场论介绍

场是最重要的物理概念之一. 数学中的场论,对各种各样的物理场作抽象概括,进行定性与定量的研究.

如果空间某区域 Ω 的每一点都对应着一个确定的数量(向量),那么我们就说在这区域定义了一个数量场(向量场). 容易看出,所谓数量场与向量场,不过是数量值函数与向量值函数的另一种说法而已. 在本章中,我们假定所讨论的场连续可微足够多次.

热学中的温度场 $T(x,y,z)$,连续体力学中的密度场 $\rho(x,y,z)$ 等是数量场的例子. 引力场 $F(x,y,z)$ 和电场 $E(x,y,z)$ 等是向量场的例子.

§1　数量场的方向导数与梯度

设在空间某区域 Ω 中定义了一个数量场 $f(M)=f(x,y,z)$. 设 $M_0=(x_0,y_0,z_0)$ 是 Ω 中的一个点,$e=(\cos\alpha,\cos\beta,\cos\gamma)$ 是任意一个方向. 我们知道,f 在点 M_0 沿方向 e 的方向导数可以表示为

$$(1.1)\qquad \frac{\partial f}{\partial e}(M_0)=\frac{\partial f}{\partial x}(M_0)\cos\alpha+\frac{\partial f}{\partial z}(M_0)\cos\beta$$
$$+\frac{\partial f}{\partial z}(M_0)\cos\gamma.$$

在许多实际问题中,需要了解:在给定点 M_0,沿怎样一个方向,数量场 f 的增长最快? 或者说,沿怎样一个方向,f 的方向导数最大? 为了回答这个问题,我们把(1.1)右端的表示式写成两个向量的内积

$$(1.2)\qquad \frac{\partial f}{\partial e}(M_0)=\nabla f(M_0)\cdot e,$$

这里

$$\nabla f(M_0) = \frac{\partial f}{\partial x}(M_0)\boldsymbol{i} + \frac{\partial f}{\partial y}(M_0)\boldsymbol{j} + \frac{\partial f}{\partial z}(M_0)\boldsymbol{k}.$$

如果把向量 $\nabla f(M_0)$ 与向量 $\boldsymbol{e}$ 的夹角记为 θ,那么又可把(1.2)式写成

(1.3)
$$\frac{\partial f}{\partial \boldsymbol{e}}(M_0) = \| \nabla f(M_0) \| \cos\theta.$$

从这式可以看出,当 $\theta = 0$ 的时候,方向导数 $\dfrac{\partial f}{\partial \boldsymbol{e}}(M_0)$ 达到最大值,这最大值为:

$$\| \nabla f(M_0) \|.$$

定义　我们把 $\nabla f(M_0)$ 叫做数量场 f 在点 M_0 的**梯度**,记为
$$\operatorname{grad} f(M_0) = \nabla f(M_0).$$

从上面的讨论可知:梯度的方向就是使得方向导数取得最大值的方向;梯度的模就是方向导数的最大值. 采用梯度的记号,可以把方向导数表示为

$$\frac{\partial f}{\partial \boldsymbol{e}}(M_0) = \operatorname{grad} f(M_0) \cdot \boldsymbol{e}.$$

我们看到,由一个数量场 f 产生了一个向量场——梯度向量场 $\operatorname{grad} f$.

设 C 是一个任意给定的常数. 我们把满足条件

(1.4)
$$f(x,y,z) = C$$

的点 (x,y,z) 的集合,叫做数量场 f 的一个等值面. 如果 M_0 是等值面(1.4)上的一个点,并设在这点

$$\nabla f(M_0) \neq 0,$$

那么向量 $\operatorname{grad} f(M_0) = \nabla f(M_0)$ 正好沿着曲面(1.4)在这点的法线方向. 我们得到重要的结论:在等值面上任意一点,梯度向量与等值面垂直.

对于定义于平面区域上的数量场 $f(x,y)$,也可以考查它的梯度

$$\text{grad } f = \boldsymbol{i} \frac{\partial f}{\partial x} + \boldsymbol{j} \frac{\partial f}{\partial y},$$

并且也可以考查这数量场的等值线

$$f(x, y) = C.$$

同样可以看出:在等值线上任意一点,梯度向量与等值线垂直.

等值面与等值线的概念,在实际问题中有很多应用.地形图上的等高线,气象图上的等温线、等气压线和等雨量线等,都是等值线的例子.

§2 向量场的通量与散度

在上一章中,我们曾讨论过这样的问题:设在空间某区域 Ω 中有不可压缩的流体稳定地流动,S 是 Ω 中的一块有向曲面,求单位时间内通过曲面块 S 的流体的体积(即流量).我们把流量表示为第二型曲面积分

$$\iint_S \boldsymbol{v} \cdot \boldsymbol{n} \mathrm{d}\sigma,$$

这里 $\boldsymbol{v} = \boldsymbol{v}(x, y, z)$ 是流体的速度,而 $\boldsymbol{n}$ 是曲面 S 的正法线单位向量.

下面考查更一般的情形.设 $\boldsymbol{F} = \boldsymbol{F}(x, y, z)$ 是定义于区域 Ω 的一个向量场,S 是 Ω 中的一块有向曲面,$\boldsymbol{n}$ 表示曲面 S 的正法线单位向量.我们把第二型曲面积分

$$\iint_S \boldsymbol{F} \cdot \boldsymbol{n} \mathrm{d}\sigma$$

叫做向量场 $\boldsymbol{F}$ 通过曲面块 S 的**通量**.

设 $M_0 \in \Omega$. 在 Ω 中,取以 M_0 为中心,ε 为半径的小球 $V = V_\varepsilon$. 把这小球的表面记为 S(约定 S 以向外的法线方向为正方向). 考查向量场 $\boldsymbol{F}$ 通过 S 的通量与 V 的体积的比值

$$\frac{1}{|V|} \oiint_S \boldsymbol{F} \cdot \boldsymbol{n} \mathrm{d}\sigma.$$

我们来证明:当 $\varepsilon \to 0$ 时,上述比值有确定的极限.事实上,设

138

$$F = Pi + Qj + Rk.$$

根据高斯公式，我们有

$$\frac{1}{|V|} \oiint_S F \cdot n \mathrm{d}\sigma = \frac{1}{|V|} \iiint_V \nabla \cdot F \mathrm{d}x \mathrm{d}y \mathrm{d}z,$$

这里

$$\nabla \cdot F = \frac{\partial P}{\partial x} + \frac{\partial Q}{\partial y} + \frac{\partial R}{\partial z}.$$

利用积分的中值公式又可得到

$$\frac{1}{|V|} \iiint_V \nabla \cdot F \mathrm{d}x \mathrm{d}y \mathrm{d}z$$

$$= \frac{1}{|V|} \iiint_V \left(\frac{\partial P}{\partial x} + \frac{\partial Q}{\partial y} + \frac{\partial R}{\partial z} \right) \mathrm{d}x \mathrm{d}y \mathrm{d}z$$

$$= \left(\frac{\partial P}{\partial x} + \frac{\partial Q}{\partial y} + \frac{\partial R}{\partial z} \right)_{M_*}$$

$$= (\nabla \cdot F)_{M_*},$$

这里的 M_* 是 V 中的一点. 当 $\varepsilon \to 0$ 时，应有 $M_* \to M_0$. 因此

$$\lim_{\varepsilon \to 0} \frac{1}{|V|} \oiint_S F \cdot n \mathrm{d}\sigma = (\nabla \cdot F)_{M_0}.$$

我们来解释这极限的物理意义. 如果 F 是流体的速度场，那么

$$\frac{1}{|V|} \oiint_S F \cdot n \mathrm{d}\sigma$$

是单位时间内从 V 中流出的流体的量与 V 的体积之比. 这比值应看做 V 中的平均泉源密度("漏洞"也被当作泉源，但其泉源密度是负数). 当 $\varepsilon \to 0$ 时，上述比值的极限就是流体在 M_0 点的泉源密度.

定义 设向量场

$$F = Pi + Qj + Rk$$

在区域 Ω 中有定义，M 是 Ω 中的一点. 我们把数量

$$(\nabla \cdot F)_M = \left(\frac{\partial P}{\partial x} + \frac{\partial Q}{\partial y} + \frac{\partial R}{\partial z} \right)_M$$

叫做向量场 F 在 M 点的**散度**，记为

$$\text{div} \, \boldsymbol{F}(M) = (\nabla \cdot \boldsymbol{F})_M$$

$$= \left(\frac{\partial P}{\partial x} + \frac{\partial Q}{\partial y} + \frac{\partial R}{\partial z} \right)_M.$$

散度是由向量场诱导出的一个数量场. 它表示向量场的各点的"泉源密度".

注记 取环绕 M_0 点的任意一小块立体 V, 要求它的表面 S 是分块正则的曲面, 作比值

$$\frac{1}{|V|} \oiint_S \boldsymbol{F} \cdot \boldsymbol{n} \mathrm{d}\sigma.$$

仿照上面的讨论, 同样可以证明, 当 V 的直径趋于 0 时, 这比值仍趋于 $\boldsymbol{F}$ 在 M_0 点的散度:

$$\lim \frac{1}{|V|} \oiint_S \boldsymbol{F} \cdot \boldsymbol{n} \mathrm{d}\sigma = \text{div} \, \boldsymbol{F}(M_0).$$

§3 方向旋量与旋度

设在空间某区域 Ω 中定义了一个向量场

$$\boldsymbol{F} = P\boldsymbol{i} + Q\boldsymbol{j} + R\boldsymbol{k}.$$

设 M_0 是 Ω 中的一个点, $\boldsymbol{n}$ 是任意一个单位向量. 我们以 M_0 为中心, ε 为半径, 作一个垂直于向量 $\boldsymbol{n}$ 的小圆面 $D = D_\varepsilon$; 然后沿这圆面的边界 ∂ 作如下的积分:

$$\oint_{\partial D} \boldsymbol{F} \cdot \boldsymbol{\tau} \mathrm{d}\lambda,$$

这里 $\boldsymbol{\tau}$ 是 ∂D 的单位切向量, $\mathrm{d}\lambda$ 表示弧长微元. 下面, 我们来考查这积分与 D 的面积 $|D|$ 的比值

$$\frac{1}{|D|} \oint_{\partial D} \boldsymbol{F} \cdot \boldsymbol{\tau} \mathrm{d}\lambda.$$

这比值是反映向量场 $\boldsymbol{F}$ 沿着 ∂D 的旋转状况的一个量, 当 $\varepsilon \to 0$ 时, 这比值的极限, 反映了向量场 $\boldsymbol{F}$ 在点 M_0 绕方向 $\boldsymbol{n}$ 的旋转状况, 为了求出这一极限, 我们利用斯托克斯公式:

$$\oint_{\partial D} \boldsymbol{F} \cdot \boldsymbol{\tau} \mathrm{d}\lambda = \iint_{D} (\nabla \times \boldsymbol{F}) \cdot \boldsymbol{n} \mathrm{d}\sigma.$$

再利用积分的中值公式,就得到

$$\frac{1}{|D|} \oint_{\partial D} \boldsymbol{F} \cdot \boldsymbol{\tau} \mathrm{d}\lambda = \frac{1}{|D|} \iint_{D} (\nabla \times \boldsymbol{F}) \cdot \boldsymbol{n} \mathrm{d}\sigma$$

$$= [(\nabla \times \boldsymbol{F}) \cdot \boldsymbol{n}]_{M_*},$$

这里 M_* 是 D 中的一点. 当 $\varepsilon \to 0$ 时,M_* 趋于 M_0. 因此

$$\lim_{\varepsilon \to 0} \frac{1}{|D_\varepsilon|} \oint_{\partial D_\varepsilon} \boldsymbol{F} \cdot \boldsymbol{\tau} \mathrm{d}\lambda = [(\nabla \times \boldsymbol{F}) \cdot \boldsymbol{n}]_{M_0}.$$

定义 我们把这极限值

$$[(\nabla \times \boldsymbol{F}) \cdot \boldsymbol{n}]_{M_0}$$

叫做向量场 $\boldsymbol{F}$ 在点 M_0 绕方向 $\boldsymbol{n}$ 的方向旋量.

我们曾考查数量场的方向导数取最大值的方向,从而导出梯度的概念.对于方向旋量,可以提出类似的问题:绕怎样一个方向 $\boldsymbol{n}$,方向旋量达到最大值? 为了回答这个问题,我们把方向旋量的表示式写成

$$(\nabla \times \boldsymbol{F}) \cdot \boldsymbol{n} = \|\nabla \times \boldsymbol{F}\| \cos \theta,$$

这里 θ 是向量 $\nabla \times \boldsymbol{F}$ 与向量 $\boldsymbol{n}$ 的夹角.从这表示式可以看出,当 $\theta = 0$ 时,也就是当 $\boldsymbol{n}$ 沿着 $\nabla \times \boldsymbol{F}$ 的方向时,方向旋量达到最大值,这最大值是

$$\|\nabla \times \boldsymbol{F}\|.$$

定义 我们把

$$(\nabla \times \boldsymbol{F})(M_0)$$

叫做向量场 $\boldsymbol{F}$ 在点 M_0 的**旋度**,并把它记为

$$\mathrm{rot}\, \boldsymbol{F}(M_0).$$

从上面的讨论可知:旋度的方向是使得方向旋量取最大值的方向;旋度的模等于方向旋量的最大值.

141

§4　场论公式举例

从数量函数或向量值函数的微分运算公式,可以导出场论中的一些有用的公式. 例如

(1)　$\nabla(\alpha f + \beta g) = \alpha \ \nabla f + \beta \ \nabla g$,

　　　$\nabla \cdot (\alpha \boldsymbol{F} + \beta \boldsymbol{G}) = \alpha \ \nabla \cdot \boldsymbol{F} + \beta \ \nabla \cdot \boldsymbol{G}$,

　　　$\nabla \times (\alpha \boldsymbol{F} + \beta \boldsymbol{G}) = \alpha \ \nabla \times \boldsymbol{F} + \beta \ \nabla \times \boldsymbol{G}$;

(2)　$\nabla(fg) = (\ \nabla f)g + f(\ \nabla g)$,

　　　$\nabla \cdot (f\boldsymbol{G}) = (\ \nabla f) \cdot \boldsymbol{G} + f(\ \nabla \cdot \boldsymbol{G}$,

这里 α 和 β 是常数,f 和 g 是数量场,$\boldsymbol{F}$ 和 $\boldsymbol{G}$ 是向量场,∇是奈布拉算符.

通过直接计算,还可以证明

(3) rot。grad$=0$;

(4) div。rot$=0$.

例如,公式(3)可以这样验证：我们记

$$\boldsymbol{F} = \mathrm{grad}f = \boldsymbol{i} \frac{\partial f}{\partial x} + \boldsymbol{j} \frac{\partial f}{\partial y} + \boldsymbol{k} \frac{\partial f}{\partial z},$$

则有

$$\mathrm{rot}\ \boldsymbol{F} = \begin{vmatrix} \boldsymbol{i} & \boldsymbol{j} & \boldsymbol{k} \\ \dfrac{\partial}{\partial x} & \dfrac{\partial}{\partial y} & \dfrac{\partial}{\partial z} \\ \dfrac{\partial f}{\partial x} & \dfrac{\partial f}{\partial y} & \dfrac{\partial f}{\partial z} \end{vmatrix}$$

$$= \left(\frac{\partial^2 f}{\partial y \partial z} - \frac{\partial^2 f}{\partial z \partial y} \right) \boldsymbol{i} + \cdots$$

$$= 0.$$

公式(3)和(4)可以统一地概括为关于外微分的公式

$$\mathrm{d} \circ \mathrm{d} = 0.$$

为了说明这一事实,我们指出：

142

(a) 设 f 是一个数量场,则 $\mathrm{d}f$ 的系数即 grad 的分量;

(b) 设 $\boldsymbol{F}=(P,Q,R)$ 是一个向量场,记 $\omega=P\mathrm{d}x+Q\mathrm{d}y+R\mathrm{d}z$,则 $\mathrm{d}\omega$ 的系数即 rot $\boldsymbol{F}$ 的分量;

(c) 设 $\boldsymbol{F}=(P,Q,R)$ 是一个向量场,记

$$\theta=P\mathrm{d}y\wedge\mathrm{d}z+Q\mathrm{d}z\wedge\mathrm{d}x+R\mathrm{d}x\wedge\mathrm{d}y,$$

则 $\mathrm{d}\theta$ 的系数即 div $\boldsymbol{F}$.

于是,从 $\mathrm{d}\circ\mathrm{d}f=0$ 就得到

$$\mathrm{rot}\circ\mathrm{grad}f=0;$$

从 $\mathrm{d}\circ\mathrm{d}\omega=0$ 就得到

$$\mathrm{div}\circ\mathrm{rot}\boldsymbol{F}=0.$$

场论中众多的公式不可能在这里一一列举. 需要用到更多的公式时可以去查手册,或者自己推演(虽然纷繁的演算需要细心与耐性,但大部分场论公式的推证的确只用到最基本的数学知识).

§5 保守场与势函数

我们已经讨论过曲线积分与路径无关的条件. 所得的结论可以用场论的术语陈述如下:

设向量场 $\boldsymbol{F}$ 在区域 Ω 中有定义,则以下各条件相互等价:

(1) 沿 Ω 中任何闭路径 C 都有

$$\oint_{C}\boldsymbol{F}\cdot\tau\mathrm{d}\lambda=0;$$

(2) 对于 Ω 中从点 M_0 到点 M_1 的任意两条路径 γ 和 η 都有

$$\int_{\gamma}\boldsymbol{F}\cdot\tau\mathrm{d}\lambda=\int_{\eta}\boldsymbol{F}\cdot\tau\mathrm{d}\lambda;$$

(3) 存在连续可微的数值函数 U,使得

$$\boldsymbol{F}=\mathrm{grad}\,U.$$

定义 如果向量场 $\boldsymbol{F}$ 满足上面所列的条件,那么我们就说 $\boldsymbol{F}$ 是一个**保守场**,并把条件(3)中的函数 U 称为 $\boldsymbol{F}$ 的**势函数**.

如果向量场 $\boldsymbol{F}$ 是保守场,那么它必定是无旋场(即旋度为 0 的场). 这是因为

$$\operatorname{rot} \boldsymbol{F} = \operatorname{rot} \circ \operatorname{grad} U = 0.$$

如果 Ω 是单连通区域,那么我们可以进一步断定:向量场 $\boldsymbol{F}$ 为保守场的充分必要条件是它为无旋场,即

$$\operatorname{rot} \boldsymbol{F} = 0.$$

例 在本例中采用这样的记号:

$$\boldsymbol{r} = x\boldsymbol{i} + y\boldsymbol{j} + z\boldsymbol{k},$$

$$r = \|\boldsymbol{r}\| = \sqrt{x^2 + y^2 + z^2}.$$

如果向量场 $\boldsymbol{F}$ 可以表示为

$$\boldsymbol{F}(x, y, z) = f(r)\boldsymbol{r},$$

那么我们就说 $\boldsymbol{F}$ 是一个中心场. 每一个中心场都一定是保守场. 事实上,

$$U(r) = \int_1^r \rho f(\rho) \mathrm{d}\rho$$

就是 $\boldsymbol{F}$ 的一个势函数. —— 这可验证如下:

$$\operatorname{grad} U = \frac{\mathrm{d}U}{\mathrm{d}r}\left(\frac{\partial r}{\partial x}\boldsymbol{i} + \frac{\partial r}{\partial y}\boldsymbol{j} + \frac{\partial r}{\partial z}\boldsymbol{k} \right)$$

$$= rf(r)\left(\frac{x}{r}\boldsymbol{i} + \frac{y}{r}\boldsymbol{j} + \frac{z}{r}\boldsymbol{k} \right)$$

$$= f(r)\boldsymbol{r} = \boldsymbol{F}.$$

附录　正交曲线坐标系中的场论计算

在通常的直角坐标系中,我们定义了奈布拉算符

$$\nabla = \boldsymbol{i}\,\frac{\partial}{\partial x} + \boldsymbol{j}\,\frac{\partial}{\partial y} + \boldsymbol{k}\,\frac{\partial}{\partial z}.$$

借助于这算符,可以很方便地表示场论中的一些重要的量. 例如

$$\operatorname{grad} f = \nabla f,$$

$$\operatorname{div} \boldsymbol{F} = \nabla \cdot \boldsymbol{F},$$

$$\operatorname{rot} \boldsymbol{F} = \nabla \times \boldsymbol{F}.$$

实际上,符号 ∇ 表示了三种不同类型的运算:(i) 作用于数量值函数的运算 ∇,运算所得的结果是向量;(ii) 作用于向量值函数的"点乘"运算 $\nabla \cdot$,运算所得的结果是数量;(iii) 作用于向量值函数的"叉乘"运算 $\nabla \times$,运算所得的结果是向量.

对于某些实际问题,利用曲线坐标进行计算更适宜.正交曲线坐标是最常被采用的一种.在这附录中,我们推导正交曲线坐标下奈布拉算子 ∇ 的表示.有了这些表示,就可以很方便地计算场论中许多重要的量.在以下的讨论中,假设所涉及的各数量值函数或向量值函数都在某区域内连续可微足够多次.

对我们这里的讨论来说,下面的定理起着最基本的作用.

关于算子 ∇ 的基本定理 具有以下一些性质的算子 ∇ 存在并且唯一:

(I) ∇ 作用于数量值函数产生一个向量值函数,并且满足关系

$$\nabla(u + v) = \nabla u + \nabla v,$$

$$\nabla(uv) = u\nabla v + v\nabla u,$$

$$\nabla u \cdot \mathrm{d}\boldsymbol{r} = \mathrm{d}u;$$

(II) $\nabla \times$ 作用于向量值函数产生一个向量值函数,并且满足关系

$$\nabla \times (\boldsymbol{U} + \boldsymbol{V}) = \nabla \times \boldsymbol{U} + \nabla \times \boldsymbol{V},$$

$$\nabla \times (u\boldsymbol{V}) = \nabla u \times \boldsymbol{V} + u \nabla \times \boldsymbol{V},$$

$$\nabla \times (\nabla u) = 0;$$

(III) $\nabla \cdot$ 作用于向量值函数产生一个数量值函数,并且满足关系

$$\nabla \cdot (\boldsymbol{U} + \boldsymbol{V}) = \nabla \cdot \boldsymbol{U} + \nabla \cdot \boldsymbol{V},$$

$$\nabla \cdot (u\boldsymbol{V}) = (\nabla u) \cdot \boldsymbol{V} \times u \nabla \cdot \boldsymbol{V},$$

$$\nabla \cdot (\boldsymbol{U} \times \boldsymbol{V}) = (\nabla \times \boldsymbol{U}) \cdot \boldsymbol{V} - \boldsymbol{U} \cdot (\nabla \times \boldsymbol{V}),$$

$$\nabla \cdot (\nabla \times \boldsymbol{V}) = 0.$$

证明 *存在性* 选取直角坐标系,并定义

$$\nabla = \boldsymbol{i}\,\frac{\partial}{\partial x} + \boldsymbol{j}\,\frac{\partial}{\partial y} + \boldsymbol{k}\,\frac{\partial}{\partial z}.$$

容易验证这样定义的 ∇ 具有定理中所列举的各性质.

唯一性　对于选定的直角坐标系,我们指出:具有上列性质
(I),(II)和(III)的算子 ∇ 只能是

$$\nabla = \boldsymbol{i}\,\frac{\partial}{\partial x} + \boldsymbol{j}\,\frac{\partial}{\partial y} + \boldsymbol{k}\,\frac{\partial}{\partial z}.$$

为此,须对以下三种情形作验证:(1) ∇ 作用于数量值函数的情
形;(2) $\nabla\cdot$ 作用于向量值函数的情形;(3) $\nabla\times$ 作用于向量值函
数的情形.

(1) 设 u 是数量值函数,并设

$$\nabla u = \lambda_1 \boldsymbol{i} + \lambda_2 \boldsymbol{j} + \lambda_3 \boldsymbol{k},$$

则有

$$\nabla u \cdot \mathrm{d}\boldsymbol{r} = \lambda_1 \mathrm{d}x + \lambda_2 \mathrm{d}y + \lambda_3 \mathrm{d}z.$$

但我们知道

$$\nabla u \cdot \mathrm{d}\boldsymbol{r} = \mathrm{d}u = \frac{\partial u}{\partial x}\mathrm{d}x + \frac{\partial u}{\partial y}\mathrm{d}y + \frac{\partial u}{\partial z}\mathrm{d}z,$$

并且 $\mathrm{d}x, \mathrm{d}y$ 和 $\mathrm{d}z$ 是任意的,所以有

$$\lambda_1 = \frac{\partial u}{\partial x}, \quad \lambda_2 = \frac{\partial u}{\partial y}, \quad \lambda_3 = \frac{\partial u}{\partial z}.$$

这证明了

$$\nabla u = \left(\boldsymbol{i}\,\frac{\partial}{\partial x} + \boldsymbol{j}\,\frac{\partial}{\partial y} + \boldsymbol{k}\,\frac{\partial}{\partial z}\right)u.$$

(2) 分别取 u 等于坐标函数 x, y 和 z,利用(1)中推导的计算
∇u 的公式,我们得到

$$\boldsymbol{i} = \nabla x, \quad \boldsymbol{j} = \nabla y, \quad \boldsymbol{k} = \nabla z.$$

于是有

$$\begin{aligned}
\nabla \cdot \boldsymbol{i} &= \nabla \cdot (\boldsymbol{j} \times \boldsymbol{k}) = \nabla \cdot (\nabla y \times \nabla z) \\
&= (\nabla \times (\nabla y)) \cdot \nabla z - (\nabla y) \cdot (\nabla \times (\nabla z)) \\
&= 0.
\end{aligned}$$

类似地有
$$\nabla \cdot \boldsymbol{j} = 0, \qquad \nabla \cdot \boldsymbol{k} = 0.$$
对于
$$\boldsymbol{U} = u_1 \boldsymbol{i} + u_2 \boldsymbol{j} + u_3 \boldsymbol{k},$$
利用 $\nabla \cdot$ 的性质可得
$$\nabla \cdot \boldsymbol{U} = (\nabla u_1) \cdot \boldsymbol{i} + (\nabla u_2) \cdot \boldsymbol{j} + (\nabla u_3) \cdot \boldsymbol{k}.$$
再利用(1)中推导的计算 ∇u 的公式,就得到
$$\nabla \cdot \boldsymbol{U} = \frac{\partial u_1}{\partial x} + \frac{\partial u_2}{\partial y} + \frac{\partial u_3}{\partial z}$$
$$= \left(\boldsymbol{i} \frac{\partial}{\partial x} + \boldsymbol{j} \frac{\partial}{\partial y} + \boldsymbol{k} \frac{\partial}{\partial z} \right) \cdot \boldsymbol{U}.$$

(3) 容易看出:
$$\nabla \times \boldsymbol{i} = \nabla \times (\nabla x) = 0,$$
$$\nabla \times \boldsymbol{j} = \nabla \times (\nabla y) = 0,$$
$$\nabla \times \boldsymbol{k} = \nabla \times (\nabla z) = 0.$$
对于
$$\boldsymbol{U} = u_1 \boldsymbol{i} + u_2 \boldsymbol{j} + u_3 \boldsymbol{k},$$
我们有
$$\nabla \times \boldsymbol{U} = \nabla u_1 \times \boldsymbol{i} + \nabla u_2 \times \boldsymbol{j} + \nabla u_3 \times \boldsymbol{k}$$
$$= \left(\frac{\partial u_3}{\partial y} - \frac{\partial u_2}{\partial z} \right) \boldsymbol{i} + \left(\frac{\partial u_1}{\partial z} - \frac{\partial u_3}{\partial x} \right) \boldsymbol{j}$$
$$+ \left(\frac{\partial u_2}{\partial x} - \frac{\partial u_1}{\partial y} \right) \boldsymbol{k}$$
$$= \left(\boldsymbol{i} \frac{\partial}{\partial x} + \boldsymbol{j} \frac{\partial}{\partial y} + \boldsymbol{k} \frac{\partial}{\partial z} \right) \times \boldsymbol{U}. \quad \square$$

上面定理中的性质(Ⅰ)—(Ⅲ)与坐标系的选取无关. 因此,我们可以利用这些性质来确定算子 ∇ 在正交曲线坐标系中的表示. 推导的办法与上面定理中唯一性部分的证明十分类似.

设在空间某区域中选定了曲线坐标

$$(q_1, q_2, q_3),$$

则这区域中点的位置可通过坐标参数来表示

$$\boldsymbol{r} = \boldsymbol{r}(q_1, q_2, q_3).$$

计算 $\boldsymbol{r}$ 的微分得

$$\mathrm{d}\boldsymbol{r} = \frac{\partial \boldsymbol{r}}{\partial q_1}\mathrm{d}q_1 + \frac{\partial \boldsymbol{r}}{\partial q_2}\mathrm{d}q_2 + \frac{\partial \boldsymbol{r}}{\partial q_3}\mathrm{d}q_3.$$

如果各坐标线的切向量

$$\frac{\partial \boldsymbol{r}}{\partial q_1}, \quad \frac{\partial \boldsymbol{r}}{\partial q_2}, \quad \frac{\partial \boldsymbol{r}}{\partial q_3}$$

互相正交,那么我们就说 (q_1, q_2, q_3) 是正交曲线坐标,并把

$$h_\alpha = \left\| \frac{\partial \boldsymbol{r}}{\partial q_\alpha} \right\|, \quad \alpha = 1, 2, 3$$

叫做这坐标系统的拉梅(Lamé)系数.

柱坐标与球坐标是最常用的正交曲线坐标.

对于正交曲线坐标系,向量组

$$\boldsymbol{e}_\alpha = \frac{1}{h_\alpha}\frac{\partial \boldsymbol{r}}{\partial \boldsymbol{q}_\alpha}, \quad \alpha = 1, 2, 3$$

在各点构成规范正交基底:

$$(\boldsymbol{e}_\alpha, \boldsymbol{e}_\beta) = \delta_{\alpha\beta}, \quad \alpha, \beta = 1, 2, 3.$$

——这里的 $\delta_{\alpha\beta}$ 是克朗内克(Kronecker)符号

$$\delta_{\alpha\beta} = \begin{cases} 1, & \text{如果 } \alpha = \beta, \\ 0, & \text{如果 } \alpha \neq \beta. \end{cases}$$

采用正交曲线坐标 (q_1, q_2, q_3) 计算场论各量时,我们假定所给的各向量都按规范正交基底 $\{\boldsymbol{e}_1, \boldsymbol{e}_2, \boldsymbol{e}_3\}$ 展开,并要求计算所得的各向量也按这基底展开.

梯度的计算 显然有

$$\mathrm{d}\boldsymbol{r} = \frac{\partial \boldsymbol{r}}{\partial q_1}\mathrm{d}q_1 + \frac{\partial \boldsymbol{r}}{\partial q_2}\mathrm{d}q_2 + \frac{\partial \boldsymbol{r}}{\partial q_3}\mathrm{d}q_3$$
$$= h_1\mathrm{d}q_1\boldsymbol{e}_1 + h_2\mathrm{d}q_2\boldsymbol{e}_2 + h_3\mathrm{d}q_3\boldsymbol{e}_3.$$

如果

148

$$\nabla u = \lambda_1 \boldsymbol{e}_1 + \lambda_2 \boldsymbol{e}_2 + \lambda_3 \boldsymbol{e}_3,$$

那么

$$\nabla u \cdot \mathrm{d}\boldsymbol{r} = \lambda_1 h_1 \mathrm{d}q_1 + \lambda_2 h_2 \mathrm{d}q_2 + \lambda_3 h_3 \mathrm{d}q_3.$$

但已经知道

$$\nabla u \cdot \mathrm{d}\boldsymbol{r} = \mathrm{d}u = \frac{\partial u}{\partial q_1}\mathrm{d}q_1 + \frac{\partial u}{\partial q_2}\mathrm{d}q_2 + \frac{\partial u}{\partial q_3}\mathrm{d}q_3,$$

并且 $\mathrm{d}q_1, \mathrm{d}q_2$ 和 $\mathrm{d}q_3$ 是任意的. 所以有

$$\lambda_1 h_1 = \frac{\partial u}{\partial q_1}, \quad \lambda_2 h_2 = \frac{\partial u}{\partial q_2}, \quad \lambda_3 h_3 = \frac{\partial u}{\partial q_3}.$$

我们求得

$$\nabla u = \frac{1}{h_1}\frac{\partial u}{\partial q_1}\boldsymbol{e}_1 + \frac{1}{h_2}\frac{\partial u}{\partial q_2}\boldsymbol{e}_2 + \frac{1}{h_3}\frac{\partial u}{\partial q_3}\boldsymbol{e}_3.$$

散度的计算 利用刚才求得的公式计算坐标函数 q_α 的梯度,
我们得到

$$\nabla q_\alpha = \frac{1}{h_\alpha}\boldsymbol{e}_\alpha, \quad \alpha = 1,2,3.$$

于是有

$$\nabla \cdot \left(\frac{\boldsymbol{e}_1}{h_2 h_3}\right) = \nabla \cdot \left(\frac{\boldsymbol{e}_2}{h_2} \times \frac{\boldsymbol{e}_3}{h_3}\right) = \nabla \cdot (\nabla q_2 \times \nabla q_3)$$

$$= (\nabla \times (\nabla q_2)) \cdot \nabla q_3 - \nabla q_2 \cdot (\nabla \times (\nabla q_3))$$

$$= 0.$$

类似地有

$$\nabla \cdot \left(\frac{\boldsymbol{e}_2}{h_3 h_1}\right) = 0, \quad \nabla \cdot \left(\frac{\boldsymbol{e}_3}{h_1 h_2}\right) = 0.$$

对于

$$\boldsymbol{U} = u_1 \boldsymbol{e}_1 + u_2 \boldsymbol{e}_2 + u_3 \boldsymbol{e}_3$$

$$= u_1 h_2 h_3 \left(\frac{\boldsymbol{e}_1}{h_2 h_3}\right) + u_2 h_3 h_1 \left(\frac{\boldsymbol{e}_2}{h_3 h_1}\right)$$

$$+ u_3 h_1 h_2 \left(\frac{\boldsymbol{e}_3}{h_1 h_2}\right)$$

应有

$$\nabla \cdot \boldsymbol{U} = \nabla(u_1 h_2 h_3) \cdot \left(\frac{\boldsymbol{e}_1}{h_2 h_3} \right) + \nabla(u_2 h_3 h_1) \cdot \left(\frac{\boldsymbol{e}_2}{h_3 h_1} \right)$$

$$+ \nabla(u_3 h_1 h_2) \cdot \left(\frac{\boldsymbol{e}_3}{h_1 h_2} \right).$$

将这式展开并化简,我们得到

$$\nabla \cdot \boldsymbol{U} = \frac{1}{h_1 h_2 h_3} \left[\frac{\partial}{\partial q_1}(u_1 h_2 h_3) + \frac{\partial}{\partial q_2}(u_2 h_3 h_1) \right.$$

$$\left. + \frac{\partial}{\partial q_3}(u_3 h_1 h_2) \right].$$

旋度的计算 因为

$$\nabla \times \left(\frac{\boldsymbol{e}_\alpha}{h_\alpha} \right) = \nabla \times (\nabla q_\alpha) = 0, \quad \alpha = 1, 2, 3,$$

所以对于

$$\boldsymbol{U} = \sum_{\alpha=1}^{3} u_\alpha \boldsymbol{e}_\alpha = \sum_{\alpha=1}^{3} u_\alpha h_\alpha \left(\frac{\boldsymbol{e}_\alpha}{h_\alpha} \right),$$

应有

$$\nabla \times \boldsymbol{U} = \sum_{\alpha=1}^{3} \nabla(u_\alpha h_\alpha) \times \left(\frac{\boldsymbol{e}_\alpha}{h_\alpha} \right).$$

将这式展开并化简,我们得到

$$\nabla \times \boldsymbol{U} = \frac{1}{h_1 h_2 h_3} \begin{vmatrix} h_1 \boldsymbol{e}_1 & h_2 \boldsymbol{e}_2 & h_3 \boldsymbol{e}_3 \\ \dfrac{\partial}{\partial q_1} & \dfrac{\partial}{\partial q_2} & \dfrac{\partial}{\partial q_3} \\ h_1 u_1 & h_2 u_2 & h_3 u_3 \end{vmatrix}.$$

拉普拉斯算子 △ 作用于数量值函数 u 的算子

$$\triangle u = \nabla \cdot (\nabla u)$$

被称为拉普拉斯(Laplace)算子. 这算子在数学的理论与应用研究中都起着极其重要的作用. 在 $\mathbb{R}^3$ 的标准直角坐标系中,拉普拉斯算子 △ 表示为

$$\triangle = \frac{\partial^2}{\partial x^2} + \frac{\partial^2}{\partial y^2} + \frac{\partial^2}{\partial z^2}.$$

150

在前面的讨论中,我们已经得到了奈布拉算子 ∇ 在正交曲线坐标系中的表示. 据此,很容易写出拉普拉斯算子

$$\Delta u = \nabla \cdot (\nabla u)$$

在正交曲线坐标系中的相应表示:

$$\Delta u = \frac{1}{h_1 h_2 h_3}\Bigg[\frac{\partial}{\partial q_1}\bigg(\frac{h_2 h_3}{h_1}\frac{\partial u}{\partial q_1}\bigg) + \frac{\partial}{\partial q_2}\bigg(\frac{h_3 h_1}{h_2}\frac{\partial u}{\partial q_2}\bigg)$$

$$+ \frac{\partial}{\partial q_3}\bigg(\frac{h_1 h_2}{h_3}\frac{\partial u}{\partial q_3}\bigg) \Bigg]$$

$$= \frac{1}{h_1 h_2 h_3}\sum_{\alpha=1}^{3}\frac{\partial}{\partial q_\alpha}\bigg(\frac{h_1 h_2 h_3}{h_\alpha^2}\frac{\partial u}{\partial q_\alpha}\bigg).$$

例 1 试写出 ∇ 与 Δ 的柱坐标表示.

解 我们知道,联系直角坐标 (x,y,z) 与柱坐标 (r,θ,z) 的变换公式是

$$\begin{cases} x = r\cos\theta, \\ y = r\sin\theta, \\ z = z. \end{cases}$$

计算柱坐标的拉梅系数得:

$$h_1 = \sqrt{\bigg(\frac{\partial x}{\partial r}\bigg)^2 + \bigg(\frac{\partial y}{\partial r}\bigg)^2 + \bigg(\frac{\partial z}{\partial r}\bigg)^2} = 1,$$

$$h_2 = \sqrt{\bigg(\frac{\partial x}{\partial \theta}\bigg)^2 + \bigg(\frac{\partial y}{\partial \theta}\bigg)^2 + \bigg(\frac{\partial z}{\partial \theta}\bigg)^2} = r,$$

$$h_3 = 1.$$

对于数量值函数 $u = u(r,\theta,z)$ 与向量值函数

$$\boldsymbol{U} = u_1(r,\theta,z)\boldsymbol{e}_r + u_2(r,\theta,z)\boldsymbol{e}_\theta$$
$$+ u_3(r,\theta,z)\boldsymbol{e}_z$$

我们有

$$\nabla u = \frac{\partial u}{\partial r}\boldsymbol{e}_r + \frac{1}{r}\frac{\partial u}{\partial \theta}\boldsymbol{e}_\theta + \frac{\partial u}{\partial z}\boldsymbol{e}_z,$$

$$\nabla \cdot \boldsymbol{U} = \frac{1}{r}\frac{\partial}{\partial r}(ru_1) + \frac{1}{r}\frac{\partial u_2}{\partial \theta} + \frac{\partial u_3}{\partial z},$$

$$\nabla \times \boldsymbol{U} = \frac{1}{r} \begin{vmatrix} \boldsymbol{e}_r & r\boldsymbol{e}_\theta & \boldsymbol{e}_z \\ \dfrac{\partial}{\partial r} & \dfrac{\partial}{\partial \theta} & \dfrac{\partial}{\partial z} \\ u_1 & ru_2 & u_3 \end{vmatrix},$$

$$\Delta u = \frac{1}{r} \frac{\partial}{\partial r}\left(r \frac{\partial u}{\partial r}\right) + \frac{1}{r^2} \frac{\partial^2 u}{\partial \theta^2} + \frac{\partial^2 u}{\partial z^2}.$$

例 2　试写出拉普拉斯算子 Δ 在平面极坐标中的表示.

解　我们可以利用上例中的计算公式. 对于函数 $u = u(r,\theta)$, 应有

$$\frac{\partial u}{\partial z} \equiv 0,$$

因而

$$\Delta u = \frac{1}{r} \frac{\partial}{\partial r}\left(r \frac{\partial u}{\partial r}\right) + \frac{1}{r^2} \frac{\partial^2 u}{\partial \theta^2}.$$

第 六 篇

级数与含参变元的积分

自然界中,量的函数关系是多种多样的.为了便于研究,人们常用一定的式子表示函数关系.能用"初等"式子表示的函数(即所谓初等函数)只是多种多样的函数关系中较少的一部分.为了表示更复杂的函数,就需要发展更多的表示函数的工具.本篇将要介绍的函数项级数和含参变元的积分,就是这样的工具.

在研究函数项级数之前,我们先要对数项级数作一些考查.

第十八章　数 项 级 数

数项级数的理论,实际上只是数列极限理论的另一种表现形式.这种表示形式有其特别方便之处,因而为人们所乐于采用.

§1　概　　说

设 $a_n \in \mathbb{R}, n = 1, 2, \cdots$. 我们约定把记号(暂时只是一个形式的记号)

$$(1.1) \qquad \sum_{n=1}^{+\infty} a_n = a_1 + a_2 + \cdots + a_n + \cdots$$

叫做以 $a_1, a_2, \cdots, a_n, \cdots$ 为项的级数. 在不致于混淆的情形,我们也用更简单的符号 $\sum a_n$ 表示级数(1.1).

利用级数(1.1)的各项,可以作一串有限和:

$$S_1 = a_1,$$
$$S_2 = a_1 + a_2,$$
$$\cdots\cdots\cdots\cdots\cdots$$
$$S_n = a_1 + a_2 + \cdots + a_n,$$
$$\cdots\cdots\cdots\cdots\cdots$$

我们把 S_n 叫做级数(1.1)的第 n 个部分和. 如果由部分和组成的序列 $\{S_n\}$ 收敛,那么我们就说级数(1.1)收敛. 如果部分和序列 $\{S_n\}$ 发散,那么我们就说级数(1.1)发散. 对于部分和序列 $\{S_n\}$ 收敛于有穷极限或者发散于定号无穷的情形,如果

$$\lim S_n = S, \quad S \in \overline{\mathbb{R}},$$

那么我们就说级数(1.1)的和为 S,并约定记

$$\sum_{n=1}^{+\infty} a_n = S.$$

上面,我们通过部分和序列定义级数的敛散性与级数的和.反过来,涉及序列极限的任何问题,也都可以化成级数的相应问题来讨论.具体说来就是:序列 $\{b_n\}$ 的收敛性等价于级数

$$b_1 + \sum_{n=1}^{+\infty} (b_{n+1} - b_n)$$

的收敛性;并且

$$\lim b_n = b$$

等价于 $$b_1 + \sum_{n=1}^{+\infty} (b_{n+1} - b_n) = b.$$

从级数和的定义立即可得以下结果.

定理 1 设 $c \in \mathbb{R}$, $\sum_{n=1}^{+\infty} a_n = a$, $\sum_{n=1}^{+\infty} b_n = b (a, b \in \overline{\mathbb{R}})$,则有

(1) 如果 $c = 0$,那么显然

$$\sum_{n=1}^{+\infty} (c a_n) = 0;$$

如果 $c \neq 0$,那么

$$\sum_{n=1}^{+\infty} (c a_n) = ca,$$

即 $$\sum_{n=1}^{+\infty} (c a_n) = c \sum_{n=1}^{+\infty} a_n;$$

(2) 如果 a 与 b 不是异号无穷大,那么

$$\sum_{n=1}^{+\infty} (a_n + b_n) = a + b,$$

即 $$\sum_{n=1}^{+\infty} (a_n + b_n) = \sum_{n=1}^{+\infty} a_n + \sum_{n=1}^{+\infty} b_n.$$

下面的定理指出级数 $\sum_{n=1}^{+\infty} a_n$ 收敛的一个必要条件.

156

定理 2 如果级数 $\sum\limits_{n=1}^{+\infty} a_n$ 收敛,那么

$$\lim a_n = 0.$$

证明 用 S_n 表示级数 $\sum\limits_{n=1}^{+\infty} a_n$ 的第 n 个部分和,则有

$$a_n = S_n - S_{n-1} \quad (n = 2, 3, \cdots).$$

因为 $$\lim S_n = S \in \mathbb{R},$$

所以

$$\lim a_n = \lim (S_n - S_{n-1})$$
$$= S - S$$
$$= 0. \quad \square$$

例 1 设 $r > 0$. 试考查等比级数

$$\sum_{n=1}^{+\infty} r^{n-1}$$

的敛散性.

解 如果 $r < 1$,那么这级数收敛:

$$\lim_{N \to +\infty} \sum_{n=1}^{N} r^{n-1} = \lim_{N \to +\infty} \frac{1 - r^N}{1 - r} = \frac{1}{1-r}.$$

如果 $r \geqslant 1$,那么

$$\sum_{n=1}^{N} r^{n-1} \geqslant N,$$

因而等比级数发散,其和为 $+\infty$.

例 2 试考查级数

$$\sum_{n=1}^{+\infty} \frac{1}{n(n+1)}.$$

解 计算这级数的第 N 个部分和 S_N 可得

$$S_N = \sum_{n=1}^{N} \frac{1}{n(n+1)} = \sum_{n=1}^{N} \left(\frac{1}{n} - \frac{1}{n+1} \right)$$
$$= 1 - \frac{1}{N+1}.$$

由此看出级数是收敛的,并得到

$$\sum_{n=1}^{+\infty} \frac{1}{n(n+1)} = 1.$$

§2 正 项 级 数

如果级数 $\sum\limits_{n=1}^{+\infty} a_n$ 的各项都是非负实数,那么我们就说这级数是**正项级数**.

设 $\sum\limits_{n=1}^{+\infty} a_n$ 是正项级数,即

$$a_k \geqslant 0, \quad \forall\, k \in \mathbf{N},$$

则有 $\quad S_n = \sum\limits_{k=1}^{n} a_k \leqslant \sum\limits_{k=1}^{n+1} a_k = S_{n+1}, \quad n = 1, 2, \cdots.$

我们看到:正项级数的部分和序列是单调上升的.反过来,如果一个级数的部分和序列是单调上升的,那么这级数也就一定是正项级数.因此,正项级数的理论是单调数列极限理论的另一种陈述方式.

2.a 正项级数的收敛原理

我们回忆单调数列的收敛原理:单调上升数列收敛的充分必要条件是这数列有上界.用级数的语言翻译这一论断,就得到:

正项级数的收敛原理 正项级数收敛的充分必要条件是它的部分和序列有上界.

例 1 考查级数

$$\sum_{n=1}^{+\infty} \frac{1}{n^2}$$

的敛散性.

解 因为

$$\sum_{n=1}^{N} \frac{1}{n^2} \leqslant 1 + \sum_{n=2}^{N} \frac{1}{n(n-1)} = 1 + \sum_{n=2}^{N} \left(\frac{1}{n-1} - \frac{1}{n} \right)$$

$$= 2 - \frac{1}{N} \leqslant 2, \quad \forall N \in \mathbf{N},$$

所以级数 $\sum\limits_{n=1}^{+\infty} \dfrac{1}{n^2}$ 收敛.

例 2 考查级数 $\sum\limits_{n=1}^{+\infty} \dfrac{1}{\sqrt{n}}$ 是否收敛.

解 因为

$$\sum_{n=1}^{N} \frac{1}{\sqrt{n}} \geqslant N \frac{1}{\sqrt{N}} = \sqrt{N}, \quad \forall N \in \mathbf{N},$$

所以级数 $\sum\limits_{n=1}^{+\infty} \dfrac{1}{\sqrt{n}}$ 发散.

2.b 比较判别法

为了考查一个正项级数是否收敛,常用另一个已知是收敛的或已知是发散的正项级数来与它作比较.

定理 1(比较判别法) 设 $\sum\limits_{n=1}^{+\infty} a_n$ 和 $\sum\limits_{n=1}^{+\infty} b_n$ 是正项级数,则

(1) 如果级数 $\sum\limits_{n=1}^{+\infty} b_n$ 收敛,并且存在 $c \geqslant 0$ 和 $n_0 \in \mathbf{N}$,使得

$$a_n \leqslant cb_n, \quad \forall n \geqslant n_0,$$

那么级数 $\sum\limits_{n=1}^{+\infty} a_n$ 也收敛;

(2) 如果级数 $\sum\limits_{n=1}^{+\infty} b_n$ 发散,并且存在 $c > 0$ 和 $n_0 \in \mathbf{N}$,使得

$$a_n \geqslant cb_n, \quad \forall n \geqslant n_0,$$

那么级数 $\sum\limits_{n=1}^{+\infty} a_n$ 也发散.

证明 (1)我们有

$$\sum_{n=1}^{N} a_n = \sum_{n=1}^{n_0-1} a_n + \sum_{n=n_0}^{N} a_n \leqslant \sum_{n=1}^{n_0-1} a_n + c \sum_{n=n_0}^{N} b_n$$

$$\leqslant \sum_{n=1}^{n_0-1} a_n + c \sum_{n=1}^{N} b_n.$$

因为 $\left\{ \sum\limits_{n=1}^{N} b_n \right\}$ 有上界,所以 $\left\{ \sum\limits_{n=1}^{N} a_n \right\}$ 也有上界.

(2) 我们有

$$b_n \leqslant \frac{1}{c} a_n, \quad \forall\, n \geqslant n_0.$$

如果级数 $\sum\limits_{n=1}^{+\infty} a_n$ 收敛,那么根据(1)中的论断,级数 $\sum\limits_{n=1}^{+\infty} b_n$ 也应收敛.但这与所设条件矛盾.因此 $\sum\limits_{n=1}^{+\infty} a_n$ 是发散级数. $\square$

例 3　设 $x \in (0, \pi)$,试考查级数

$$\sum_{n=1}^{+\infty} \sin \frac{x}{n^2}$$

是否收敛.

解　我们有

$$\sin \frac{x}{n^2} \leqslant \frac{x}{n^2}, \quad \forall\, n \geqslant 2.$$

因为级数 $\sum\limits_{n=1}^{+\infty} \dfrac{1}{n^2}$ 收敛,所以级数

$$\sum_{n=1}^{+\infty} \sin \frac{x}{n^2}$$

也收敛.

例 4　判别以下级数是否收敛:

$$\sum_{n=1}^{+\infty} \frac{1}{\sqrt{4n-3}}.$$

解　我们有

160

$$\frac{1}{\sqrt{4n-3}} \geqslant \frac{1}{\sqrt{4n}} = \frac{1}{2} \cdot \frac{1}{\sqrt{n}}, \quad \forall\, n \in \mathbf{N}.$$

因为级数 $\displaystyle\sum_{n=1}^{+\infty} \frac{1}{\sqrt{n}}$ 发散,所以级数

$$\sum_{n=1}^{+\infty} \frac{1}{\sqrt{4n-3}}$$

也发散.

以下极限形式的比较判别法,在实际应用中显得更为便利.

定理 2 设 $\displaystyle\sum_{n=1}^{+\infty} a_n$ 和 $\displaystyle\sum_{n=1}^{+\infty} b_n$ 是正项级数,并设以下极限存在:

$$\lim \frac{a_n}{b_n} = \gamma \quad (0 \leqslant \gamma \leqslant +\infty),$$

则有:

(1) 如果级数 $\displaystyle\sum_{n=1}^{+\infty} b_n$ 收敛,$\gamma < +\infty$,那么级数 $\displaystyle\sum_{n=1}^{+\infty} a_n$ 也收敛;

(2) 如果级数 $\displaystyle\sum_{n=1}^{+\infty} b_n$ 发散,$\gamma > 0$,那么级数 $\displaystyle\sum_{n=1}^{+\infty} a_n$ 也发散.

证明 (1) 对于取定的 $\varepsilon > 0$(例如 $\varepsilon = 1$),存在 $n_0 \in \mathbf{N}$,使得只要 $n \geqslant n_0$,就有

$$\frac{a_n}{b_n} < \gamma + \varepsilon,$$

也就是 $\qquad a_n < (\gamma + \varepsilon)b_n, \quad \forall\, n \geqslant n_0;$

(2) 对于取定的 $\varepsilon \in (0, \gamma)\left(\text{例如 } \varepsilon = \dfrac{\gamma}{2}\right)$,存在 $n_0 \in \mathbf{N}$,使得只要 $n \geqslant n_0$,就有

$$\frac{a_n}{b_n} > \gamma - \varepsilon,$$

也就是 $\qquad a_n > (\gamma - \varepsilon)b_n, \quad \forall\, n \geqslant n_0. \quad \square$

例 5 设 $x \in (0, \pi)$.试判别以下级数是否收敛:

(a) $\displaystyle\sum_{n=1}^{+\infty} \left(1 - \cos\frac{x}{n}\right)$;   (b) $\displaystyle\sum_{n=1}^{+\infty} 2^n \sin\frac{x}{3^n}$.

解 （a）我们有

$$\lim_{n \to +\infty} \frac{1 - \cos \dfrac{x}{n}}{\dfrac{1}{n^2}} = \frac{x^2}{2}.$$

因为级数 $\displaystyle\sum_{n=1}^{+\infty} \frac{1}{n^2}$ 收敛，所以级数

$$\sum_{n=1}^{+\infty} \left(1 - \cos \frac{x}{n} \right)$$

也收敛.

（b）我们有

$$\lim_{n \to +\infty} \frac{2^n \sin \dfrac{x}{3^n}}{\left(\dfrac{2}{3} \right)^n} = x.$$

因为级数 $\displaystyle\sum_{n=1}^{+\infty} \left(\frac{2}{3} \right)^n$ 收敛，所以级数

$$\sum_{n=1}^{+\infty} 2^n \sin \frac{x}{3^n}$$

也收敛.

例 6 用定义验证，很容易看出：级数

$$\sum_{n=1}^{+\infty} \ln \left(1 + \frac{1}{n} \right) = \sum_{n=1}^{+\infty} (\ln(n+1) - \ln n)$$

是发散的. 事实上，我们有

$$\lim_{N \to +\infty} \sum_{n=1}^{N} \ln \left(1 + \frac{1}{n} \right) = \lim_{N \to +\infty} \ln(N+1) = +\infty.$$

用级数 $\displaystyle\sum_{n=1}^{+\infty} \ln \left(1 + \frac{1}{n} \right)$ 与级数 $\displaystyle\sum_{n=1}^{+\infty} \frac{1}{n}$ 作比较，我们断定后一级数是发散的：

$$\lim \frac{\dfrac{1}{n}}{\ln \left(1 + \dfrac{1}{n} \right)} = 1 > 0.$$

再以级数 $\sum\limits_{n=1}^{+\infty} \dfrac{1}{n}$ 与级数 $\sum\limits_{n=1}^{+\infty} \sin \dfrac{1}{n}$ 作比较,我们又断定级数 $\sum\limits_{n=1}^{+\infty} \sin \dfrac{1}{n}$ 是发散的:

$$\lim \frac{\sin \dfrac{1}{n}}{\dfrac{1}{n}} = 1 > 0.$$

我们知道,正项的等比级数 $\sum\limits_{n=1}^{+\infty} r^n$ 当 $r < 1$ 时是收敛的,当 $r \geqslant 1$ 时是发散的. 在定理 1 中把比较的标准取成等比级数 $\sum\limits_{n=1}^{+\infty} r^n$,就得到以下的柯西根式判别法.

柯西根式判别法(普通形式) 设 $\sum\limits_{n=1}^{+\infty} a_n$ 是正项级数.

(1) 如果存在 $r < 1$ 和 $N \in \mathbf{N}$,使得

$$\sqrt[n]{a_n} < r, \quad \forall\, n \geqslant N,$$

那么级数 $\sum\limits_{n=1}^{+\infty} a_n$ 收敛;

(2) 如果对无穷多个 n 有

$$\sqrt[n]{a_n} \geqslant 1,$$

那么级数 $\sum\limits_{n=1}^{+\infty} a_n$ 发散.

证明 (1) 在所给的条件下有

$$a_n \leqslant r^n, \quad \forall\, n \geqslant N.$$

(2) 由所给的条件可知 $\{a_n\}$ 不能趋于 0. $\quad\square$

以下极限形式的判别法用起来更为便利:

柯西根式判别法(极限形式) 设 $\sum\limits_{n=1}^{+\infty} a_n$ 是正项级数,并设存在极限

$$\lim \sqrt[n]{a_n} = q.$$

则有

(1) 如果 $q < 1$,那么级数 $\displaystyle\sum_{n=1}^{+\infty} a_n$ 收敛;

(2) 如果 $q > 1$,那么级数 $\displaystyle\sum_{n=1}^{+\infty} a_n$ 发散.

证明 (1) 对于取定的 $\varepsilon \in (0, 1-q)$ $\left(\text{例如 } \varepsilon = \dfrac{1-q}{2}\right)$,存在 $N \in \mathbf{N}$,使得

$$\sqrt[n]{a_n} < q + \varepsilon < 1, \quad \forall \, n \geqslant N.$$

(2) 对于取定的 $\varepsilon \in (0, q-1)$,存在 $N \in \mathbf{N}$,使得

$$\sqrt[n]{a_n} > q - \varepsilon > 1, \quad \forall \, n \geqslant N. \quad \square$$

注记 对于 $q=1$ 的情形,上面的判别法未作任何一般性的判定.请看下面的例子:

例 7 对于级数

$$\sum_{n=1}^{+\infty} \frac{1}{n^2} \quad \text{和} \quad \sum_{n=1}^{+\infty} \frac{1}{n}$$

都有 $q=1$:

$$\lim \sqrt[n]{\frac{1}{n^2}} = 1, \quad \lim \sqrt[n]{\frac{1}{n}} = 1.$$

但前一级数收敛,后一级数发散.

从比较判别法,还可以导出一种很有用的积分判别法(也是柯西首先研究的).下面就来介绍这种判别法.

设函数 $f(x)$ 在 $[1, +\infty)$ 单调下降并且非负.为了考查级数

(2.1)
$$\sum_{n=1}^{+\infty} f(n)$$

是否收敛,我们将这级数与广义积分

(2.2)
$$\int_1^{+\infty} f(x) \mathrm{d}x$$

作比较. 在以下的讨论中, 记

$$F(x) = \int_1^x f(x)\mathrm{d}x.$$

显然有
$$F(n+1) - F(n) = \int_n^{n+1} f(x)\mathrm{d}x.$$

我们指出: 级数

(2.3)
$$\sum_{n=1}^{+\infty} (F(n+1) - F(n))$$

与广义积分 (2.2) 同为收敛或同为发散. 事实上, 如果广义积分 (2.2) 收敛, 那么

$$\lim_{N \to +\infty} \sum_{n=1}^{N} (F(n+1) - F(n)) = \lim_{N \to +\infty} F(N+1)$$

$$= \lim_{N \to +\infty} \int_1^{N+1} f(x)\mathrm{d}x$$

$$= \int_1^{+\infty} f(x)\mathrm{d}x.$$

另一方面, 对任何 $H > 0$, 设 $N = [H]$ (H 的整数部分), 则有

$$\int_1^H f(x)\mathrm{d}x \leqslant \int_1^{N+1} f(x)\mathrm{d}x$$

$$= \sum_{n=1}^{N} (F(n+1) - F(n)).$$

由此可以看出: 如果级数 (2.3) 收敛, 那么广义积分 (2.2) 也收敛.

在作了以上准备之后, 我们来证明:

柯西积分判别法 设函数 $f(x)$ 在 $[1, +\infty)$ 单调下降并且非负, 则级数

(2.1)
$$\sum_{n=1}^{+\infty} f(n)$$

与广义积分

(2.2)
$$\int_1^{+\infty} f(x)\mathrm{d}x$$

同为收敛或者同为发散.

证明　(1) 如果广义积分(2.2)收敛,那么级数

$$\sum_{n=2}^{+\infty}(F(n)-F(n-1))$$

也收敛.因为

$$f(n)\leqslant\int_{n-1}^{n}f(x)\mathrm{d}x=F(n)-F(n-1),$$
$$n=2,3,\cdots,$$

所以级数(2.1)也收敛.

　　(2) 如果广义积分(2.2)发散,那么级数

$$\sum_{1}^{+\infty}(F(n+1)-F(n))$$

发散.因为

$$f(n)\geqslant\int_{n}^{n+1}f(x)\mathrm{d}x=F(n+1)-F(n),$$

所以级数(2.1)也发散.　□

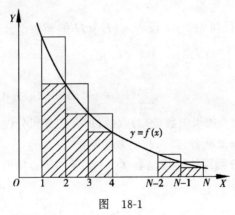

图　18-1

　　借助于面积大小的比较,可以作出柯西积分判别法的一个明晰的几何解释.在图 18-1 中,画阴影的那些矩形条的面积之和等于 $\sum_{n=2}^{N}f(n)$,较大的那些矩形条的面积之和等于

166

$$\sum_{n=1}^{N-1} f(n).$$

将上述两个和数所表示的面积与积分

$$\int_1^N f(x)\mathrm{d}x$$

所表示的面积作比较,我们得到

$$\sum_{n=2}^{N} f(n) \leqslant \int_1^N f(x)\mathrm{d}x \leqslant \sum_{n=1}^{N-1} f(n).$$

由此得知:级数

$$\sum_{n=1}^{+\infty} f(n)$$

与积分

$$\int_1^{+\infty} f(x)\mathrm{d}x$$

有相同的敛散性质.

利用柯西积分判别法,很容易判断以下这些级数是否收敛:

(1) $\displaystyle\sum_{n=1}^{+\infty} \frac{1}{n^p}$;

(2) $\displaystyle\sum_{n=2}^{+\infty} \frac{1}{n(\ln n)^p}$;

(3) $\displaystyle\sum_{n=3}^{+\infty} \frac{1}{n \ln n (\ln \ln n)^p}, \cdots$.

具体讨论如下:

(1) 与积分 $\displaystyle\int_1^{+\infty} \frac{\mathrm{d}x}{x^p}$ 比较,我们断定:当 $p>1$ 时,级数 $\displaystyle\sum_{n=1}^{+\infty} \frac{1}{n^p}$

收敛;而当 $p \leqslant 1$ 时,级数 $\displaystyle\sum_{n=1}^{+\infty} \frac{1}{n^p}$ 发散.

(2) 与积分 $\displaystyle\int_2^{+\infty} \frac{1}{x(\ln x)^p}$ 比较,我们断定:当 $p>1$ 时,级数

$$\sum_{n=2}^{+\infty} \frac{1}{n(\ln n)^p}$$

收敛；而当 $p \leqslant 1$ 时，这级数发散.

（3）与积分

$$\int_3^{+\infty} \frac{\mathrm{d}x}{x \ln x (\ln \ln x)^p}$$

比较，我们断定：当 $p > 1$ 时，级数

$$\sum_{n=3}^{+\infty} \frac{1}{n \ln n (\ln \ln n)^p}$$

收敛；而当 $p \leqslant 1$ 时，这级数发散.

采用大 O 记号，还可以陈述以下很方便的判别法则：如果正项级数

$$\sum_{n=1}^{+\infty} a_n$$

满足条件

$$a_n = O\left(\frac{1}{n^p}\right), \quad p > 1,$$

或者

$$a_n = O\left(\frac{1}{n(\ln n)^p}\right), \quad p > 1,$$

或者

$$a_n = O\left(\frac{1}{n \ln n (\ln \ln n)^p}\right), \quad p > 1,$$

那么这级数收敛.

2. c 比值判别法

如果级数 $\sum a_n$ 满足条件

$$a_n > 0, \quad \forall n \geqslant n_0,$$

那么我们就说 $\sum a_n$ 是严格正项级数. 对于严格正项级数，有以下的比值比较法则：

定理 3 设 $\sum a_n$ 和 $\sum b_n$ 都是严格正项级数.

（1）如果级数 $\sum b_n$ 收敛，并且存在 $n_0 \in \mathbf{N}$，使得

168

$$\frac{a_{n+1}}{a_n} \leqslant \frac{b_{n+1}}{b_n}, \quad \forall\, n \geqslant n_0,$$

那么级数 $\sum a_n$ 也收敛；

(2) 如果级数 $\sum b_n$ 发散，并且存在 $n_0 \in \mathbf{N}$，使得

$$\frac{a_{n+1}}{a_n} \geqslant \frac{b_{n+1}}{b_n}, \quad \forall\, n \geqslant n_0,$$

那么级数 $\sum a_n$ 也发散.

证明 (1) 对于 $n > n_0$，我们有

$$\frac{a_{n_0+1}}{a_{n_0}} \leqslant \frac{b_{n_0+1}}{b_{n_0}},$$

$$\frac{a_{n_0+2}}{a_{n_0+1}} \leqslant \frac{b_{n_0+2}}{b_{n_0+1}},$$

$$\cdots\cdots\cdots\cdots\cdots$$

$$\frac{a_n}{a_{n-1}} \leqslant \frac{b_n}{b_{n-1}}.$$

将以上各式相乘，就得到

$$\frac{a_n}{a_{n_0}} \leqslant \frac{b_n}{b_{n_0}},$$

$$a_n \leqslant \frac{a_{n_0}}{b_{n_0}} b_n, \quad \forall\, n > n_0.$$

于是，根据比较判别法则就可以断定级数 $\sum a_n$ 收敛.

(2) 与 (1) 中的讨论类似 (只是不等号反转方向)，我们得到

$$a_n \geqslant \frac{a_{n_0}}{b_{n_0}} b_n, \quad \forall\, n \geqslant n_0.$$

于是，根据比较判别法则，可以断定级数 $\sum a_n$ 发散. $\quad\square$

用等比级数 $\sum r^n$ 作为比值比较的尺度，我们得出以下的达郎贝尔 (D'Alembert) 判别法.

达郎贝尔判别法（普通形式） 设 $\sum a_n$ 是严格正项级数.

(1) 如果存在 $r < 1$ 和 $n_0 \in \mathbf{N}$，使得

$$\frac{a_{n+1}}{a_n} \leqslant r, \quad \forall\, n \geqslant n_0,$$

那么级数 $\sum a_n$ 收敛；

（2）如果存在 $n_0 \in \mathbf{N}$，使得

$$\frac{a_{n+1}}{a_n} \geqslant 1, \quad \forall\, n \geqslant n_0,$$

那么级数 $\sum a_n$ 发散.

这判别法的极限形式更便于应用.

达郎贝尔判别法（极限形式） 设 $\sum a_n$ 是严格正项级数，并设存在极限

$$\lim \frac{a_{n+1}}{a_n} = q,$$

则有：

（1）如果 $q < 1$，那么级数 $\sum a_n$ 收敛；

（2）如果 $q > 1$，那么级数 $\sum a_n$ 发散.

证明 （1）对于取定的 $\varepsilon \in (0, 1-q)$ $\left(\text{例如 } \varepsilon = \dfrac{1-q}{2}\right)$，存在 $n_0 \in \mathbf{N}$，使得只要 $n \geqslant n_0$，就有

$$\frac{a_{n+1}}{a_n} < q + \varepsilon < 1.$$

（2）对于取定的 $\varepsilon \in (0, q-1)$，存在 $n_0 \in \mathbf{N}$，使得只要 $n \geqslant n_0$，就有

$$\frac{a_{n+1}}{a_n} > q - \varepsilon > 1. \quad \square$$

注记 对于 $q=1$ 的情形，上面的判别法没有作任何一般性的结论. 例如，级数

$$\sum_{n=1}^{+\infty} \frac{1}{n^2} \quad \text{和} \quad \sum_{n=1}^{+\infty} \frac{1}{n}$$

都使得

$$\lim \frac{1}{(n+1)^2} \Big/ \frac{1}{n^2} = 1,$$

$$\lim \frac{1}{n+1} \Big/ \frac{1}{n} = 1,$$

但前一级数收敛,后一级数发散.

对于达郎贝尔判别法失效的情形(即 $q=1$ 的情形),需要寻找更精细的判别法. 为此,我们需要更精细的尺度(作为比值比较的标准). 以下这些级数就可以用来作为更精细的尺度:

$$\sum_{n=1}^{+\infty} \frac{1}{n^p}, \quad \sum_{n=2}^{+\infty} \frac{1}{n(\ln n)^p},$$
$$\sum_{n=3}^{+\infty} \frac{1}{n \ln n (\ln \ln n)^p}, \cdots.$$

但如果用定理 3 原来的形式推导以下的一些判别法,在最后的表述中就会出现一些讨厌的负号. 为了使所得的法则用起来更方便,我们先把定理 3 改写为以下等价的形式

定理 3′ 设 $\sum a_n$ 和 $\sum b_n$ 都是严格正项级数.

(1) 如果级数 $\sum b_n$ 收敛,并且存在 $n_0 \in \mathbf{N}$,使得

$$\frac{a_n}{a_{n+1}} \geqslant \frac{b_n}{b_{n+1}}, \quad \forall\, n \geqslant n_0,$$

那么级数 $\sum a_n$ 也收敛;

(2) 如果级数 $\sum b_n$ 发散,并且存在 $n_0 \in \mathbf{N}$,使得

$$\frac{a_n}{a_{n+1}} \leqslant \frac{b_n}{b_{n+1}}, \quad \forall\, n \geqslant n_0,$$

那么级数 $\sum a_n$ 也发散.

取 $\sum_{n=1}^{+\infty} \frac{1}{n^p}$ 作为比值比较的尺度,我们得到以下的拉阿贝 (Raabe)判别法.

拉阿贝判别法(普通形式) 设 $\sum a_n$ 是严格正项级数.

(1) 如果存在 $q>1$ 和 $n_0 \in \mathbf{N}$,使得

$$n\left(\frac{a_n}{a_{n+1}} - 1\right) \geqslant q, \quad \forall\, n \geqslant n_0,$$

那么级数 $\sum a_n$ 收敛;

171

（2）如果存在 $n_0 \in \mathbf{N}$，使得

$$n\left(\frac{a_n}{a_{n+1}} - 1\right) \leqslant 1, \quad \forall n \geqslant n_0,$$

那么级数 $\sum a_n$ 发散.

证明 （1）所给的条件等价于

$$\frac{a_n}{a_{n+1}} \geqslant 1 + \frac{q}{n}, \quad \forall n \geqslant n_0.$$

选取实数 p，满足

$$1 < p < q,$$

则级数

$$\sum \frac{1}{n^p}$$

收敛. 以下记

$$b_n = \frac{1}{n^p}.$$

对于充分大的 n，我们有

$$\begin{aligned}
\frac{b_n}{b_{n+1}} &= \left(1 + \frac{1}{n}\right)^p \\
&= 1 + \frac{p}{n} + O\left(\frac{1}{n^2}\right) \\
&< 1 + \frac{q}{n} \leqslant \frac{a_n}{a_{n+1}}.
\end{aligned}$$

因而级数 $\sum a_n$ 也收敛.

（2）所给的条件等价于

$$\frac{a_n}{a_{n+1}} \leqslant 1 + \frac{1}{n} = \frac{\dfrac{1}{n}}{\dfrac{1}{n+1}}, \quad \forall n \geqslant n_0.$$

因为级数 $\sum\limits_{n=1}^{+\infty} \dfrac{1}{n}$ 发散，所以级数 $\sum a_n$ 也发散. $\quad\square$

在实际解题时，更常用到这判别法的极限形式.

拉阿贝判别法（极限形式） 设 $\sum a_n$ 是严格正项级数，并设以下极限存在：

$$\lim n\left(\frac{a_n}{a_{n+1}} - 1\right) = q.$$

（1）如果 $q > 1$，那么级数 $\sum a_n$ 收敛；

（2）如果 $q < 1$，那么级数 $\sum a_n$ 发散.

注记 对于 $q = 1$ 的情形，上面的判别法未作任何一般性的结论. 对这临界情形，需要更精细的判别尺度，例如以

$$(2.4) \qquad \sum \frac{1}{n(\ln n)^p} \qquad (p \neq 1)$$

作为比值比较的标准.

下面将要介绍的高斯(Gauss)判别法，概括了达朗贝尔判别法和拉阿贝判别法，而且达到了(2.4)那样的判别精度，因而可以作为本段的小结.

高斯判别法 设 $\sum a_n$ 是严格正项级数，并设

$$\frac{a_n}{a_{n+1}} = \lambda + \frac{\mu}{n} + \frac{\nu}{n\ln n} + o\left(\frac{1}{n\ln n}\right),$$

则关于级数 $\sum a_n$ 的敛散性，有以下结果：

（1）如果 $\lambda > 1$，那么级数 $\sum a_n$ 收敛；如果 $\lambda < 1$，那么级数 $\sum a_n$ 发散；

（2）如果 $\lambda = 1, \mu > 1$，那么级数 $\sum a_n$ 收敛；如果 $\lambda = 1, \mu < 1$，那么级数 $\sum a_n$ 发散；

（3）如果 $\lambda = \mu = 1, \nu > 1$，那么级数 $\sum a_n$ 收敛；如果 $\lambda = \mu = 1$，$\nu < 1$，那么级数 $\sum a_n$ 发散.

证明 （1）可以归结为达郎贝尔判别法. (2)可以归结为拉阿贝判别法. 为了证明(3)，我们以级数

$$\sum b_n = \sum \frac{1}{n(\ln n)^p}$$

作为比值比较的尺度. 计算得

$$\frac{b_n}{b_{n+1}} = \frac{(n+1)(\ln{(n+1)})^p}{n(\ln n)^p}$$

$$= \left(1 + \frac{1}{n}\right)\left[\frac{\ln n + \ln\left(1 + \frac{1}{n}\right)}{\ln n}\right]^p$$

$$= \left(1 + \frac{1}{n}\right)\left[1 + \frac{\ln\left(1 + \frac{1}{n}\right)}{\ln n}\right]^p$$

$$= \left(1 + \frac{1}{n}\right)\left(1 + \frac{1}{n\ln n} + o\left(\frac{1}{n\ln n}\right)\right)^p$$

$$= 1 + \frac{1}{n} + \frac{p}{n\ln n} + o\left(\frac{1}{n\ln n}\right).$$

如果 $\lambda = \mu = 1, \nu > 1$, 那么可以选取实数 p, 使得

$$1 < p < \nu.$$

这时级数

$$\sum b_n = \sum \frac{1}{n(\ln n)^p}$$

收敛, 并且对充分大的 n 有

$$\frac{a_n}{a_{n+1}} \geqslant \frac{b_n}{b_{n+1}},$$

因而级数 $\sum a_n$ 也收敛.

如果 $\lambda = \mu = 1, \nu < 1$, 那么可以选取实数 p, 使得

$$\nu < p < 1.$$

这时级数

$$\sum b_n = \sum \frac{1}{n(\ln n)^p}$$

发散, 并且对充分大的 n 有

$$\frac{a_n}{a_{n+1}} \leqslant \frac{b_n}{b_{n+1}},$$

因而级数 $\sum a_n$ 也发散. □

请注意, 对于 $\lambda = \mu = \nu = 1$ 的情形, 高斯判别法未作任何一般

174

性的结论.

推论 设 $\sum a_n$ 是严格正项级数,并设

$$\frac{a_n}{a_{n+1}} = \lambda + \frac{\mu}{n} + O\left(\frac{1}{n^2}\right),$$

则有

（1）如果 $\lambda > 1$,那么级数 $\sum a_n$ 收敛;如果 $\lambda < 1$,那么级数 $\sum a_n$ 发散;

（2）如果 $\lambda = 1, \mu > 1$,那么级数 $\sum a_n$ 收敛;如果 $\lambda = 1, \mu \leqslant 1$,那么级数 $\sum a_n$ 发散.

证明 这归结为上面判别法中 $\nu = 0$ 的情形. $\square$

注记 这推论也叫做高斯判别法.

例8 高斯超几何级数定义为

$$1 + \sum_{n=1}^{+\infty} \frac{\alpha(\alpha+1) \cdot \cdots \cdot (\alpha+n-1) \cdot \beta(\beta+1) \cdot \cdots \cdot (\beta+n-1)}{n! \, \gamma(\gamma+1) \cdot \cdots \cdot (\gamma+n-1)} x^n.$$

设 $\alpha, \beta, \gamma, x > 0$,试考查这级数的敛散情况.

解 我们有

$$\frac{a_n}{a_{n+1}} = \frac{(n+1)(\gamma+n)}{(\alpha+n)(\beta+n)} \frac{1}{x} = \frac{\left(1+\dfrac{1}{n}\right)\left(1+\dfrac{\gamma}{n}\right)}{\left(1+\dfrac{\alpha}{n}\right)\left(1+\dfrac{\beta}{n}\right)} \frac{1}{x}.$$

因为

$$\left(1+\frac{\alpha}{n}\right)^{-1} = 1 - \frac{\alpha}{n} + O\left(\frac{1}{n^2}\right),$$

$$\left(1+\frac{\beta}{n}\right)^{-1} = 1 - \frac{\beta}{n} + O\left(\frac{1}{n^2}\right),$$

所以

$$\frac{a_n}{a_{n+1}} = \frac{1}{x}\left(1 + \frac{1+\gamma-\alpha-\beta}{n} + O\left(\frac{1}{n^2}\right)\right).$$

根据高斯判别法可以断定:

如果 $x < 1$,或者 $x = 1, \gamma > \alpha+\beta$,那么这级数收敛;

如果 $x>1$，或者 $x=1,\gamma\leqslant\alpha+\beta$，那么这级数发散.

§3 上、下极限的应用

本节介绍上、下极限的概念，并应用上、下极限于正项级数敛散性的判别.

3.a 上、下极限

对于任意实数序列 $\{x_n\}$，我们构造两个单调数列 $\{y_n\}$ 和 $\{z_n\}$ 如下：

$$y_n = \inf_{k\geqslant n} x_k, \quad z_n = \sup_{k\geqslant n} x_k,$$
$$n = 1, 2, \cdots.$$

显然 $\{y_n\}$ 是单调上升数列，$\{z_n\}$ 是单调下降数列，并且

$$y_n \leqslant x_n \leqslant z_n, \quad \forall\, n \in \mathbf{N}.$$

如果数列 $\{x_n\}$ 有界：

$$m \leqslant x_n \leqslant M, \quad \forall\, n \in \mathbf{N},$$

那么自然有

$$m \leqslant y_n \leqslant x_n \leqslant z_n \leqslant M, \quad \forall\, n \in \mathbf{N}.$$

如果数列 $\{x_n\}$ 无下界，那么

$$y_n = \inf_{k\geqslant n} x_k = -\infty, \quad \forall\, n \in \mathbf{N};$$

如果数列 $\{x_n\}$ 无上界，那么

$$z_n = \sup_{k\geqslant n} x_k = +\infty, \quad \forall\, n \in \mathbf{N}.$$

为了使我们的讨论适用于一切可能的情形，应该把 $\{y_n\}$ 和 $\{z_n\}$ 看作是 $\overline{\mathbf{R}}$ 中的数列. $\overline{\mathbf{R}}$ 中的任何单调序列总有极限. 因而存在

(3.1) $$\lim y_n = \eta$$

和

(3.2) $$\lim z_n = \zeta.$$

定义 我们把(3.1)叫做数列 $\{x_n\}$ 的**下极限**，把(3.2)叫做数

列 $\{x_n\}$ 的**上极限**，并分别把它们记为

$$\underline{\lim}\, x_n \quad \text{和} \quad \overline{\lim}\, x_n.$$

于是

$$\underline{\lim}\, x_n = \lim_{n \to +\infty} \inf_{k \geqslant n} x_k = \sup_n \inf_{k \geqslant n} x_k,$$

$$\overline{\lim}\, x_n = \lim_{n \to +\infty} \sup_{k \geqslant n} x_k = \inf_n \sup_{k \geqslant n} x_k.$$

上、下极限对任何实数序列都存在. 像 $\overline{\lim}$ 和 $\underline{\lim}$ 这样的记号，使用时不必费心考虑存在性问题，因而为人们所乐于采用.

定理 1 $\eta = \underline{\lim}\, x_n$ 是实数序列 $\{x_n\}$ 的最小极限点；$\zeta = \overline{\lim}\, x_n$ 是实数序列 $\{x_n\}$ 的最大极限点.

证明 我们记

$$y_k = \inf_{n \geqslant k} x_n, \quad z_k = \sup_{n \geqslant k} x_n,$$
$$k = 1, 2, \cdots.$$

如果 $\xi \in \overline{\mathbb{R}}$ 是 $\{x_n\}$ 的任意一个极限点，那么按照定义存在 $\{x_n\}$ 的子序列 $\{x_{n_k}\}$，使得

$$\lim_{k \to +\infty} x_{n_k} = \xi.$$

因为

$$y_k \leqslant x_{n_k} \leqslant z_k, \quad \forall\, k \in \mathbf{N},$$

所以

$$\lim_{k \to +\infty} y_k \leqslant \lim_{k \to +\infty} x_{n_k} \leqslant \lim_{k \to +\infty} z_k.$$

这就是

$$\underline{\lim}\, x_n \leqslant \xi \leqslant \overline{\lim}\, x_n.$$

这证明了：数列 $\{x_n\}$ 的任何极限点 ξ 都介于 $\eta = \underline{\lim}\, x_n$ 与 $\zeta = \overline{\lim}\, x_n$ 之间.

尚须指出：$\eta = \underline{\lim}\, x_n$ 和 $\zeta = \overline{\lim}\, x_n$ 都是数列 $\{x_n\}$ 的极限点.

如果数列 $\{x_n\}$ 下方无界，那么当然存在 $\{x_n\}$ 的子序列 $\{x_{n_k}\}$，使得

$$\lim_{k \to +\infty} x_{n_k} = -\infty = \eta.$$

再来考查数列 $\{x_n\}$ 有下界的情形. 我们将按照以下方式选取 m_k 和 $n_k, k=1, 2, \cdots$. 首先, 记 $n_0 = 0$. 假设 n_{k-1} 已经确定, 则可选取 $m_k \in \mathbf{N}$, 满足条件 $m_k > n_{k-1}$ (例如可取 $m_k = n_{k-1} + 1$); 又可选取 $n_k \in \mathbf{N}, n_k \geqslant m_k$, 使得

$$(*) \qquad\qquad y_{m_k} \leqslant x_{n_k} \leqslant y_{m_k} + \frac{1}{k}$$

(根据下确界的定义, 这样的 n_k 必定存在). 用这样的方式, 我们选取了 $\{y_m\}$ 的子序列 $\{y_{m_k}\}$ 和 $\{x_n\}$ 的子序列 $\{x_{n_k}\}$. 在 (*) 式中让 $k \to +\infty$ 取极限, 就得到

$$\lim_{k \to +\infty} x_{n_k} = \lim_{k \to +\infty} y_{m_k} = \eta.$$

用类似的方式可以证明: ζ 也是数列 $\{x_n\}$ 的一个极限点. $\qquad \square$

定理 2 设 $\{x_n\}$ 是实数序列, 则以下三条陈述互相等价:

(1) $\underline{\lim} x_n = \overline{\lim} x_n = \xi$;

(2) $\lim x_n = \xi$;

(3) $\{x_n\}$ 只有唯一极限点 ξ.

证明 "(2)$\Rightarrow$(3)" 和 "(3)$\Rightarrow$(1)" 都是显然的. 我们来证明 "(1)$\Rightarrow$(2)". 同前面一样, 记

$$y_n = \inf_{k \geqslant n}\{x_k\}, \quad z_n = \sup_{k \geqslant n}\{x_k\}.$$

显然有

$$y_n \leqslant x_n \leqslant z_n, \quad \forall n \in \mathbf{N}.$$

因为

$$\lim y_n = \lim z_n = \xi,$$

所以

$$\lim x_n = \xi. \qquad \square$$

定理 3 设 $\{x_n\}$ 是实数序列.

(1) 如果 $\underline{\lim} x_n > \lambda$, 那么

$$(\exists \, p \in \mathbf{N})(\forall \, n \geqslant p)(x_n > \lambda).$$

178

(2) 如果 $\underline{\lim}\, x_n < \rho$，那么
$$(\forall\, q \in \mathbf{N})(\exists\, n_q \geqslant q)(x_{n_q} < \rho).$$

证明 （1）$\sup\limits_{p} \inf\limits_{n \geqslant p} x_n > \lambda$
$$\Rightarrow (\exists\, p \in \mathbf{N})(\inf\limits_{n \geqslant p} x_n > \lambda)$$
$$\Rightarrow (\exists\, p \in \mathbf{N})(\forall\, n \geqslant p)(x_n > \rho).$$

（2）$\sup\limits_{q} \inf\limits_{n \geqslant q} x_n < \rho$
$$\Rightarrow (\forall\, q \in \mathbf{N})(\inf\limits_{n \geqslant q} x_n < \rho)$$
$$\Rightarrow (\forall\, q \in \mathbf{N})(\exists\, n_q \geqslant q)(x_{n_q} < \rho). \quad \square$$

定理 4 设 $\{x_n\}$ 是实数序列.

(1) 如果 $\overline{\lim}\, x_n < \rho$，那么
$$(\exists\, p \in \mathbf{N})(\forall\, n \geqslant p)(x_n < \rho).$$

(2) 如果 $\overline{\lim}\, x_n > \lambda$，那么
$$(\forall\, q \in \mathbf{N})(\exists\, n_q \geqslant q)(x_{n_q} > \lambda).$$

证明 请读者仿照定理 3 的证明写出. $\quad \square$

定理 5 设 $\{u_n\}$ 和 $\{v_n\}$ 是实数序列. 在以下各项中，只要任何一个不等号或者等号两边的式子都有意义（不出现 $(+\infty) + (-\infty)$，$0 \cdot (+\infty)$ 之类的情形），那个不等式或者等式就成立.

(1) $\underline{\lim}\, u_n + \underline{\lim}\, v_n \leqslant \underline{\lim}(u_n + v_n)$
$$\leqslant \begin{cases} \underline{\lim}\, u_n + \overline{\lim}\, v_n \\ \overline{\lim}\, u_n + \underline{\lim}\, v_n \end{cases}$$
$$\leqslant \overline{\lim}(u_n + v_n)$$
$$\leqslant \overline{\lim}\, u_n + \overline{\lim}\, v_n;$$

(2) 如果 $\lim u_n = u$，那么
$$\underline{\lim}(u_n + v_n) = u + \underline{\lim}\, v_n,$$
$$\overline{\lim}(u_n + v_n) = u + \overline{\lim}\, v_n;$$

(3) 如果 $u_n \geqslant 0$，$v_n \geqslant 0$，$\forall\, n \in \mathbf{N}$，那么

$$\underline{\lim} \, u_n \cdot \underline{\lim} \, v_n \leqslant \underline{\lim}(u_n \cdot v_n)$$

$$\leqslant \begin{cases} \underline{\lim} \, u_n \cdot \overline{\lim} \, v_n \\ \overline{\lim} \, u_n \cdot \underline{\lim} \, v_n \end{cases}$$

$$\leqslant \overline{\lim}(u_n \cdot v_n)$$

$$\leqslant \overline{\lim} \, u_n \cdot \overline{\lim} \, v_n;$$

(4) 如果 $\lim u_n = u > 0$，$v_n \geqslant 0(\forall \, n \in \mathbf{N})$，那么

$$\underline{\lim}(u_n \cdot v_n) = u \cdot \underline{\lim} \, v_n,$$

$$\overline{\lim}(u_n \cdot v_n) = u \cdot \overline{\lim} \, v_n;$$

(5) $\underline{\lim}(-u_n) = -\overline{\lim} \, u_n,$

$$\overline{\lim}(-u_n) = -\underline{\lim} \, u_n;$$

(6) 如果 $\underline{\lim} \, u_n > 0$，那么

$$\overline{\lim} \frac{1}{u_n} = \frac{1}{\underline{\lim} \, u_n},$$

$$\underline{\lim} \frac{1}{u_n} = \frac{1}{\overline{\lim} \, u_n};$$

(7) 如果 $u_n \leqslant v_n$，那么

$$\underline{\lim} \, u_n \leqslant \underline{\lim} \, v_n,$$

$$\overline{\lim} \, u_n \leqslant \overline{\lim} \, v_n.$$

证明 所有这些关系都可利用上、下确界的相应关系来证明. 例如，为了证明(1)，我们可以利用不等式

$$\inf_{k \geqslant n} u_k + \inf_{k \geqslant n} v_k \leqslant \inf_{k \geqslant n}(u_k + v_k)$$

$$\leqslant \begin{cases} \inf\limits_{k \geqslant n} u_k + \sup\limits_{k \geqslant n} v_k \\ \sup\limits_{k \geqslant n} u_k + \inf\limits_{k \geqslant n} v_k \end{cases}$$

$$\leqslant \sup_{k \geqslant n}(u_k + v_k)$$

$$\leqslant \sup_{k \geqslant n} u_k + \sup_{k \geqslant n} v_k.$$

而(2)是(1)的直接推论，——因为对这情形我们有

180

$$\varliminf_{} u_n = \varlimsup_{} u_n = u.$$

其他各项也很容易证明. $\square$

3. b 应用上、下极限于正项级数敛散性的判别

§2 中所述的好几种判别法,都有所谓的"极限形式". 一般说来,"极限形式"比原来的形式用起来更方便,但可应用的范围较窄,——因为先要假定一定的极限存在. 利用上、下极限的概念,可以改进各种"极限形式"判别法的陈述,拓广其应用范围. 我们把有关的结论陈述为以下几个命题.

命题 1(达郎贝尔判别法——上、下极限形式)

设 $\sum a_n$ 是严格正项级数.

(1)如果

$$\varlimsup_{} \frac{a_{n+1}}{a_n} < 1,$$

那么级数 $\sum a_n$ 收敛;

(2)如果

$$\varliminf_{} \frac{a_{n+1}}{a_n} > 1,$$

那么级数 $\sum a_n$ 发散.

证明 对(1)中的情形,可选取 ρ,使得

$$\varlimsup_{} \frac{a_{n+1}}{a_n} < \rho < 1.$$

根据定理 4,存在 $n_0 \in \mathbf{N}$,使得

$$(\forall n \geqslant n_0)\left(\frac{a_{n+1}}{a_n} < \rho < 1\right).$$

对(2)中的情形,可选取 λ,使得

$$1 < \lambda < \varliminf_{} \frac{a_{n+1}}{a_n}.$$

根据定理 3,存在 $n_1 \in \mathbf{N}$,使得

$$(\forall\, n \geqslant n_1)\left(\frac{a_{n+1}}{a_n} > \lambda > 1\right). \qquad \square$$

与命题 1 类似,可以证明

命题 2(拉阿贝判别法——上、下极限形式)

设 $\sum a_n$ 是严格正项级数.

(1) 如果

$$\varliminf\, n\left(\frac{a_n}{a_{n+1}} - 1\right) > 1,$$

那么级数 $\sum a_n$ 收敛;

(2) 如果

$$\varlimsup\, n\left(\frac{a_n}{a_{n+1}} - 1\right) < 1,$$

那么级数 $\sum a_n$ 发散.

柯西根式判别法有一种只涉及上极限的很方便的形式:

命题 3 设 $\sum a_n$ 是正项级数,并设

$$\varlimsup\, \sqrt[n]{a_n} = q,$$

则有

(1) 如果 $q < 1$,那么级数 $\sum a_n$ 收敛;

(2) 如果 $q > 1$,那么级数 $\sum a_n$ 发散.

证明 对于(1)中的情形,我们可以选取 ρ,使得

$$q < \rho < 1.$$

于是,根据定理 4,存在 $l \in \mathbf{N}$,使得

$$(\forall\, n \geqslant l)(\sqrt[n]{a_n} < \rho < 1).$$

如果是(2)中的情形,那么对任何 $k \in \mathbf{N}$ 都存在 $n_k \geqslant k$,使得

$$(a_{n_k})^{1/n_k} > 1.$$

这时当然有

$$a_{n_k} > 1.$$

因为序列 $\{a_n\}$ 不趋于 0,所以级数 $\sum a_n$ 发散. $\qquad \square$

下面的命题说明：凡是用达郎贝尔判别法能判定的情形，用柯西根式判别法也一定能够判定.

命题 4　设 $\sum a_n$ 是严格正项级数，则有

$$\varliminf \frac{a_{n+1}}{a_n} \leqslant \varliminf \sqrt[n]{a_n}$$

$$\leqslant \varlimsup \sqrt[n]{a_n}$$

$$\leqslant \varlimsup \frac{a_{n+1}}{a_n},$$

因而

（1）$\varlimsup \dfrac{a_{n+1}}{a_n} < 1 \Rightarrow \varlimsup \sqrt[n]{a_n} < 1$；

（2）$\varliminf \dfrac{a_{n+1}}{a_n} > 1 \Rightarrow \varlimsup \sqrt[n]{a_n} > 1.$

证明　我们记

$$\eta = \varliminf \frac{a_{n+1}}{a_n}.$$

对任意 $\lambda < \eta$，存在 $N \in \mathbf{N}$，使得

$$(\forall\, n \geqslant N)\left(\frac{a_{n+1}}{a_n} > \lambda\right).$$

于是，对于 $n > N$，就有

$$\sqrt[n]{a_n} = \sqrt[n]{\frac{a_n}{a_{n-1}} \cdots \frac{a_{N+1}}{a_N} a_N}$$

$$> \lambda^{1-\frac{N}{n}} \sqrt[n]{a_N}.$$

于是

$$\varliminf \sqrt[n]{a_n} \geqslant \lim_{n \to +\infty} \lambda^{1-\frac{N}{n}} \sqrt[n]{a_N} = \lambda.$$

因为可以取 $\lambda < \eta, \lambda \to \eta$，所以又可得到

$$\varliminf \sqrt[n]{a_n} \geqslant \eta = \varliminf \frac{a_{n+1}}{a_n}.$$

同样可以证明

183

$$\overline{\lim} \sqrt[n]{a_n} \leqslant \overline{\lim} \frac{a_{n+1}}{a_n}. \quad \square$$

注记 虽然从理论上看来柯西根式判别法比达朗贝尔判别法更有效,但前者涉及开方运算,后者只涉及除法运算,所以在实际运用时,用后者更方便省事.

<h1 style="text-align:center">§ 4 任意项级数</h1>

本节考查任意项级数,也就是各项可以是正数、负数或者零的级数.

4.a 柯西收敛原理

我们知道,级数 $\sum a_n$ 的收敛性,相当于它的部分和序列 $\{S_n\}$ 的收敛性,这里

$$S_n = \sum_{k=1}^{n} a_k, \quad n = 1, 2, \cdots.$$

注意到

$$S_{n+p} - S_n = \sum_{k=n+1}^{n+p} a_k,$$

我们可以把关于序列的柯西收敛原理用级数的语言翻译如下:

级数的柯西收敛原理 级数 $\sum a_n$ 收敛的充分必要条件是:对任何 $\varepsilon > 0$, 存在 $N \in \mathbf{N}$, 使得只要 $n, p \in \mathbf{N}$, $n > N$, 就有

$$\left| \sum_{k=n+1}^{n+p} a_k \right| < \varepsilon.$$

定理 1 如果级数 $\sum |a_n|$ 收敛,那么级数 $\sum a_n$ 也收敛.

证明 我们有

$$\left| \sum_{k=n+1}^{n+p} a_k \right| \leqslant \sum_{k=n+1}^{n+p} |a_k|. \quad \square$$

注记 定理 1 的逆命题不成立.请看下面的反例.

184

例 1 考查这样一个级数：

$$(4.1) \qquad \sum_{k=1}^{+\infty} (-1)^{k-1} \frac{1}{k}.$$

试说明

(1) 由(4.1)各项的绝对值做成的级数是发散级数；

(2) 级数(4.1)是收敛的

解 由(4.1)各项的绝对值做成的级数是调和级数

$$\sum_{k=1}^{+\infty} \frac{1}{k}.$$

我们知道这级数是发散的.

为了说明级数(4.1)的收敛性，我们需要用到以下的不等式

$$(4.2) \qquad 0 < \frac{1}{n+1} - \frac{1}{n-2} + \cdots + (-1)^{p-1} \frac{1}{n+p}$$

$$\leqslant \frac{1}{n+1}, \quad \forall\, n, p \in \mathbf{N}.$$

事实上，如果 p 是偶数，那么

$$\left(\frac{1}{n+1} - \frac{1}{n+2} \right) + \cdots + \left(\frac{1}{n+p-1} - \frac{1}{n+p} \right) > 0;$$

如果 p 是奇数，那么

$$\left(\frac{1}{n+1} - \frac{1}{n+2} \right) + \cdots + \left(\frac{1}{n+p-2} - \frac{1}{n+p-1} \right) + \frac{1}{n+p} > 0.$$

我们已经证明了(4.2)中的第一个不等式. 对于 $p=1$ 的情形，(4.2)中的第二个不等式显然成立. 下面考查 $p \geqslant 2$ 的情形. 对这情形，当然也有

$$\frac{1}{n+2} - \frac{1}{n+3} + \cdots + (-1)^{p-2} \frac{1}{n+p} > 0.$$

由此得到

$$\frac{1}{n+1} - \frac{1}{n+2} + \cdots + (-1)^{p-1} \frac{1}{n+p}$$

$$= \frac{1}{n+1} - \left(\frac{1}{n+2} - \frac{1}{n+3} + \cdots + (-1)^{p-2} \frac{1}{n+p} \right)$$

$$< \frac{1}{n+1}.$$

至此,我们完成了不等式(4.2)的证明.

利用不等式(4.2),我们得到

$$\left| \sum_{k=n+1}^{n+p} (-1)^{k-1} \frac{1}{k} \right|$$

$$= \frac{1}{n+1} - \frac{1}{n+2} + \cdots + (-1)^{p-1} \frac{1}{n+p}$$

$$\leqslant \frac{1}{n+1}.$$

根据柯西收敛原理就可断定

$$\sum_{k=1}^{+\infty} (-1)^{k-1} \frac{1}{k}$$

是收敛级数.

定义 设 $\sum a_n$ 是任意项级数.

(1) 如果 $\sum |a_n|$ 收敛,那么 $\sum a_n$ 也收敛.对这种情形,我们说:级数 $\sum a_n$ **绝对收敛**.

(2) 如果 $\sum |a_n|$ 发散,但 $\sum a_n$ 收敛,那么我们就说级数 $\sum a_n$ **条件收敛**.

为了判别绝对收敛性,可以利用正项级数收敛性的判别法,请看下面的例子.

例2 设 $\sum a_n$ 是任意项级数,并设

$$\overline{\lim} \sqrt[n]{|a_n|} = q,$$

则有:

(1) 如果 $q < 1$,那么级数 $\sum a_n$ 绝对收敛;

(2) 如果 $q > 1$,那么级数 $\sum a_n$ 发散.

证明 论断(1)是显然的.为了证明论断(2),只需指出:在所给的条件下,序列 $\{a_n\}$ 不能趋于 0. □

例3 设级数 $\sum a_n$ 的各项都不等于 0(可以放宽到:至多有

186

限项为 0),则有:

（1）如果

$$\overline{\lim}\left|\frac{a_{n+1}}{a_n}\right| < 1,$$

那么级数 $\sum a_n$ 绝对收敛；

（2）如果

$$\underline{\lim}\left|\frac{a_{n+1}}{a_n}\right| > 1,$$

那么级数 $\sum a_n$ 发散.

证明 论断(1)是显然的. 对于(2)中的情形,存在 $n_0 \in \mathbf{N}$,使得只要 $n \geqslant n_0$,就有

$$|a_{n_0}| < \cdots < |a_n| < |a_{n+1}| < \cdots.$$

由此得知：$\{a_n\}$ 不能趋于 0. $\quad\square$

为了考查条件收敛性,我们需要另外一些判别法.

4. b 分部求和公式与条件收敛性的判别

为了后面引用方便,我们把涉及分部求和公式的一些结果陈述为以下引理

引理（分部求和公式——阿贝尔引理）

设 α_i 和 $\beta_i (i=1,2,\cdots,p)$ 是实数,则有:

（1）$\sum\limits_{i=1}^{p} \alpha_i \beta_i = \sum\limits_{i=1}^{p-1} (\alpha_i - \alpha_{i+1}) B_i + \alpha_p B_p$, 这里

$$B_k = \sum\limits_{i=1}^{k} \beta_i, \quad k = 1,2,\cdots,p;$$

（2）如果 $\alpha_1 \geqslant \alpha_2 \geqslant \cdots \geqslant \alpha_p$（或者 $\alpha_1 \leqslant \alpha_2 \leqslant \cdots \leqslant \alpha_p$）,并且

$$|B_k| \leqslant L, \quad k = 1,2,\cdots,p,$$

那么

$$\left|\sum\limits_{i=1}^{p} \alpha_i \beta_i\right| \leqslant L(|\alpha_1| + 2|\alpha_p|).$$

证明 为方便起见,我们记 $B_0 = 0$. 于是有:

(1) $\displaystyle\sum_{i=1}^{p} \alpha_i \beta_i = \sum_{i=1}^{p} \alpha_i (B_i - B_{i-1})$

$\displaystyle = \sum_{i=1}^{p} \alpha_i B_i - \sum_{i=1}^{p} \alpha_i B_{i-1}$

$\displaystyle = \sum_{i=1}^{p} \alpha_i B_i - \sum_{i=0}^{p-1} \alpha_{i+1} B_i$

$\displaystyle = \sum_{i=1}^{p-1} (\alpha_i - \alpha_{i+1}) B_i + \alpha_p B_p.$

(2) 在所给的条件下,

$\displaystyle \left| \sum_{i=1}^{p} \alpha_i \beta_i \right| = \left| \sum_{i=1}^{p-1} (\alpha_i - \alpha_{i+1}) B_i + \alpha_p B_p \right|$

$\displaystyle \leqslant \sum_{i=1}^{p-1} |\alpha_i - \alpha_{i+1}| \, |\beta_i| + |\alpha_p| \, |B_p|$

$\displaystyle \leqslant L \Big(\sum_{i=1}^{p-1} |\alpha_i - \alpha_{i+1}| + |\alpha_p| \Big)$

$\displaystyle = L(|\alpha_1 - \alpha_p| + |\alpha_p|)$

$\displaystyle \leqslant L(|\alpha_1| + 2|\alpha_p|). \quad \square$

注记 人们把(1)中的公式叫做分部求和公式. 它可以写成与分部积分公式很相似的形式:

$$\sum_{i=1}^{p} \alpha_i \Delta B_i = \alpha_j B_j \Big|_{j=0}^{p} - \sum_{i=0}^{p-1} B_i \Delta \alpha_i,$$

这里

$$B_0 = 0, \quad B_k = \sum_{i=1}^{k} \beta_i,$$

$$\Delta B_k = B_k - B_{k-1} = \beta_k,$$

$$k = 1, 2, \cdots, p;$$

$$\Delta \alpha_0 = \alpha_1, \quad \Delta \alpha_i = \alpha_{i+1} - \alpha_i,$$

$$i = 1, 2, \cdots, p - 1.$$

188

定理 2（狄里克莱判别法） 我们来考查级数 $\sum a_n b_n$. 如果

（1）序列 $\{a_n\}$ 单调趋于 0，

（2）序列 $\left\{ \sum\limits_{k=1}^{n} b_k \right\}$ 有界，

那么级数 $\sum a_n b_n$ 收敛.

证明 我们来估计

$$\left| \sum_{k=n+1}^{n+p} a_k b_k \right|.$$

为此，记

$$\alpha_i = a_{n+i}, \quad \beta_i = b_{n+i}, \quad i = 1, 2, \cdots, p;$$

$$B_q = \sum_{i=1}^{q} \beta_i = \sum_{k=n+1}^{n+q} b_k, \quad q = 1, 2, \cdots, p.$$

由于条件（2），可设

$$\left| \sum_{k=1}^{n} b_k \right| \leqslant L, \quad \forall \, n \in \mathbf{N}.$$

于是有

$$|B_q| = \left| \sum_{k=1}^{n+q} b_k - \sum_{k=1}^{n} b_k \right| \leqslant 2L,$$

$$q = 1, 2, \cdots, p.$$

利用阿贝尔引理估计

$$\sum_{k=n+1}^{n+p} a_k b_k = \sum_{i=1}^{p} \alpha_i \beta_i,$$

我们得到

$$\left| \sum_{k=n+1}^{n+p} a_k b_k \right| \leqslant 2L(|a_{n+1}| + 2|a_{n+p}|).$$

因为序列 $\{a_n\}$ 趋于 0，所以对任意的 $\varepsilon > 0$，存在 $N \in \mathbf{N}$，使得只要

$$n, p \in \mathbf{N}, \quad n > N,$$

就有

$$\left| \sum_{k=n+1}^{n+p} a_k b_k \right| < \varepsilon.$$

这证明了级数 $\sum a_k b_k$ 收敛. $\square$

定理 3（阿贝尔判别法） 我们来考查级数 $\sum a_n b_n$. 如果

(1) 序列 $\{a_n\}$ 单调并且有界;

(2) 级数 $\sum b_n$ 收敛,

那么级数 $\sum a_n b_n$ 也收敛.

证明 由于有条件(1), 可设

$$\lim a_n = a, \quad a \in \mathbb{R}.$$

因为序列 $\{a_n - a\}$ 单调收敛于 0, 而序列 $\left\{ \sum\limits_{k=1}^{n} b_k \right\}$ 有界, 根据定理 2 可以断定以下的级数收敛:

$$\sum_{n=1}^{+\infty} (a_n - a) b_n.$$

而级数

$$\sum_{n=1}^{+\infty} a b_n$$

显然也收敛. 因为

$$a_n b_n = (a_n - a) b_n + a b_n, \quad n = 1, 2, \cdots,$$

所以级数 $\sum a_n b_n$ 收敛. $\square$

注记 也可以利用阿贝尔引理, 通过直接估计证明定理 3(请读者自己做练习).

例 4（关于交错级数的莱布尼兹判别法）

设序列 $\{a_n\}$ 单调下降趋于 0, 则以下级数收敛:

$$\sum_{n=1}^{+\infty} (-1)^{n-1} a_n.$$

证明 我们记

$$b_k = (-1)^{k-1}, \quad k = 1, 2, \cdots,$$

则显然有

$$\left| \sum_{k=1}^{n} b_k \right| \leqslant 1, \quad \forall\, n \in \mathbf{N}.$$

190

根据狄里克莱判别法就可以断定级数

$$\sum a_n b_n = \sum (-1)^{n-1} a_n$$

收敛. □

例 5 级数 $\displaystyle\sum_{n=1}^{+\infty} (-1)^{n-1} \frac{1}{\sqrt{n}}$ 收敛.

例 6 设级数 $\displaystyle\sum_{n=1}^{+\infty} b_n$ 收敛, $\alpha \geqslant 0$. 求证:

(1) 级数 $\displaystyle\sum_{n=1}^{+\infty} \frac{b_n}{n^\alpha}$ 收敛;

(2) 级数 $\displaystyle\sum \frac{n^\alpha}{n^\alpha + 1} b_n$ 收敛.

证明 利用阿贝尔判别法就可证明(1). 为了证明(2), 我们指出

$$\frac{n^\alpha}{n^\alpha+1} b_n = b_n - \frac{b_n}{n^\alpha+1}, \quad \forall\, n \in \mathbf{N}.$$

根据阿贝尔判别法很容易断定级数

$$\sum \frac{b_n}{n^\alpha + 1}$$

收敛. 因而级数

$$\sum \frac{n^\alpha}{n^\alpha + 1} b_n$$

也收敛.

例 7 我们来考查有限和

$$C_n(x) = \cos x + \cos 2x + \cdots + \cos nx,$$
$$S_n(x) = \sin x + \sin 2x + \cdots + \sin nx.$$

利用三角学公式

$$2\sin \frac{x}{2} \cos kx = \sin\left(k + \frac{1}{2}\right)x - \sin\left(k - \frac{1}{2}\right)x,$$

$$2\sin \frac{x}{2} \sin kx = \cos\left(k - \frac{1}{2}\right)x - \cos\left(k + \frac{1}{2}\right)x,$$

191

容易得到：

$$C_n(x) = \frac{\sin\left(n + \dfrac{1}{2}\right)x - \sin\dfrac{x}{2}}{2\sin\dfrac{x}{2}},$$

$$S_n(x) = \frac{\cos\dfrac{x}{2} - \cos\left(n + \dfrac{1}{2}\right)x}{2\sin\dfrac{x}{2}}.$$

对于 $x \neq 2m\pi$，我们有

$$|C_n(x)| \leqslant \frac{1}{\left|\sin\dfrac{x}{2}\right|},$$

$$|S_n(x)| \leqslant \frac{1}{\left|\sin\dfrac{x}{2}\right|}.$$

设 $\{a_n\}$ 是单调趋于 0 的序列. 根据狄里克莱判别法可以断定以下两级数收敛：

$$\sum a_n\cos nx, \quad \sum a_n\sin nx,$$

这里 $x \neq 2m\pi$.

例 8 设 $\sum b_k$ 是收敛级数，求证

$$\lim_{n \to +\infty} \frac{1}{n} \sum_{k=1}^{n} kb_k = 0.$$

证明 我们记

$$B_n = \sum_{k=1}^{n} b_k, \quad B = \lim_{n \to +\infty} B_n = \sum_{k=1}^{+\infty} b_k.$$

对有限和

$$\sum_{k=1}^{n} kb_k$$

应用分部求和公式得

$$\sum_{k=1}^{n} kb_k = -\sum_{k=1}^{n-1} B_k + nB_n.$$

192

于是

$$\frac{1}{n}\sum_{k=1}^{n}kb_n = B_n - \frac{1}{n}\sum_{k=1}^{n-1}B_k.$$

因为

$$\lim_{n\to+\infty}\frac{1}{n}\sum_{k=1}^{n-1}B_k = \lim_{n\to+\infty}B_n = B,$$

所以

$$\lim_{n\to+\infty}\frac{1}{n}\sum_{k=1}^{n}kb_n = 0. \quad \square$$

§5 绝对收敛级数与条件收敛级数的性质

收敛级数可以看成是有限和的推广. 但无限和包含有极限过程. 并不是有限和的所有性质都为无限和所保持. 大体说来, 绝对收敛的级数保持了有限和的较多的性质; 条件收敛的级数则在某些方面与有限和差异很大.

5. a 收敛级数的可结合性

下面的定理说明: 收敛的级数, 不论是绝对收敛的或者是条件收敛的, 都具有可结合性.

定理 1 设有收敛的级数

$$(5.1) \qquad a_1 + a_2 + \cdots + a_n + \cdots.$$

如果把这级数的若干相继的项归并成一项, 这样做成一个级数

$$(5.2) \qquad (a_1 + \cdots + a_{n_1}) + (a_{n_1+1} + \cdots + a_{n_2})$$

$$+ \cdots + (a_{n_k+1} + \cdots + a_{n_{k+1}}) + \cdots,$$

那么这级数仍收敛, 并且与原级数有相等的和.

证明 设级数(5.1)的部分和序列为

$$(5.3) \qquad A_1, A_2, \cdots, A_n, \cdots,$$

则级数(5.2)的部分和序列恰好是(5.3)的一个子序列：

(5.4) $\qquad A_{n_1}, A_{n_2}, \cdots, A_{n_k}, \cdots.$ □

注记 如果(5.1)是定号级数,那么定理 1 的逆命题成立. 因为这时部分和序列(5.3)是单调序列. 如果(5.3)的一个子序列(5.4)收敛,那么序列(5.3)也就收敛. 但对于变号级数来说,定理 1 的逆命题并不成立. 例如级数

$$(1-1)+(1-1)+\cdots+(1-1)+\cdots$$

当然是收敛的,但拆开括号所得的级数

$$1-1+1-\cdots+(-1)^{n-1}+\cdots$$

却是发散级数(因为$\{(-1)^{n-1}\}$不趋于 0).

5.b 绝对收敛级数具有可交换性

设 $\sum\limits_{n=1}^{+\infty} a_n$ 是一个级数. 我们改变$\{a_n\}$的次序把这序列重排为$\{a_n'\}$,然后考查重排后的级数

$$\sum_{n=1}^{+\infty} a_n'.$$

请注意,所谓序列$\{a_n\}$的重排,是指把这序列中的所有各项无重复、无遗漏地排出来,——排列的顺序可以与原来的不同. 用符号来表示就是

$$a_n' = a_{\varphi(n)}, \quad n \in \mathbf{N},$$

这里φ是从 $\mathbf{N}$ 到 $\mathbf{N}$ 的单满映射(一一对应).

定理 2 设级数 $\sum\limits_{n=1}^{+\infty} a_n$ 绝对收敛,则重排的级数 $\sum\limits_{n=1}^{+\infty} a_n'$ 也绝对收敛,并且

$$\sum_{n=1}^{+\infty} a_n' = \sum_{n=1}^{+\infty} a_n.$$

证明 先设 $\sum\limits_{n=1}^{+\infty} a_n$ 是正项收敛级数. 这时显然有

194

$$\sum_{n=1}^{N} a'_n \leqslant \sum_{n=1}^{+\infty} a_n.$$

由此可知：$\displaystyle\sum_{n=1}^{+\infty} a'_n$ 也是正项收敛级数，并且有

(5.5) $$\sum_{n=1}^{+\infty} a'_n \leqslant \sum_{n=1}^{+\infty} a_n.$$

因为 $\displaystyle\sum a_n$ 也可以看成由 $\displaystyle\sum a'_n$ 重排而成的级数，根据同样的理由应该有

(5.6) $$\sum_{n=1}^{+\infty} a_n \leqslant \sum_{n=1}^{+\infty} a'_n.$$

由(5.5)和(5.6)就得到

$$\sum_{n=1}^{+\infty} a'_n = \sum_{n=1}^{+\infty} a_n.$$

再来考查更一般的情形：设 $\displaystyle\sum a_n$ 是绝对收敛的任意项级数. 对这情形，我们记

$$p_n = \frac{|a_n| + a_n}{2}, \quad q_n = \frac{|a_n| - a_n}{2},$$

$$n = 1, 2, \cdots.$$

显然有

$$0 \leqslant p_n \leqslant |a_n|, \quad 0 \leqslant q_n \leqslant |a_n|,$$

$$|a_n| = p_n + q_n, \quad a_n = p_n - q_n,$$

$$n = 1, 2, \cdots.$$

与收敛级数 $\displaystyle\sum |a_n|$ 作比较，我们看出：正项级数 $\displaystyle\sum p_n$ 与 $\displaystyle\sum q_n$ 都是收敛级数. 因而重排后的级数 $\displaystyle\sum p'_n$ 与 $\displaystyle\sum q'_n$ 也都收敛，并且有

$$\sum_{n=1}^{+\infty} p'_n = \sum_{n=1}^{+\infty} p_n,$$

$$\sum_{n=1}^{+\infty} q'_n = \sum_{n=1}^{+\infty} q_n.$$

由此得知：级数 $\displaystyle\sum |a'_n| = \sum (p'_n + q'_n)$ 也收敛，即 $\displaystyle\sum a'_n$ 绝对收

敛,并且有

$$\sum_{n=1}^{+\infty} a'_n = \sum_{n=1}^{+\infty} (p'_n - q'_n)$$

$$= \sum_{n=1}^{+\infty} p'_n - \sum_{n=1}^{+\infty} q'_n$$

$$= \sum_{n=1}^{+\infty} p_n - \sum_{n=1}^{+\infty} q_n$$

$$= \sum_{n=1}^{+\infty} (p_n - q_n)$$

$$= \sum_{n=1}^{+\infty} a_n. \qquad \square$$

5.c 条件收敛级数的重排

下面的黎曼定理(定理 3 与定理 4)说明:与绝对收敛级数截然不同,条件收敛级数根本不具有可交换性.

定理 3 设 $\sum a_n$ 是条件收敛级数,则对任意给定的一个 $\xi \in \mathbb{R}$,都必定存在级数 $\sum a_n$ 的一个重排级数 $\sum a'_n$,使得

$$\sum_{n=1}^{+\infty} a'_n = \xi.$$

证明 同前面一样,我们记

$$p_n = \frac{|a_n| + a_n}{2}, \quad q_n = \frac{|a_n| - a_n}{2},$$

$$n = 1, 2, \cdots.$$

显然 $\sum p_n$ 和 $\sum q_n$ 都是正项级数,并且有

$$\lim p_n = \lim \frac{|a_n| + a_n}{2} = 0,$$

$$\lim q_n = \lim \frac{|a_n| - a_n}{2} = 0,$$

$$\sum_{n=1}^{+\infty} p_n = \frac{1}{2} \sum_{n=1}^{+\infty} |a_n| + \frac{1}{2} \sum_{n=1}^{+\infty} a_n = +\infty,$$

$$\sum_{n=1}^{+\infty} q_n = \frac{1}{2}\sum_{n=1}^{+\infty} |a_n| - \frac{1}{2}\sum_{n=1}^{+\infty} a_n = +\infty.$$

再来考查序列

$$a_1, a_2, \cdots, a_n, \cdots,$$

我们以 P_n 表示其中的第 n 个非负项,以 Q_n 表示其中的第 n 个负项的绝对值. 请注意,$\{P_n\}$ 是序列 $\{p_n\}$ 删去了一些等于 0 的项之后剩下的子序列;$\{Q_n\}$ 是序列 $\{q_n\}$ 删去了一切等于 0 的项之后剩下的子序列. 因此

$$\lim P_n = \lim Q_n = 0,$$

$$\sum_{n=1}^{+\infty} P_n = \sum_{n=1}^{+\infty} Q_n = +\infty.$$

我们依次考查 $P_1, P_2, \cdots$ 中的各项. 设 P_{m_1} 是其中第一个满足以下条件的项:

$$P_1 + \cdots + P_{m_1} > \xi.$$

再依次考查 $Q_1, Q_2, \cdots$ 中的各项. 设 Q_{n_1} 是其中第一个满足以下条件的项:

$$P_1 + \cdots + P_{m_1} - Q_1 - \cdots - Q_{n_1} < \xi.$$

再依次考查 $P_{m_1+1}, P_{m_1+2}, \cdots$ 中的各项. 设 P_{m_2} 是其中第一个满足以下条件的项:

$$P_1 + \cdots + P_{m_1} - Q_1 - \cdots - Q_{n_1}$$
$$+ P_{m_1+1} + \cdots + P_{m_2} > \xi.$$

照这样做下去,我们得到 $\sum a_n$ 的一个重排级数 $\sum a_n'$ 如下:

$$P_1 + \cdots + P_{m_1} - Q_1 - \cdots - Q_{n_1}$$
$$+ P_{m_1+1} + \cdots + P_{m_2} - Q_1 - \cdots - Q_{n_2}$$
$$+ P_{m_2+1} + \cdots.$$

如果分别以 R_k 与 L_k 表示级数 $\sum a_n'$ 的末项为 P_{m_k} 的部分和与末项为 Q_{n_k} 的部分和,那么显然有

$$|R_k - \xi| \leqslant P_{m_k}, \quad k = 2, 3, \cdots,$$

和

$$|L_k - \xi| \leqslant Q_{n_k}, \quad k = 1, 2, \cdots.$$

因为

$$\lim_{k \to +\infty} P_{m_k} = \lim_{k \to +\infty} Q_{n_k} = 0,$$

所以

$$\lim R_k = \lim L_k = \xi.$$

因为级数 $\sum a'_n$ 的任意一个部分和 S'_n 必定介于某一对 L_k 与 R_k 之间,所以也就有

$$\lim S'_n = \xi.$$

这就是

$$\sum_{n=1}^{+\infty} a'_n = \xi. \quad \square$$

定理 4 设 $\sum a_n$ 是条件收敛级数,则存在 $\sum a_n$ 的重排级数 $\sum a'_n$,使得

$$\sum_{n=1}^{+\infty} a'_n = +\infty(或者 -\infty).$$

证明 首先,任意选取一个严格单调上升并趋于 $+\infty$ 的实数序列 $\{\xi_k\}$(例如可以选取 $\xi_k = k, k = 1, 2, \cdots$). 其次,仍沿用定理 3 中的记号,约定以 P_k 表示序列 $\{a_n\}$ 中的第 k 个非负项,以 Q_k 表示序列 $\{a_n\}$ 中的第 k 个负项. 然后,依次考查 $P_1, P_2, \cdots$ 中的各项,设 P_{m_1} 是其中第一个满足以下条件的项:

$$P_1 + \cdots + P_{m_1} > \xi_1.$$

再依次考查 $Q_1, Q_2, \cdots$ 中的各项,设 Q_{n_1} 是其中第一个满足以下条件的项:

$$\overset{\circ}{P}_1 + \cdots + P_{m_1} - Q_1 - \cdots - Q_{n_1} < \xi_1.$$

再依次考查 $P_{m_1+1}, P_{m_1+2} \cdots$ 中的各项,设 P_{m_2} 是其中第一个满足以下条件的项:

$$P_1 + \cdots + P_{m_1} - Q_1 - \cdots - Q_{n_1}$$

$$+ P_{m_1+1} + \cdots + P_{m_2} > \xi_2.$$

再依次考查 $Q_{n_1+1}, Q_{n_1+2}, \cdots$ 中的各项, 设 Q_{n_2} 是其中第一个满足以下条件的项:

$$P_1 + \cdots + P_{m_1} - Q_1 - \cdots - Q_{n_1}$$
$$+ P_{m_1+1} + \cdots + P_{m_2} - Q_{n_1+1} - \cdots - Q_{n_2} < \xi_2.$$

照这样做下去, 我们得到 $\sum a_n$ 的一个重排级数 $\sum a_n'$. 这重排级数满足条件

$$\sum_{n=1}^{+\infty} a_n' = +\infty. \quad \square$$

5.d 级数的乘法

两个有限和

$$\sum_{n=1}^{N} a_n \quad \text{与} \quad \sum_{n=1}^{N} b_n$$

的乘积是一切可能的 $a_i b_j$ 这样的项的和:

$$\left(\sum_{n=1}^{N} a_n \right) \cdot \left(\sum_{n=1}^{N} b_n \right) = \sum_{i,j=1}^{N} a_i b_j.$$

对于两个无穷级数

$$\sum_{n=1}^{+\infty} a_n \quad \text{与} \quad \sum_{n=1}^{+\infty} b_n,$$

我们也写出一切可能的 $a_i b_j$ (排列成无穷矩阵的形式):

这些 $a_i b_j$ 可以用很多种方式排成数列. 例如可按"三角形方式"排

199

列如下：

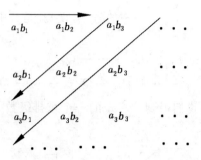

或者按"正方形方式"排列如下：

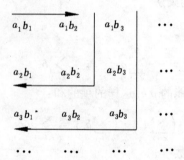

这两种方式分别给出数列

$$a_1b_1, a_1b_2, a_2b_1, a_1b_3, a_2b_2, a_3b_1, \cdots$$

和

$$a_1b_1, a_1b_2, a_2b_2, a_2b_1, a_1b_3, a_2b_3, a_3b_3, a_3b_2, a_3b_1, \cdots.$$

定理 5（柯西） 如果级数 $\sum\limits_{n=1}^{+\infty} a_n$ 和 $\sum\limits_{n=1}^{+\infty} b_n$ 绝对收敛，并且

$$\sum_{n=1}^{+\infty} a_n = A, \quad \sum_{n=1}^{+\infty} b_n = B,$$

那么 $a_ib_j(i, j = 1, 2, \cdots)$ 按任意方式排列成的级数都是绝对收敛的，并且其和等于

200

$$AB.$$

证明 设 $a_{i_k}b_{j_k}(k=1,2,\cdots)$ 是 $a_ib_j(i,j=1,2,\cdots)$ 的任意一种排列. 如果把 $i_1,\cdots,i_n$ 和 $j_1,\cdots,j_n$ 中的最大者记为 N,那么就有

$$\sum_{k=1}^{n}|a_{i_k}b_{j_k}|\leqslant\sum_{i=1}^{N}|a_i|\cdot\sum_{j=1}^{N}|b_j|$$

$$\leqslant\sum_{i=1}^{+\infty}|a_i|\cdot\sum_{j=1}^{+\infty}|b_j|.$$

由此得知:级数

$$\sum_{k=1}^{+\infty}a_{i_k}b_{j_k}$$

绝对收敛. 按正方形方式重新排列这级数,我们得到:

$$\sum_{k=1}^{+\infty}a_{i_k}b_{j_k}=\lim_{N\to+\infty}\Big(\sum_{i=1}^{N}a_i\Big)\Big(\sum_{j=1}^{N}b_j\Big)$$

$$=\Big(\sum_{i=1}^{+\infty}a_i\Big)\Big(\sum_{j=1}^{+\infty}b_j\Big)$$

$$=AB. \quad\square$$

例 1 容易看出:级数

$$\sum_{n=0}^{+\infty}\frac{x^n}{n!}$$

对任何 $x\in\mathbb{R}$ 都是绝对收敛的. 将两级数

$$\sum_{m=0}^{+\infty}\frac{x^m}{m!} \quad\text{和}\quad \sum_{n=0}^{+\infty}\frac{y^n}{n!}$$

相乘,并按三角形方式排列乘积各项的顺序,我们得到

$$\Big(\sum_{m=0}^{+\infty}\frac{x^m}{m!}\Big)\cdot\Big(\sum_{n=0}^{+\infty}\frac{y^n}{n!}\Big)$$

$$=\sum_{p=0}^{+\infty}\Big(\sum_{k=0}^{p}\frac{x^ky^{p-k}}{k!(p-k)!}\Big)$$

$$=\sum_{p=0}^{+\infty}\frac{(x+y)^p}{p!}.$$

即

$$\sum_{p=0}^{+\infty} \frac{(x+y)^p}{p!} = \left(\sum_{m=0}^{+\infty} \frac{x^m}{m!}\right)\left(\sum_{n=0}^{+\infty} \frac{y^n}{n!}\right).$$

——这也就是熟知的指数函数的加法定理：

$$e^{x+y} = e^x \cdot e^y.$$

例 2 容易看出：级数

$$C(x) = \sum_{n=0}^{+\infty} (-1)^n \frac{x^{2n}}{(2n)!},$$

和

$$S(x) = \sum_{n=0}^{+\infty} (-1)^n \frac{x^{2n+1}}{(2n+1)!}$$

对任何 $x \in \mathbb{R}$ 都是绝对收敛的. 利用级数的乘法可以证明以下关系式：

$$C(x+y) = C(x)C(y) - S(x)S(y),$$
$$S(x+y) = S(x)C(y) + C(x)S(y).$$

——这也就是三角函数 $\cos x$ 和 $\sin x$ 的加法定理.

关于级数乘法的一些更细致的结果，将在下面的附录中讨论.

附录 关于级数乘法的进一步讨论

考查级数 $\sum a_n$ 和 $\sum b_n$. 按照三角形方式排列

$$a_i b_j, \quad i,j = 1,2,\cdots,$$

得到这样一个级数：

$$(5.7) \qquad \sum_{n=1}^{+\infty} (a_1 b_n + a_2 b_{n-1} + \cdots + a_n b_1).$$

我们把级数 (5.7) 叫做级数 $\sum a_n$ 与级数 $\sum b_n$ 的柯西乘积. 如果限于柯西乘积，那么关于级数相乘的条件可进一步放宽（见下面的定理 6 和定理 7）.

引理 对于级数 $\sum a_n, \sum b_n$ 的部分和

$$A_n = \sum_{k=1}^{n} a_k, \quad B_n = \sum_{k=1}^{n} b_k$$

与这两级数的柯西乘积的部分和

$$(5.8) \qquad C_n = \sum_{k=1}^{n} (a_1 b_k + \cdots + a_k b_1),$$

有以下这些关系：

(1) $C_n = a_1 B_n + a_2 B_{n-1} + \cdots + a_n B_1$；

(2) $C_n = A_1 b_n + A_2 b_{n-1} + \cdots + A_n b_1$；

(3) $\sum_{n=1}^{N} C_n = A_1 B_N + A_2 B_{N-1} + \cdots + A_N B_1$.

证明 容易看出，C_n 是以下三角形数表中所列各数之和：将这三角形数表中的数按横行（纵列）结合求和，就得到结论(1)（结论(2)）.

$$
\begin{array}{cccc}
a_1 b_1 & a_1 b_2 & \cdots & a_1 b_{n-1} \quad a_1 b_n \\
a_2 b_1 & a_2 b_2 & \cdots & a_2 b_{n-1} \\
\cdots & \cdots & \cdots & \\
a_{n-1} b_1 & a_{n-1} b_2 & & \\
a_n b_1 & & &
\end{array}
$$

下面证明结论(3). 由结论(1)可得

$$\sum_{n=1}^{N} C_n = \sum_{n=1}^{N} (a_1 B_n + a_2 B_{n-1} + \cdots + a_n B_1).$$

仿照关于结论(2)的讨论（以大写的"B_j"代替小写的"b_j"），又可得到

$$\sum_{n=1}^{N} C_n = \sum_{n=1}^{N} (a_1 B_n + a_2 B_{n-1} + \cdots + a_n B_1)$$
$$= A_1 B_N + A_2 B_{N-1} + \cdots + A_N B_1. \qquad \square$$

定理 6（麦尔滕斯(Mertens)） 设级数 $\sum a_n$ 绝对收敛，级数 $\sum b_n$ 收敛. 我们记

$$\sum_{n=1}^{+\infty} a_n = A, \qquad \sum_{n=1}^{+\infty} b_n = B,$$
$$c_n = a_1 b_n + a_2 b_{n-1} + \cdots + a_n b_1,$$

$$n = 1, 2, \cdots,$$

则级数 $\sum c_n$ 也收敛,并且有

$$\sum_{n=1}^{+\infty} c_n = AB.$$

证明 沿用上面引理中的记号 A_n, B_n 和 C_n,并记

$$\beta_n = B - B_n, \quad n = 1, 2, \cdots.$$

于是有

$$\begin{aligned}
C_n &= a_1 B_n + a_2 B_{n-1} + \cdots + a_n B_1 \\
&= a_1(B - \beta_n) + a_2(B - \beta_{n-1}) \\
&\quad + \cdots + a_n(B - \beta_1) \\
&= A_n B - (a_1 \beta_n + a_2 \beta_{n-1} + \cdots + a_n \beta_1) \\
&= A_n B - R_n.
\end{aligned}$$

下面,我们来估计

$$R_n = a_1 \beta_n + a_2 \beta_{n-1} + \cdots + a_n \beta_1.$$

因为序列 $\{\beta_k\}$ 趋于 0,可设

$$|\beta_k| \leqslant E, \quad \forall\, k \in \mathbf{N},$$

并可取 p 充分大,使得 $k > p$ 时有

$$|\beta_k| < \frac{\varepsilon}{2D},$$

这里

$$D > \sum_{n=1}^{+\infty} |a_n|.$$

又可取 m 充分大,使得

$$\sum_{k=m+1}^{+\infty} |a_k| = \sum_{k=1}^{+\infty} |a_k| - \sum_{k=1}^{m} |a_k| < \frac{\varepsilon}{2E}.$$

于是,对于 $n > N = m + p$,就有

$$\begin{aligned}
|R_n| &\leqslant (|a_1||\beta_n| + \cdots + |a_m||\beta_{n-m+1}|) \\
&\quad + (|a_{m+1}||\beta_{n-m}| + \cdots + |a_n||\beta_1|) \\
&< D \cdot \frac{\varepsilon}{2D} + \frac{\varepsilon}{2E} \cdot E = \varepsilon.
\end{aligned}$$

204

我们证明了

$$\lim R_n = 0,$$

也就证明了

$$\lim C_n = \lim A_n B = AB. \quad \square$$

定理 7（阿贝尔） 考查收敛级数 $\sum a_n$ 与 $\sum b_n$. 设

$$\sum_{n=1}^{+\infty} a_n = A, \quad \sum_{n=1}^{+\infty} b_n = B,$$
$$c_n = a_1 b_n + a_2 b_{n-1} + \cdots + a_n b_1,$$
$$n = 1, 2, \cdots.$$

如果级数 $\sum c_n$ 收敛,其和为

$$\sum_{n=1}^{+\infty} c_n = C,$$

那么就一定有

$$C = AB.$$

证明 仍沿用前面引理中的记号. 我们有

$$\frac{1}{N} \sum_{n=1}^{N} C_n = \frac{A_1 B_N + \cdots + A_N B_1}{N}.$$

在第二章 §2 的例 6 和例 11 中,我们证明了:

$$\lim_{N \to +\infty} \frac{1}{N} \sum_{n=1}^{N} C_n = C,$$

$$\lim_{N \to +\infty} \frac{A_1 B_N + \cdots + A_N B_1}{N} = AB.$$

由此得到

$$C = AB. \quad \square$$

注记 定理 5 对两相乘级数 $\sum a_n$ 和 $\sum b_n$ 要求最强(两级数绝对收敛),但对乘积级数的限制最少(任意排列都行). 定理 6 减弱了对相乘级数的要求(其中一个可以是条件收敛的),但限定乘积级数是按三角形方式排列的(即柯西乘积). 在定理 7 中,两相乘级数都可以是条件收敛的,但要求柯西乘积级数收敛,——因为条件减弱到这种程度,已不足以保证乘积级数的收敛性了. 请看下

面的例子.

例 3 考查两收敛级数

$$\sum_{n=1}^{+\infty} a_n = \sum_{n=1}^{+\infty} b_n = \sum_{n=1}^{+\infty} (-1)^{n-1} \frac{1}{\sqrt{n}}.$$

设这两级数的柯西乘积为

$$\sum_{n=1}^{+\infty} c_n, \quad c_n = a_1 b_n + \cdots + a_n b_1.$$

我们有

$$|c_n| = \left| \sum_{k=1}^{n} a_k b_{n-k+1} \right|$$

$$= \left| (-1)^{n-1} \sum_{k=1}^{n} \frac{1}{\sqrt{k(n-k+1)}} \right|$$

$$= \sum_{k=1}^{n} \frac{1}{\sqrt{k(n-k+1)}}.$$

因为

$$kn + k \leqslant 2kn \leqslant k^2 + n^2,$$
$$k(n-k+1) \leqslant n^2,$$

所以

$$|c_n| \geqslant n \cdot \frac{1}{n} = 1, \quad n = 1, 2, \cdots.$$

由此可知级数 $\sum c_n$ 是发散的.

§6 无 穷 乘 积

本节对无穷乘积作一简略的介绍.

考查数列

$$p_1, p_2, \cdots, p_n, \cdots.$$

我们作它的"部分乘积"序列：

$$P_1 = p_1, \quad P_2 = p_1 p_2, \cdots$$
$$\cdots, P_n = p_1 p_2 \cdots p_n, \cdots.$$

如果部分乘积序列$\{P_n\}$收敛于一个非零的数 P:

$$\lim P_n = P \neq 0,$$

那么我们就说无穷乘积 $\prod\limits_{n=1}^{+\infty} p_n$ 收敛,并记

$$\prod_{n=1}^{+\infty} p_n = P;$$

否则我们就说无穷乘积 $\prod\limits_{n=1}^{+\infty} p_n$ 发散.

特别要提请读者注意,对于

$$\lim P_n = 0$$

的情形,我们约定说:无穷乘积 $\prod\limits_{n=1}^{+\infty} p_n$ 发散于 0(而不说收敛于 0).采取这样的约定是为了能更好地把无穷乘积与无穷级数联系起来(这在下面就会逐渐看清楚).

有时也把无穷乘积 $\prod\limits_{n=1}^{+\infty} p_n$ 简单地写为 $\prod p_n$. 如果无穷乘积 $\prod p_n$ 有因子 $p_m = 0$,那么这乘积必定发散于 0. 因此,在下面的讨论中,我们总假定所有的因子 $p_n \neq 0$.

定理 1　如果无穷乘积 $\prod p_n$ 收敛,那么

$$\lim p_n = 1.$$

——这是无穷乘积收敛的一个必要条件.

证明（沿用上面的记号）　我们有

$$\lim p_n = \lim \frac{P_n}{P_{n-1}} = \frac{P}{P} = 1. \quad \square$$

人们常常把 $\prod p_n$ 写成这样的形式:

$$\prod (1 + a_n),$$

其中 $a_n = p_n - 1$. 采用这样的写法,可以把定理 1 表述为:

定理 1′　如果无穷乘积

207

$$\prod_{n=1}^{+\infty}(1+a_n)$$

收敛,那么

$$\lim a_n = 0.$$

无穷乘积 $\prod p_n$ 收敛的必要条件是

$$\lim p_n = 1.$$

因此,存在 $m \in \mathbf{N}$,使得 $n > m$ 时,$p_n > 0$. 乘积

$$\prod_{n=1}^{+\infty} p_n$$

可以分成两部分

$$\left(\prod_{k=1}^{m} p_k\right) \cdot \left(\prod_{n=1}^{+\infty} p_{m+n}\right).$$

前一部分是普通的有限乘积. 涉及无穷乘积收敛性的问题,只与后一部分有关. 因此,**在以下的讨论中,我们假定所有的 p_n 都是正的**:

$$p_n > 0, \quad \forall n \in \mathbf{N}.$$

下面的定理把无穷乘积与无穷级数联系起来.

定理 2　无穷乘积 $\prod p_n = \prod (1+a_n)$ 收敛的充分必要条件是:无穷级数

$$\sum \ln p_n = \sum \ln (1 + a_n)$$

收敛.

证明　我们有

$$\sum_{k=1}^{n} \ln p_k = \ln \prod_{k=1}^{n} p_k,$$

$$\prod_{k=1}^{n} p_k = e^{\sum_{k=1}^{n} \ln p_k}. \quad \square$$

注记　无穷乘积 $\prod p_n = \prod (1+a_n)$ 发散于 $0(+\infty)$ 的充分必要条件是:无穷级数

$$\sum \ln p_n = \sum \ln (1 + a_n)$$

发散于 $-\infty(+\infty)$.

定理 3 设 $a_n \geqslant 0$，$\forall\, n \geqslant n_0$，则无穷乘积

$$\prod_{n=1}^{+\infty}(1 + a_n)$$

收敛的充分必要条件是：无穷级数

$$\sum_{n=1}^{+\infty}a_n$$

收敛.

证明 对于无穷乘积 $\prod(1+a_n)$ 和无穷级数 $\sum a_n$ 来说，收敛的必要条件都是

$$\lim a_n = 0.$$

在这条件下就有

$$\lim \frac{\ln(1 + a_n)}{a_n} = 1.$$

于是，正项级数 $\sum a_n$ 与 $\sum \ln(1+a_n)$ 有同样的敛散性，——而后者又与无穷乘积 $\prod(1+a_n)$ 有同样的敛散性. □

设 $a_n > -1 (\forall\, n \in \mathbf{N})$. 如果无穷级数

$$\sum |\ln p_n| = \sum |\ln(1 + a_n)|$$

收敛，那么我们就说无穷乘积

$$\prod p_n = \prod(1 + a_n)$$

绝对收敛.

定理 4 设 $a_n > -1 (\forall\, n \in \mathbf{N})$，则以下三条件互相等价：

(1) 无穷乘积 $\prod(1+a_n)$ 绝对收敛；

(2) 无穷乘积 $\prod(1+|a_n|)$ 收敛；

(3) 无穷级数 $\sum a_n$ 绝对收敛.

证明 (1)和(2)分别等价于

$(1')$ $\sum |\ln(1 + a_n)|$ 收敛

和

(2′) $\sum \ln (1 + |a_n|)$ 收敛.

我们注意到:(1),(2)和(3)的必要条件都是:

$$\lim a_n = 0.$$

以下假定这条件成立. 因为

$$\lim \frac{|\ln(1 + a_n)|}{|a_n|} = 1,$$

$$\lim \frac{\ln(1 + |a_n|)}{|a_n|} = 1,$$

所以 $\sum |\ln (1+a_n)|$ 和 $\sum \ln (1+|a_n|)$ 都与 $\sum |a_n|$ 有同样的敛散性. 这证明了定理. □

下面给出无穷乘积的一些例子.

例 1 $\displaystyle\prod_{n=2}^{+\infty} \left(1 - \frac{1}{n^2}\right).$

我们来考查它的部分乘积. 因为

$$P_n = \prod_{k=2}^{n} \left(1 - \frac{1}{k^2}\right) = \prod_{k=2}^{n} \frac{(k-1)(k+1)}{k^2}$$

$$= \frac{1 \times 3}{2^2} \times \frac{2 \times 4}{3^2} \times \frac{3 \times 5}{4^2} \times \cdots$$

$$\times \frac{(n-2) \times n}{(n-1)^2} \times \frac{(n-1) \times (n+1)}{n^2}$$

$$= \frac{n+1}{2n} \to \frac{1}{2} (n \to +\infty),$$

所以

$$\prod_{n=2}^{+\infty} \left(1 - \frac{1}{n^2}\right) = \frac{1}{2}.$$

例 2 $\displaystyle\prod_{n=1}^{+\infty} (1+x^{2^{n-1}}) \quad (|x|<1).$

我们来考查它的部分乘积. 因为

$$P_n = (1 + x)(1 + x^2) \cdots (1 + x^{2^{n-1}})$$

$$= \frac{1 - x^{2^n}}{1 - x} \to \frac{1}{1 - x},$$

210

所以

$$\prod_{n=1}^{+\infty}(1+x^{2^{n-1}}) = \frac{1}{1-x}.$$

例 3 $\displaystyle\prod_{n=1}^{+\infty}\cos\frac{\varphi}{2^n}$ ($\varphi\neq0$).

因为

$$P_n = \prod_{k=1}^{n}\cos\frac{\varphi}{2^k} = \frac{\sin\varphi}{2^n\sin\dfrac{\varphi}{2^n}} \to \frac{\sin\varphi}{\varphi}.$$

所以

$$\prod_{n=1}^{+\infty}\cos\frac{\varphi}{2^n} = \frac{\sin\varphi}{\varphi}.$$

例 4 在第九章 §6 中,我们曾证明瓦利斯公式:

$$\frac{\pi}{2} = \lim_{n\to+\infty}\frac{1}{2n+1}\left[\frac{(2n)!!}{(2n-1)!!}\right]^2$$

$$= \lim_{n\to+\infty}\frac{1}{2n}\left[\frac{(2n)!!}{(2n-1)!!}\right]^2.$$

瓦利斯公式当然可以看做无穷乘积. 由这公式还可以导出

$$\prod_{n=1}^{+\infty}\left(1-\frac{1}{4n^2}\right) = \lim_{n\to+\infty}(2n+1)\left[\frac{(2n-1)!!}{(2n)!!}\right]^2 = \frac{2}{\pi};$$

$$\prod_{n=1}^{+\infty}\left[1-\frac{1}{(2n+1)^2}\right] = \lim_{n\to+\infty}\frac{1}{2(2n+2)}\left[\frac{(2n+2)!!}{(2n+1)!!}\right]^2$$

$$= \frac{\pi}{4}.$$

第十九章　函数序列与函数级数

§1　概　　说

本章考查各项都是 x 的函数的序列

$$(1.1) \qquad f_1(x), f_2(x), \cdots, f_n(x), \cdots,$$

同时也考查各项都是 x 的函数的级数

$$(1.2) \qquad \sum_{n=1}^{+\infty} u_n(x).$$

使得函数序列(1.1)(或函数级数(1.2))收敛的 x 的集合,被称为序列(1.1)(或级数(1.2))的收敛域.下面是关于收敛域的一些例子:

例 1　函数级数

$$\sum_{n=0}^{+\infty} \frac{x^n}{n!}$$

的收敛域是 $(-\infty, +\infty) = \mathbb{R}$(可用达朗贝尔判别法确定).

例 2　函数级数

$$\sum_{n=1}^{+\infty} e^{nx}$$

的收敛域是 $(-\infty, 0)$(可用柯西根式判别法确定).

例 3　函数序列

$$f_n(x) = x^n, \quad n = 1, 2, \cdots$$

的收敛域是 $(-1, 1]$.

例 4　函数级数

$$\sum_{n=1}^{+\infty} \frac{1}{x^n}$$

的收敛域是

$$\{x \in \mathbb{R} \mid |x| > 1\} = (-\infty, -1) \cup (1, +\infty).$$

例 5 函数级数

$$\sum_{n=1}^{+\infty} (n!) x^n$$

的收敛域是单点集 $\{0\}$.

例 6 函数级数

$$\sum_{n=1}^{+\infty} e^{nx^2}$$

的收敛域是空集合.

设 $D \subset \mathbb{R}$. 如果函数序列 $\{f_n(x)\}$ 的收敛域包含了 D, 那么对每一个 $x \in D$ 都存在极限

$$f(x) = \lim_{n \to +\infty} f_n(x) \in \mathbb{R}.$$

用这种方式可以定义一个函数

$$f : D \to \mathbb{R}.$$

我们把这种用逐点收敛的极限定义的函数 f, 叫做函数序列 $\{f_n(x)\}$ 在集合 D 上的**极限函数**.

于是, 产生了这样一类问题: 如果函数序列 $\{f_n(x)\}$ 的每一项都具有某种分析性质(例如连续性), 那么极限函数 $f(x)$ 是否也具有同样的性质? 回答这一类问题是本章的主要任务. 将在下一节中介绍的一致收敛性概念, 对于极限函数性质的研究, 起着非常重要的作用. 这里, 我们通过例子来说明: 逐点收敛性不足以保证极限函数的连续性.

例 7 考查函数序列

$$f_n(x) = \frac{x^{2n}}{1 + x^{2n}}, \quad n = 1, 2, \cdots.$$

我们看到, 虽然这序列的各项都是连续函数, 极限函数 $f(x) = \lim f_n(x)$ 却具有间断点 $x = \pm 1$ (图 19-1):

$$f(x) = \begin{cases} 0, & \text{如果 } |x| < 1, \\ \dfrac{1}{2}, & \text{如果 } |x| = 1, \\ 1, & \text{如果 } |x| > 1. \end{cases}$$

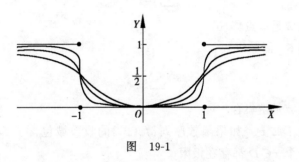

图 19-1

§2　一致收敛性

所谓"函数序列 $\{f_n(x)\}$ 在区间 I 上(逐点)收敛于函数 $f(x)$",就是说:对于任意指定的 $x_0 \in I$,数列 $\{f_n(x_0)\}$ 收敛于 $f(x_0)$. 用" $\varepsilon\text{-}N$ "方式陈述,就是:对于任意的 $x_0 \in I$ 和任意的 $\varepsilon > 0$,存在

$$N = N(x_0, \varepsilon) \in \mathbf{N},$$

使得只要 $n > N$,就有

$$|f_n(x_0) - f(x_0)| < \varepsilon.$$

请注意,这里所存在的 $N = N(x_0, \varepsilon)$ 不仅与 ε 有关,而且还与 x_0 有关. 一般说来,在不同的点 $x_0 \in I$,序列 $\{f_n(x_0)\}$ 的收敛速度是不一样的.

有的函数序列在各点的收敛速度相差很悬殊. 请看下面的例子.

214

例1 考查函数序列

$$f_n(x) = x^n, \quad n = 1, 2, \cdots.$$

这函数序列在区间 $(0,1)$ 上逐点收敛于函数

$$f(x) = 0.$$

对于 $0 < \varepsilon < 1$,为了使

$$|f_n(x) - f(x)| = x^n < \varepsilon,$$

必须而且只需

$$n > N(x, \varepsilon) = \left[\frac{\ln \varepsilon}{\ln x} \right]$$

（这里的 [ ] 表示取整数部分）.

在不同的点 $x \in (0,1)$,序列 $\{f_n(x)\}$ 的收敛速度很不一样. 例如,为了使

$$|f_n(x) - f(x)| < \frac{1}{10^{120}},$$

在 $x_1 = \dfrac{1}{10}$ 处,至少要

$$n > N_1 = 120;$$

在 $x_3 = \dfrac{1}{10^3}$ 处,须要

$$n > N_3 = 40;$$

而在 $x_{12} = \dfrac{1}{10^{12}}$ 处,则只要

$$n > N_{12} = 10.$$

特别值得注意的是:对于给定的 $\varepsilon \in \left(0, \dfrac{1}{2}\right)$,不论 n 怎样大,总存在

$$x_0 = (2\varepsilon)^{\frac{1}{n}} \in (0,1),$$

使得

$$|f_n(x_0) - f(x_0)| = 2\varepsilon > \varepsilon.$$

因此,不可能找到对所有的 $x \in (0,1)$ 都适用的统一的 $N = N(\varepsilon)$

(参看图 19-2).

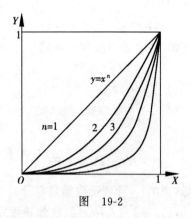

图 19-2

下面的例 2 所展示的,则是另一种重要的情形(参看图19-3).

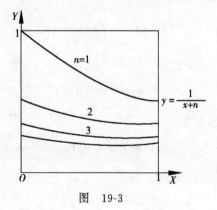

图 19-3

例 2 考查函数序列

$$f_n(x) = \frac{1}{x+n}, \quad n = 1, 2, \cdots.$$

这函数序列在区间(0,1)上逐点收敛于函数

$$f(x) = 0.$$

虽然在各点的收敛速度仍有差别,但对任意的 $\varepsilon \in (0,1)$,存在对所有的 $x \in (0,1)$ 都能适用的

$$N = N(\varepsilon) = \left[\frac{1}{\varepsilon}\right],$$

使得只要 $n > N$, 就有

$$|f_n(x) - f(x)| = \frac{1}{x+n} < \frac{1}{n} < \varepsilon.$$

定义 1 设函数序列 $\{f_n(x)\}$ 在集合 E 上逐点收敛于函数 $f(x)$. 如果对于任何 $\varepsilon > 0$, 存在 $N = N(\varepsilon) \in \mathbf{N}$($N = N(\varepsilon)$ 不随 x 而改变), 使得只要 $n > N$, 就有

$$|f_n(x) - f(x)| < \varepsilon, \quad \forall\, x \in E,$$

那么我们就说函数序列 $\{f_n(x)\}$ 在集合 E 上一致收敛于函数 $f(x)$, 并约定用以下记号来表示

$$f_n(x) \underset{E}{\rightrightarrows} f(x) \quad (n \to +\infty).$$

用几何式的语言, 可以对定义 1 作这样的描述: 所谓函数序列 $\{f_n(x)\}$ 在集合 E 上一致收敛于函数 $f(x)$, 就是说, 对任何 $\varepsilon > 0$, 存在 $N = N(\varepsilon) \in \mathbf{N}$, 使得只要 $n > N$, 定义于 E 上的曲线 $y = f_n(x)$ 就都落入带状区域

$$\{(x,y) \mid x \in E, f(x) - \varepsilon < y < f(x) + \varepsilon\}$$

之中(参看图 19-4).

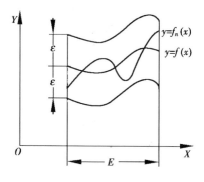

图 19-4

关于函数级数的一致收敛性,也可类似地陈述定义:

定义 1′ 设函数级数

$$\sum_{n=1}^{+\infty} u_n(x)$$

在集合 E 上逐点收敛于和函数 $S(x)$. 如果对任意的 $\varepsilon>0$,存在 $N=N(\varepsilon)\in\mathbf{N}(N(\varepsilon)$ 不随 x 而改变),使得只要 $n>N$,就有

$$\left|\sum_{k=1}^{n} u_k(x) - S(x)\right| < \varepsilon, \quad \forall\, x\in E,$$

那么我们就说函数级数 $\sum u_n(x)$ 在集合 E 上一致收敛于和函数 $S(x)$.

例 3 在区间 $[0,1]$ 上,考查函数级数

$$f_n(x) = \frac{x}{1+n^2x^2}, \quad n = 1, 2, \cdots.$$

容易看出,极限函数为

$$f(x) = \lim_{n\to+\infty} f_n(x) = 0, \quad x\in[0,1].$$

因为

$$
\begin{aligned}
|f_n(x)-f(x)| &= \frac{x}{1+n^2x^2}\\
&= \frac{1}{2n} \cdot \frac{2nx}{1+n^2x^2}\\
&\leqslant \frac{1}{2n}, \quad \forall\, x\in[0,1],
\end{aligned}
$$

所以函数序列 $\{f_n(x)\}$ 在区间 $[0,1]$ 上一致收敛于极限函数 0(参看图 19-5).

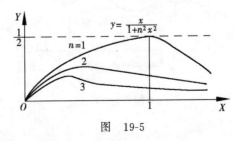

图 19-5

例 4 在区间 $[0,1]$ 上,考查函数序列

$$g_n(x) = \frac{nx}{1+n^2x^2}, \quad n = 1, 2, \cdots.$$

容易看出,极限函数为

$$g(x) = \lim_{n \to +\infty} g_n(x) = 0, \quad x \in [0,1].$$

但对于 $\varepsilon \in \left(0, \frac{1}{2}\right)$,不论 n 怎样大,总存在

$$x_n = \frac{1}{n} \in [0,1],$$

使得

$$|g_n(x_n) - g(x_n)| = \frac{1}{2} > \varepsilon,$$

所以函数序列 $\{g_n(x)\}$ 在 $[0,1]$ 上不是一致收敛的(参看图 19-6).

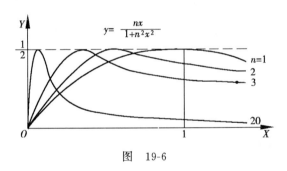

图 19-6

定理 1 设函数序列 $\{f_n(x)\}$ 在集合 E 上逐点收敛于函数 $f(x)$. 我们记

$$d(f_n, f) = \sup_{x \in E} |f_n(x) - f(x)|.$$

则以下三项陈述互相等价:

(1) $\{f_n(x)\}$ 一致收敛于 $f(x)$;

(2) $\lim_{n \to +\infty} d(f_n, f) = 0$;

(3) 对任何序列 $\{x_n\} \subset E$ 都有

$$\lim_{n \to +\infty} (f_n(x_n) - f(x_n)) = 0.$$

219

证明 先证"(1)⇒(2)".如果(1)成立,那么对任意 $\varepsilon>0$,存在 $N\in\mathbf{N}$,使得只要 $n>N$,就有

$$|f_n(x)-f(x)|<\frac{\varepsilon}{2}, \quad \forall\; x\in E.$$

由此可知,只要 $n>N$,就有

$$d(f_n,f)\leqslant\frac{\varepsilon}{2}<\varepsilon.$$

再来证明"(2)⇒(3)":对任意的 $\{x_n\}\subset E$,显然有

$$|f_n(x_n)-f(x_n)|\leqslant d(f_n,f).$$

最后证明"(3)⇒(1)"(用反证法).我们记 $n_0=0$.假定(1)不成立,则对某一 $\varepsilon>0$,存在 $n_k\in\mathbf{N}$,$n_k>n_{k-1}+1$ 和 $x_{n_k}\in E(k=1,2,\cdots)$,使得

$$|f_{n_k}(x_{n_k})-f(x_{n_k})|\geqslant\varepsilon.$$

对于 $m\in\mathbf{N}\backslash\{n_k\}$,可以随意选取 $x_m\in E$ 与之对应.这样,我们得到一个序列

$$\{x_n\}\subset E,$$

它的子序列 $\{x_{n_k}\}$ 使得

$$|f_{n_k}(x_{n_k})-f(x_{n_k})|\geqslant\varepsilon.$$

这说明:如果(1)不成立,那么(3)也不能成立.我们用反证法证明了"(3)⇒(1)". □

注记 陈述(2)常用于正面证明一致收敛性(如我们在例2和例3中所作);而陈述(3)则常用于从反面指出某函数序列不一致收敛(请看下面的例5和例6).

例5 考查函数序列

$$f_n(x)=\frac{1}{1+nx}, \quad n=1,2,\cdots.$$

在区间 $(0,1)$ 上,这函数序列逐点收敛于

$$f(x)=0.$$

但对于

$$x_n = \frac{1}{n}, \quad n = 1, 2, \cdots,$$

我们有

$$\left| f_n\left(\frac{1}{n}\right) - f\left(\frac{1}{n}\right) \right| = \frac{1}{2}, \quad n = 1, 2, \cdots.$$

因而这函数序列在区间$(0,1)$上不一致收敛.

例 6 考查函数序列

$$f_n(x) = 2n^2 x e^{-n^2 x^2}, \quad n = 1, 2, \cdots.$$

这函数序列在区间$[0,1]$上逐点收敛于函数

$$f(x) = 0.$$

但我们有

$$f_n\left(\frac{1}{n}\right) - f\left(\frac{1}{n}\right) = 2n e^{-1} \to +\infty.$$

因而这函数序列在区间$[0,1]$上不一致收敛.

利用下面的柯西原理,无须事先求出极限函数,就能判别一个函数序列是否一致收敛.

定理 2（一致收敛的柯西原理） 设函数序列$\{f_n(x)\}$的各项在集合 E 上有定义. 则这序列在 E 上一致收敛于某极限函数的充分必要条件是: 对任何$\varepsilon > 0$, 存在 $N = N(\varepsilon) \in \mathbf{N}$, 使得只要 $m, n > N$, 就有

$$|f_m(x) - f_n(x)| < \varepsilon, \quad \forall\, x \in E.$$

证明 先证必要性. 设函数序列$\{f_n(x)\}$一致收敛于函数 $f(x)$. 则对任何 $\varepsilon > 0$, 存在 $N \in \mathbf{N}$, 使得 $n > N$ 时,

$$|f_n(x) - f(x)| < \frac{\varepsilon}{2}, \quad \forall\, x \in E.$$

于是, 只要 $m, n > N$, 就有

$$|f_m(x) - f_n(x)|$$
$$\leqslant |f_m(x) - f(x)| + |f(x) - f_n(x)|$$
$$< \frac{\varepsilon}{2} + \frac{\varepsilon}{2} = \varepsilon, \quad \forall\, x \in E.$$

再证充分性. 对任意取定的 $x_0 \in E$, 数列 $\{f_n(x_0)\}$ 满足柯西条件, 因而收敛于一个实数. 我们记这实数为 $f(x_0)$. 用这样的方式, 定义了一个函数

$$f(x) = \lim_{n \to +\infty} f_n(x), \quad x \in E.$$

对任意的 $\varepsilon > 0$, 存在 $N \in \mathbf{N}$, 使得只要 $n > N$, $p \in \mathbf{N}$, 就有

$$|f_n(x) - f_{n+p}(x)| < \varepsilon, \quad \forall x \in E.$$

在上面的不等式中让 $p \to +\infty$ 取极限, 就得到

$$|f_n(x) - f(x)| \leqslant \varepsilon, \quad \forall x \in E.$$

这证明了函数序列 $\{f_n(x)\}$ 一致收敛于函数 $f(x)$. $\square$

例 7 设函数序列 $\{f_n(x)\}$ 在 E 上一致收敛, 而函数 $\varphi(x)$ 在 E 上有界. 则函数序列 $\{\varphi(x)f_n(x)\}$ 也在 E 上一致收敛.

事实上, 设

$$|\varphi(x)| \leqslant M, \quad \forall x \in E,$$

则有

$$|\varphi(x)f_m(x) - \varphi(x)f_n(x)| \leqslant M|f_m(x) - f_n(x)|, \quad \forall x \in E.$$

定理 2′ (一致收敛的柯西原理——级数形式)

设函数级数 $\sum u_n(x)$ 的每一项都在集合 E 上有定义. 则这级数在 E 上一致收敛的充分必要条件是: 对任何 $\varepsilon > 0$, 存在 $N = N(\varepsilon) \in \mathbf{N}$, 使得只要 $n > N$, $p \in \mathbf{N}$, 就有

$$\left| \sum_{k=n+1}^{n+p} u_k(x) \right| < \varepsilon, \quad \forall x \in E.$$

推论 如果函数级数 $\sum |u_n(x)|$ 在集合 E 上一致收敛, 那么函数级数 $\sum u_n(x)$ 也在集合 E 上一致收敛.

下面介绍关于函数级数一致收敛性的一些常用的判别法.

定理 3 (维尔斯特拉斯判别法) 设函数级数 $\sum u_n(x)$ 的各项在集合 E 上有定义. 如果存在收敛的数项级数 $\sum M_n$, 使得

$$|u_n(x)| \leqslant M_n, \quad \forall x \in E,$$
$$n = 1, 2, \cdots,$$

那么函数级数 $\sum u_n(x)$ 在集合 E 上一致收敛.

证明 因为数项级数 $\sum M_n$ 收敛,所以对任何 $\varepsilon>0$,存在 $N=N(\varepsilon)\in \mathbf{N}$,使得只要 $n>N$,$p\in \mathbf{N}$,就有

$$\sum_{k=n+1}^{n+p} M_k < \varepsilon.$$

于是,只要 $n>N$,$p\in \mathbf{N}$,就有

$$\left| \sum_{k=n+1}^{n+p} u_k(x) \right| \leqslant \sum_{k=n+1}^{n+p} M_k < \varepsilon, \quad \forall\, x\in E.$$

由柯西原理就可断定函数级数 $\sum u_n(x)$ 在集合 E 上一致收敛. $\square$

注记 满足定理 2 中条件的数项级数 $\sum M_n$ 被称为函数级数 $\sum u_n(x)$ 的"优级数".

例 8 设数项级数 $\sum a_n$ 绝对收敛. 我们来考查两个函数级数

$$\sum a_n\cos nx \text{ 和 } \sum a_n\sin nx.$$

因为

$$|a_n\cos nx| \leqslant |a_n|, \quad |a_n\sin nx| \leqslant |a_n|,$$

所以 $\sum |a_n|$ 是两函数级数的优级数. 根据维尔斯特拉斯判别法,我们断定:两函数级数(在任何集合 $E\subset \mathbf{R}$ 上)都是一致收敛的.

维尔斯特拉斯判别法只适用于判别绝对一致收敛的函数级数.关于条件收敛级数的一致收敛性,有以下的狄里克莱判别法与阿贝尔判别法.

定理 4(狄里克莱判别法) 我们来考查这样的函数级数

$$\sum a_n(x)b_n(x), \quad x\in E.$$

如果

(1) 序列 $\{a_n(x)\}$ 对每一取定的 $x\in E$ 都是单调的,并且这函数序列在 E 上一致地趋于 0;

(2) 函数级数 $\sum b_n(x)$ 的部分和序列在 E 上一致有界:

223

$$\left|\sum_{k=1}^{n} b_k(x)\right| \leqslant L, \quad \forall \, n \in \mathbf{N}, x \in E,$$

那么级数 $\sum a_n(x)b_n(x)$ 在 E 上一致收敛.

证明 我们用阿贝尔引理来估计

$$\left|\sum_{k=n+1}^{n+p} a_k(x)b_k(x)\right|.$$

因为

$$\left|\sum_{k=n+1}^{n+p} b_k(x)\right| \leqslant 2L, \quad \forall \, x \in E,$$

所以

$$\left|\sum_{k=n+1}^{n+p} a_k(x)b_k(x)\right|$$

$$\leqslant 2L(|a_{n+1}(x)|+2|a_{n+p}(x)|), \quad \forall \, x \in E.$$

又因为函数序列 $\{a_n(x)\}$ 在 E 上一致地趋于 0,所以对任何 $\varepsilon > 0$,存在 $N = N(\varepsilon) \in \mathbf{N}$,使得只要 $n > N$,就有

$$|a_n(x)| < \frac{\varepsilon}{6L}, \quad \forall \, x \in E.$$

于是,$n > N$ 时就有

$$\left|\sum_{k=n+1}^{n+p} a_k(x)b_k(x)\right| < \varepsilon, \quad \forall \, p \in \mathbf{N}, x \in E.$$

根据柯西原理,我们断定级数 $\sum a_n(x)b_n(x)$ 在集合 E 上一致收敛. □

定理 5(阿贝尔判别法) 考查函数级数

$$\sum a_n(x)b_n(x).$$

如果

(1) 序列 $\{a_n(x)\}$ 对每一取定的 $x \in E$ 都是单调的,并且这函数序列在 E 上一致有界:

$$|a_n(x)| \leqslant M, \quad \forall \, n \in \mathbf{N}, x \in E;$$

(2) 函数级数 $\sum b_n(x)$ 在 E 上一致收敛,

那么函数级数 $\sum a_n(x)b_n(x)$ 也在集合 E 上一致收敛.

证明   因为 $\sum b_n(x)$ 在 E 上一致收敛,所以对任何 $\varepsilon'>0$,存在 $N\in\mathbf{N}$,使得只要

$$n>N,\ p\in\mathbf{N},$$

就有

$$\left|\sum_{k=n+1}^{n+p}b_k(x)\right|<\varepsilon'.$$

利用阿贝尔引理估计 $\sum_{k=n+1}^{n+p}a_k(x)b_k(x)$,我们得到

$$\left|\sum_{k=n+1}^{n+p}a_k(x)b_k(x)\right|$$
$$\leqslant\varepsilon'(|a_{n+1}(x)|+2|a_{n+p}(x)|)$$
$$\leqslant 3M\varepsilon',\quad\forall\ p\in\mathbf{N},\ x\in E.$$

对于任何 $\varepsilon>0$,我们当然可以选取 $\varepsilon'>0$,使得

$$3M\varepsilon'<\varepsilon.\quad\square$$

§3   极限函数的分析性质

本节考查一致收敛函数序列的极限函数的分析性质. 问题的实质是交换两个极限运算的次序.

定理 1(极限函数的连续性)   如果函数序列 $\{f_n(x)\}$ 的每一项都在区间 I 连续,并且这函数序列在区间 I 上一致收敛于 $f(x)$,那么极限函数 $f(x)$ 也在区间 I 连续.

证明   设 x_0 是 I 中任意一点,x 是 I 中邻近 x_0 的一点. 我们有

$$|f(x)-f(x_0)|\leqslant|f(x)-f_n(x)|+|f_n(x)-f_n(x_0)|$$
$$+|f_n(x_0)-f(x_0)|.$$

因为函数序列 $\{f_n(x)\}$ 在区间 I 上一致收敛于 $f(x)$,所以对任何 $\varepsilon>0$,存在 $N\in\mathbf{N}$,使得只要 $n>N$,就有

$$|f_n(x) - f(x)| < \frac{\varepsilon}{3}, \quad \forall \, x \in I.$$

取定一个 $n > N$，我们考查函数 $f_n(x)$. 因为这函数在区间 I 连续，所以存在 $\delta > 0$，使得只要

$$x \in I, \ |x - x_0| < \delta,$$

就有

$$|f_n(x) - f_n(x_0)| < \frac{\varepsilon}{3}.$$

于是，只要 $x \in I, |x - x_0| < \delta$，就有

$$\begin{aligned} |f(x) - f(x_0)| &\leqslant |f(x) - f_n(x)| + |f_n(x) - f_n(x_0)| \\ &\quad + |f_n(x_0) - f(x_0)| \\ &< \frac{\varepsilon}{3} + \frac{\varepsilon}{3} + \frac{\varepsilon}{3} = \varepsilon. \quad \square \end{aligned}$$

关于函数级数也有相应的结果.

定理 1′ 如果函数级数 $\sum u_n(x)$ 的每一项都在区间 I 连续，并且这函数级数在区间 I 上一致收敛于 $u(x)$，那么和函数 $u(x)$ 也在区间 I 连续.

定理 2（逐项积分定理） 如果函数序列 $\{f_n(x)\}$ 的每一项都在闭区间 $[a, b]$ 连续，并且这函数序列在闭区间 $[a, b]$ 一致收敛于 $f(x)$，那么就有

$$\lim_{n \to +\infty} \int_a^b f_n(x) \mathrm{d}x = \int_a^b f(x) \mathrm{d}x.$$

证明 根据定理 1，函数 $f(x)$ 在闭区间 $[a, b]$ 上连续，因而在这区间上可积. 我们来估计

$$\left| \int_a^b f_n(x) \mathrm{d}x - \int_a^b f(x) \mathrm{d}x \right| = \left| \int_a^b (f_n(x) - f(x)) \mathrm{d}x \right|.$$

因为函数序列 $\{f_n(x)\}$ 在闭区间 $[a, b]$ 上一致收敛于 $f(x)$，所以对任何 $\varepsilon > 0$，存在 $N \in \mathbf{N}$，使得只要 $n > N$，就有

$$|f_n(x) - f(x)| < \varepsilon, \quad \forall \, x \in I.$$

于是，只要 $n > N$，就有

$$\left| \int_a^b f_n(x) \mathrm{d}x - \int_a^b f(x) \mathrm{d}x \right| \leqslant \int_a^b |f_n(x) - f(x)| \mathrm{d}x$$
$$< \varepsilon(b-a).$$

这证明了

$$\lim_{n \to +\infty} \int_a^b f_n(x) \mathrm{d}x = \int_a^b f(x) \mathrm{d}x. \quad \square$$

关于函数级数也有相应的逐项积分定理.

定理 2' 如果函数级数 $\sum u_n(x)$ 的每一项都在闭区间 $[a,b]$ 连续, 并且这函数级数在闭区间 $[a,b]$ 上一致收敛于和函数 $u(x)$, 那么就有

$$\sum_{n=1}^{+\infty} \int_a^b u_n(x) \mathrm{d}x = \int_a^b u(x) \mathrm{d}x.$$

定理 3(逐项微分定理) 如果函数序列 $\{f_n(x)\}$ 满足条件:

(1) 每一项 $f_n(x)$ 在 $[a,b]$ 连续可微;

(2) 导函数数列 $\{f_n'(x)\}$ 在闭区间 $[a,b]$ 上一致收敛于 $\varphi(x)$;

(3) $\{f_n(x)\}$ 至少在某一点 $x_0 \in [a,b]$ 收敛;

$$\lim_{n \to +\infty} f_n(x_0) = y_0 \in \mathbb{R},$$

那么函数序列 $\{f_n(x)\}$ 在闭区间 $[a,b]$ 上一致收敛于某个连续可微函数 $f(x)$, 并且

$$f'(x) = \varphi(x).$$

证明 根据条件(1), 我们有

$$(3.1) \qquad f_n(x) = f_n(x_0) + \int_{x_0}^x f_n'(\xi) \mathrm{d}\xi,$$

$$\forall \, x \in [a,b], \ n \in \mathbb{N}.$$

由此得到

$$|f_m(x) - f_n(x)| \leqslant |f_m(x_0) - f_n(x_0)|$$
$$+ (b-a) \sup_{\xi \in [a,b]} |f_m'(\xi) - f_n'(\xi)|,$$
$$\forall \, x \in [a,b], \ m,n \in \mathbb{N}.$$

根据定理的条件(2)和(3), 对任意的 $\varepsilon > 0$, 存在 $N = N(\varepsilon) \in \mathbb{N}$,

使得只要 $m,n>N$，就有

$$|f_m(x_0)-f_n(x_0)|<\frac{\varepsilon}{2},$$

$$\sup_{\xi\in[a,b]}|f'_m(\xi)-f'_n(\xi)|<\frac{\varepsilon}{2(b-a)}.$$

于是，只要 $m,n>N$，就有

$$|f_m(x)-f_n(x)|<\frac{\varepsilon}{2}+\frac{\varepsilon}{2}=\varepsilon, \quad \forall\, x\in[a,b].$$

根据柯西原理，我们断定：函数序列 $\{f_n(x)\}$ 在闭区间 $[a,b]$ 一致收敛于极限函数 $f(x)$.

在(3.1)式中让 $n\to+\infty$ 取极限，利用定理 2，我们得到

$$f(x)=y_0+\int_{x_0}^{x}\varphi(\xi)\mathrm{d}\xi, \quad \forall\, x\in[a,b].$$

由这表示式可知：函数 $f(x)$ 是连续可微的，并且

$$f'(x)=\varphi(x), \quad \forall\, x\in[a,b]. \quad \square$$

关于函数级数，也有相应的逐项微分定理.

定理 3′ 如果函数级数 $\sum u_n(x)$ 满足条件：

(1) 每一项 $u_n(x)$ 在 $[a,b]$ 连续可微；

(2) 由各项的导函数组成的级数 $\sum u'_n(x)$ 在 $[a,b]$ 上一致收敛于和函数 $\varphi(x)$；

(3) $\sum u_n(x)$ 至少在某一点 $x_0\in[a,b]$ 收敛，

那么函数级数 $\sum u_n(x)$ 在闭区间 $[a,b]$ 上一致收敛，其和函数 $u(x)$ 在 $[a,b]$ 连续可微，并且 $u'(x)=\varphi(x)$，也就是

$$\Big(\sum_{n=1}^{+\infty}u_n(x)\Big)'=\sum_{n=1}^{+\infty}u'_n(x).$$

定理 1 可以推广为以下更一般的形式：

定理 4 设 $E\subset\mathbb{R}$，x_0 是 E 的聚点，函数序列 $\{f_n(x)\}$ 在集合 E 上一致收敛于 $f(x)$，并且当 $x\to x_0$ 时该序列各项收敛于极限

$$\lim_{\substack{x\to x_0\\E}}f_n(x)=a_n\in\mathbb{R}, \quad n=1,2,\cdots,$$

则存在有穷极限

$$\lim_{n \to +\infty} a_n = a \in \mathbb{R},$$

并且有

$$\lim_{\substack{x \to x_0 \\ E}} f(x) = \lim_{n \to +\infty} a_n = a.$$

证明　先证明数列 $\{a_n\}$ 收敛. 由一致收敛的柯西原理可知, 对任意的 $\varepsilon > 0$, 存在 $N \in \mathbf{N}$, 使得只要 $m, n > N$, 就有

$$|f_m(x) - f_n(x)| < \frac{\varepsilon}{2}, \quad \forall \ x \in E.$$

在上式中让 $x \underset{E}{\to} x_0$ 就得到

$$|a_m - a_n| \leqslant \frac{\varepsilon}{2} < \varepsilon.$$

根据数列的柯西原理可以断定: 存在有穷极限

$$\lim_{n \to +\infty} a_n = a \in \mathbb{R}.$$

为了证明 $\lim\limits_{\substack{x \to x_0 \\ E}} f(x) = a$, 我们作如下的估计

$$|f(x) - a| \leqslant |f(x) - f_n(x)| + |f_n(x) - a_n| + |a_n - a|.$$

因为函数序列 $\{f_n(x)\}$ 在 E 上一致收敛于 $f(x)$, 数列 $\{a_n\}$ 收敛于 a, 所以对任何 $\varepsilon > 0$, 存在 $N \in \mathbf{N}$, 使得只要 $n > N$, 就有

$$|f(x) - f_n(x)| < \frac{\varepsilon}{3}, \quad \forall \ x \in E,$$

$$|a_n - a| < \frac{\varepsilon}{3}.$$

取定一个 $n > N$, 我们来考查函数 $f_n(x)$. 因为

$$\lim_{\substack{x \to x_0 \\ E}} f_n(x) = a_n,$$

所以存在 $\delta > 0$, 使得只要

$$x \in E, \quad 0 < |x - x_0| < \delta,$$

就有

$$|f_n(x) - a_n| < \frac{\varepsilon}{3}.$$

于是,只要
$$x \in E, \quad 0 < |x - x_0| < \delta,$$
就有
$$|f(x) - a|$$
$$\leqslant |f(x) - f_n(x)| + |f_n(x) - a_n| + |a_n - a|$$
$$< \frac{\varepsilon}{3} + \frac{\varepsilon}{3} + \frac{\varepsilon}{3} = \varepsilon.$$
至此,我们完成了定理的证明. □

对于级数,我们有以下的逐项取极限定理:

定理 4′ 设 $E \subset \mathbb{R}$,x_0 是 E 的聚点,函数级数 $\sum u_n(x)$ 在集合 E 上一致收敛,并且当 $x \to x_0$ 时该级数各项收敛于极限
$$\lim_{\substack{x \to x_0 \\ E}} u_n(x) = a_n, \quad n = 1, 2, \cdots,$$
则级数 $\sum a_n$ 收敛:
$$\sum_{n=1}^{+\infty} a_n = a \in \mathbb{R},$$
并且有
$$\lim_{\substack{x \to x_0 \\ E}} \sum_{n=1}^{+\infty} u_n(x) = \sum_{n=1}^{+\infty} a_n = a.$$

以上这些定理所讨论的,实质上都是两个极限运算交换次序的问题. 例如,定理1(以及定理4)的结论可以写成
$$\lim_{x \to x_0} \lim_{n \to +\infty} f_n(x) = \lim_{n \to +\infty} \lim_{x \to x_0} f_n(x);$$
定理 2 的结论可以写成
$$\int_a^b (\lim_{n \to +\infty} f_n(x)) \mathrm{d}x = \lim_{n \to +\infty} \int_a^b f_n(x) \mathrm{d}x;$$
定理 3 的结论可以写成
$$\frac{\mathrm{d}}{\mathrm{d}x} (\lim_{n \to +\infty} f_n(x)) = \lim_{n \to +\infty} \frac{\mathrm{d}}{\mathrm{d}x} (f_n(x)).$$

还须指出:这些定理给出的,只是所涉及的两极限能交换顺序的充分条件(不是充分必要条件).

230

下面的狄尼(Dini)定理,是定理 1 的部分逆命题(附加了限制条件的逆命题).

定理 5(狄尼定理) 考查在闭区间$[a,b]$上逐点收敛的函数序列$\{f_n(x)\}$.如果

(1) 这序列的每一项$f_n(x)$在闭区间$[a,b]$连续;

(2) $f_n(x) \geqslant f_{n+1}(x), \forall\ x \in [a,b], n=1,2,\cdots$(或者 $f_n(x) \leqslant f_{n+1}(x), \forall\ x \in [a,b], n=1,2,\cdots$);

(3) 极限函数$f(x) = \lim\limits_{n \to +\infty} f_n(x)$在闭区间$[a,b]$连续,那么函数序列$\{f_n(x)\}$在闭区间$[a,b]$上一致收敛于$f(x)$.

证明 为了叙述方便,先作一些简化.我们记
$$\varphi_n(x) = f_n(x) - f(x), \quad n=1,2,\cdots$$
$$(或者 \varphi_n(x) = f(x) - f_n(x), \quad n=1,2,\cdots).$$
显然函数序列$\{\varphi_n(x)\}$满足条件:

(1′) 第一项$\varphi_n(x)$在闭区间$[a,b]$连续;

(2′) $\varphi_n(x) \geqslant \varphi_{n+1}(x), \forall\ x \in [a,b], n=1,2,\cdots$;

(3′) $\{\varphi_n(x)\}$在$[a,b]$上逐点收敛于 0.

我们来证明:函数序列$\{\varphi_n(x)\}$在闭区间$[a,b]$上一致收敛于 0.
设 ε 是预先给定的任意正实数.对任意$x_0 \in [a,b]$,存在$n_0 = n(x_0) \in \mathbf{N}$,使得

$$0 \leqslant \varphi_{n_0}(x_0) < \frac{\varepsilon}{2}.$$

由于函数$\varphi_{n_0}(x)$在闭区间$[a,b]$连续,存在x_0的邻域$U(x_0)$,使得只要

$$x \in U(x_0) \bigcap [a,b],$$

就有

$$0 \leqslant \varphi_{n_0}(x) < \varepsilon.$$

于是,对于$x \in U(x_0) \bigcap [a,b]$和$n > n_0$,就有

$$0 \leqslant \varphi_n(x) \leqslant \varphi_{n_0}(x) < \varepsilon.$$

对闭区间 $[a,b]$ 的每一点 x_0，都存在这样的 $n(x_0)$ 和 $U(x_0)$. 所有这样的 $U(x_0)$ 构成闭区间 $[a,b]$ 的一个开覆盖，因而存在其中的有限个

$$U(x_1),\ U(x_2),\cdots,U(x_k),$$

它们仍能覆盖住闭区间 $[a,b]$. 我们记

$$N = \max\{n(x_1),n(x_2),\cdots,n(x_k)\}.$$

因为任意的 $x\in[a,b]$ 必定属于某个 $U(x_j)$，所以只要 $n>N$ $(\geqslant n(x_j))$，就一定有

$$0\leqslant\varphi_n(x)<\varepsilon.$$

我们证明了函数序列 $\{\varphi_n(x)\}$ 在闭区间 $[a,b]$ 上一致收敛于 0，即函数序列 $\{f_n(x)\}$ 在闭区间 $[a,b]$ 上一致收敛于 $f(x)$. □

关于函数级数也有类似的狄尼定理：

定理 5′（狄尼定理）　考查在闭区间 $[a,b]$ 上逐点收敛的函数级数 $\sum u_n(x)$. 如果

(1) 这级数的每一项 $u_n(x)$ 在闭区间 $[a,b]$ 连续并且非负；

(2) 和函数 $u(x)=\displaystyle\sum_{n=1}^{+\infty}u_n(x)$ 在闭区间 $[a,b]$ 连续，

那么函数级数 $\sum u_n(x)$ 在闭区间 $[a,b]$ 上一致收敛于 $u(x)$.

§4　幂　级　数

本节考查如下形状的函数级数：

$$(4.1) \qquad\qquad \sum_{n=0}^{+\infty}a_n(x-x_0)^n.$$

这样的函数级数被称为幂级数. 它可以看成多项式的推广——"无穷次的多项式". 如果 $x_0=0$，那么幂级数 (4.1) 成为

$$\sum_{n=0}^{+\infty}a_n x^n.$$

对这一简单情形所作的讨论，可以平行地推广到任意 $x_0\in\mathbb{R}$ 的情形.

4.a 收敛半径

由柯西与阿达玛(Hadamard)提出并证明的以下定理指出：幂级数(4.1)的收敛域是以 x_0 为中点的一个区间(可以是开区间、闭区间或者半开半闭的区间，还可以是退化的区间——单点集$\{x_0\}$).

定理 1(柯西-阿达玛公式) 考查幂级数

$$\sum_{n=0}^{+\infty} a_n (x - x_0)^n.$$

如果记

$$(4.2) \qquad \rho = \frac{1}{\overline{\lim}\sqrt[n]{|a_n|}},$$

那么幂级数(4.1)对于使得 $|x-x_0| < \rho$ 的 x 绝对收敛，对于使得 $|x-x_0| > \rho$ 的 x 发散.

注记 对(4.2)式的确切含义，可以更详细地说明如下：对于

$$\lambda = \overline{\lim}\sqrt[n]{|a_n|},$$

我们约定

$$\rho = \begin{cases} +\infty, & \text{如果 } \lambda = 0, \\ \dfrac{1}{\lambda}, & \text{如果 } 0 < \lambda < +\infty, \\ 0, & \text{如果 } \lambda = +\infty. \end{cases}$$

定理 1 的证明 我们来考查

$$q = \varlimsup_{n \to +\infty} \sqrt[n]{|a_n(x-x_0)^n|}$$

$$= |x - x_0| \overline{\lim}\sqrt[n]{|a_n|}.$$

显然有

$$q = \begin{cases} < 1, & \text{如果 } |x-x_0| < \rho, \\ > 1, & \text{如果 } |x-x_0| > \rho. \end{cases}$$

根据柯西根式判别法就可以断定：幂级数(4.1)对于使得 $|x-x_0|$

$<\rho$ 的 x 绝对收敛,对于使得 $|x-x_0|>\rho$ 的 x 发散. $\quad\square$

定义 我们把由 (4.2) 式所定义的广义实数 ρ 叫做幂级数 (4.1) 的收敛半径.

关于幂级数 (4.1) 在区间端点 $x_0\pm\rho$ 处的敛散性,可以有各种不同的情形,不能一概而论. 请看下面的一些例子.

例 1 幂级数 $\sum x^n$ 的收敛半径 $\rho=1$. 容易看出,在端点 $x=\pm 1$ 处,级数是发散的. 因而这幂级数的收敛域是开区间 $(-1,1)$.

例 2 幂级数 $\sum \dfrac{x^n}{n}$ 的收敛半径 $\rho=1$. 在端点 $x=-1$ 处这级数是收敛的,但在端点 $x=1$ 处这级数是发散的. 因而这幂级数的收敛域是半开区间 $[-1,1)$.

例 3 幂级数 $\sum \dfrac{x^n}{n^2}$ 的收敛半径 $\rho=1$. 在端点 $x=\pm 1$ 处级数是收敛的. 因而这幂级数的收敛域是闭区间 $[-1,1]$.

下面是定理 1 的一个推论:

推论 考查幂级数

$$\sum_{n=1}^{+\infty} a_n(x-x_0)^n.$$

如果存在极限

$$\lim \left| \frac{a_{n+1}}{a_n} \right| = \lambda,$$

那么幂级数 (4.1) 的收敛半径可按下式计算:

$$\rho = \frac{1}{\lambda} = \frac{1}{\lim \left| \dfrac{a_{n+1}}{a_n} \right|}.$$

4. b　和函数的性质

为了讨论幂级数的和函数的性质,我们需要考查这级数的一致收敛性. 虽然未必能断定幂级数在整个收敛域上一致收敛,但至少可以确认:它在收敛域具有所谓的"内闭一致收敛性"——也就

234

是在包含于收敛域中的任何闭区间上具有一致收敛性.

为了记号简单,我们将对 $x_0=0$ 的情形进行讨论.所得的结果当然可以平行推广于一般的情形.

引理 1 设幂级数

(4.3)
$$\sum_{n=0}^{+\infty} a_n x^n$$

的收敛半径是 ρ,而 $[-r,r]$ 是包含于 $(-\rho,\rho)$ 之中的任何闭区间
$$[-r,r] \subset (-\rho,\rho),$$

则幂级数(4.3)在 $[-r,r]$ 上一致收敛.因而这幂级数的和函数

$$f(x) = \sum_{n=0}^{+\infty} a_n x^n$$

在开区间 $(-\rho,\rho)$ 内处处连续.

证明 在闭区间 $[-r,r]$ 上,幂级数 $\sum a_n x^n$ 以收敛级数 $\sum |a_n| r^n$ 为它的优级数.根据维尔斯特拉斯判别法就可断定:幂级数 $\sum a_n x^n$ 在闭区间 $[-r,r]$ 上一致收敛.

对任意的 $c \in (-\rho,\rho)$,我们可以选取 r, $0<r<\rho$,使得
$$c \in (-r,r).$$

因为幂级数 $\sum a_n x^n$ 在 $[-r,r](\subset(-\rho,\rho))$ 一致收敛,所以和函数 $f(x) = \sum a_n x^n$ 在 c 点连续. $\square$

阿贝尔曾对幂级数作过比较系统的研究.他提出的第一定理断定:幂级数的收敛域是一个区间——这结果我们已经以柯西-阿达玛公式的形式介绍过了.下面是阿贝尔研究幂级数时提出的第二个定理:

引理 2(阿贝尔第二定理) 设幂级数

$$\sum_{n=0}^{+\infty} a_n x^n$$

的收敛半径是 ρ,并且它在 $x=\rho$ 处(或者在 $x=-\rho$ 处)收敛,则这幂级数在闭区间 $[0,\rho]$ 上(或者在闭区间 $[-\rho,0]$ 上)一致收敛,因而和函数 $f(x) = \sum a_n x^n$ 在 $x=\rho$ 处左连续(或者:在 $x=-\rho$

处右连续).

证明 把所给的幂级数写成以下形式

$$\sum_{n=1}^{+\infty} a_n x^n = \sum_{n=1}^{+\infty} a_n \rho^n \left(\frac{x}{\rho}\right)^n,$$

我们注意到：

(1) 对于 $x \in [0, \rho]$，函数序列 $\left\{\left(\dfrac{x}{\rho}\right)^n\right\}$ 单调下降并且一致有界

$$1 \geqslant \frac{x}{\rho} \geqslant \left(\frac{x}{\rho}\right)^2 \geqslant \cdots \geqslant \left(\frac{x}{\rho}\right)^n \geqslant \cdots;$$

(2) 级数 $\sum a_n \rho^n$ 收敛(可以把这级数看成一致收敛的函数级数).

根据阿贝尔判别法，可以断定级数

$$\sum_{n=1}^{+\infty} a_n x^n = \sum_{n=1}^{+\infty} a_n \rho^n \left(\frac{x}{\rho}\right)^n$$

在闭区间 $[0, \rho]$ 一致收敛. 据此又可断定：和函数 $f(x) = \sum a_n x^n$ 在 $x = \rho$ 处左连续. $\square$

综合引理 1 和引理 2 的结果，我们得到：

定理 2 幂级数 $\displaystyle\sum_{n=1}^{+\infty} a_n x^n$ 的和函数

$$f(x) = \sum_{n=0}^{+\infty} a_n x^n.$$

在其收敛域的每一点连续，并且在任何包含于收敛域之中的闭区间上可以逐项积分.

证明 综合引理 1 和引理 2 的结果，可以断定：幂级数 $\displaystyle\sum_{n=1}^{+\infty} a_n x^n$ 在任何包含于收敛域之中的闭区间上一致收敛. $\square$

引理 3 由幂级数 $\sum a_n x^n$ 逐项求导所得到的级数

$$\sum_{n=1}^{+\infty} n a_n x^{n-1}$$

与原幂级数有同样的收敛半径.

证明 容易看出,幂级数

$$\sum_{n=1}^{+\infty} na_n x^{n-1} \quad \text{与} \quad \sum_{n=1}^{+\infty} na_n x^n$$

有同样的收敛域.因而它们的收敛半径相同.我们用柯西-阿达玛公式来计算后一幂级数的收敛半径 ρ'.因为

$$\overline{\lim}\sqrt[n]{n|a_n|} = \overline{\lim}(\sqrt[n]{n} \cdot \sqrt[n]{|a_n|})$$

$$= \lim \sqrt[n]{n} \cdot \overline{\lim}\sqrt[n]{|a_n|} = \overline{\lim}\sqrt[n]{|a_n|},$$

所以

$$\rho' = \frac{1}{\overline{\lim}\sqrt[n]{n|a_n|}} = \frac{1}{\overline{\lim}\sqrt[n]{|a_n|}} = \rho.$$

——这里 ρ 是原幂级数的收敛半径. □

注记 虽然幂级数 $\sum_{n=1}^{+\infty} a_n x^n$ 和 $\sum_{n=1}^{+\infty} na_n x^{n-1}$ 的收敛半径相同,但是它们的收敛域可以不一样.例如幂级数

$$\sum_{n=1}^{+\infty} \frac{x^n}{n}$$

的收敛域是 $[-1,1)$.将这级数逐项求导就得到

$$\sum_{n=1}^{+\infty} x^{n-1}.$$

而这后一级数的收敛域是 $(-1,1)$.

定理 3 在幂级数 $\sum_{n=1}^{+\infty} a_n x^n$ 的收敛域的内部,和函数

$$f(x) = \sum_{n=0}^{+\infty} a_n x^n$$

具有任意阶的导数,并且它的各阶导数可以通过级数逐项求导来计算.

证明 如果幂级数 $\sum_{n=1}^{+\infty} a_n x^n$ 的收敛半径是 ρ,那么幂级数

$\sum\limits_{n=1}^{+\infty} na_n x^{n-1}$ 的收敛半径也是 ρ. 对于任意的 $c \in (-\rho, \rho)$，可以选取 r，使得

$$0 < r < \rho, \quad c \in (-r, r).$$

因为级数 $\sum\limits_{n=1}^{+\infty} a_n x^n$ 和 $\sum\limits_{n=1}^{+\infty} na_n x^{n-1}$ 在 $[-r, r]$ 上一致收敛，所以和函数 $f(x) = \sum\limits_{n=1}^{+\infty} a_n x^n$ 在 $[-r, r]$ 连续可微，并且有

$$f'(c) = \sum_{n=1}^{+\infty} na_n c^{n-1}.$$

因为上式对任意 $c \in (-\rho, \rho)$ 成立，所以我们有

$$f'(x) = \sum_{n=1}^{+\infty} na_n x^{n-1}, \quad \forall\, x \in (-\rho, \rho).$$

关于一阶导数，我们已证明了定理的论断. 在此基础上，利用数学归纳法，很容易证明关于任意阶导数的论断.　□

例 4　对显然的展式

$$\frac{1}{1+x} = \sum_{n=0}^{+\infty} (-1)^n x^n \quad (|x| < 1),$$

逐项从 0 到 x 积分就得到

$$\ln(1+x) = \sum_{n=0}^{+\infty} (-1)^n \frac{x^{n+1}}{n+1}$$

$$= \sum_{n=1}^{+\infty} (-1)^{n-1} \frac{x^n}{n} \quad (|x| < 1).$$

例 5　对显然的展式

$$\frac{1}{1+x^2} = \sum_{n=0}^{+\infty} (-1)^n x^{2n} \quad (|x| < 1),$$

逐项从 0 到 x 积分就得到

$$\arctan x = \sum_{n=0}^{+\infty} (-1)^n \frac{x^{2n+1}}{2n+1} \quad (|x| < 1).$$

例 6　对显然的展式

$$\frac{1}{1-x} = \sum_{n=0}^{+\infty} x^n \quad (|x| < 1),$$

逐项求导就得到

$$\frac{1}{(1-x)^2} = \sum_{n=1}^{+\infty} n x^{n-1} \quad (|x| < 1).$$

4. c 初等函数的幂级数展开

在第八章中,我们已经介绍了以下这些基本初等函数的泰勒-马克劳林级数展开式:

(1) $e^x = \displaystyle\sum_{n=0}^{+\infty} \frac{x^n}{n!} \quad (x \in \mathbb{R})$,

(2) $\cos x = \displaystyle\sum_{n=0}^{+\infty} (-1)^n \frac{x^{2n}}{(2n)!} \quad (x \in \mathbb{R})$,

(3) $\sin x = \displaystyle\sum_{n=0}^{+\infty} (-1)^n \frac{x^{2n+1}}{(2n+1)!} \quad (x \in \mathbb{R})$,

(4) $\arctan x = \displaystyle\sum_{n=0}^{+\infty} (-1)^n \frac{x^{2n+1}}{2n+1} \quad (|x| < 1)$,

(5) $\ln(1+x) = \displaystyle\sum_{n=1}^{+\infty} (-1)^{n-1} \frac{x^n}{n} \quad (|x| < 1)$,

(6) $(1+x)^a = \displaystyle\sum_{n=0}^{+\infty} \binom{a}{n} x^n \quad (|x| < 1)$.

这里还须作一些补充说明. 首先,我们指出,(4),(5)和(6)中的幂级数的收敛半径都等于 1. 这是因为:对这三个级数都有

$$\lim \left| \frac{a_{n+1}}{a_n} \right| = 1.$$

其次,我们来考查这三个幂级数在 $x = \pm 1$ 处的敛散性. (4)中的级数在 $x = \pm 1$ 处成为交错级数,由莱布尼兹判别法可知其收敛性. (5)中的级数在 $x = +1$ 处是收敛的交错级数,在 $x = -1$ 处是发散的调和级数. (6)中的级数在 $x = \pm 1$ 处的敛散状况比较复杂,我们先将结果列表陈述如下. 细节的讨论放在本节后的附录之中.

指　　数	收敛域
$\alpha \leqslant -1$	$(-1, 1)$
$-1 < a < 0$	$(-1, 1]$
$\alpha > 0$	$[-1, 1]$

根据上面讨论的结果,利用阿贝尔第二定理,可以把展式(4),(5)和(6)的适用范围拓广到整个收敛域上. 这样,我们得到:

($\widetilde{4}$) $\arctan x = \sum\limits_{n=0}^{+\infty} (-1)^n \dfrac{x^{2n+1}}{2n+1}, \quad -1 \leqslant x \leqslant 1;$

($\widetilde{5}$) $\ln(1+x) = \sum\limits_{n=1}^{+\infty} (-1)^{n-1} \dfrac{x^n}{n}, \quad -1 < x \leqslant 1;$

($\widetilde{6}$) $(1+x)^a = \sum\limits_{n=0}^{+\infty} \binom{\alpha}{n} x^n$

$$\begin{cases} -1 < x < 1, & \text{如果 } \alpha \leqslant -1, \\ -1 < x \leqslant 1, & \text{如果 } -1 < \alpha < 0, \\ -1 \leqslant x \leqslant 1, & \text{如果 } \alpha > 0. \end{cases}$$

附录　二项式级数在收敛区间端点的敛散状况

我们分几种情形考查二项式级数

$$\sum_{n=0}^{+\infty} \binom{\alpha}{n} x^n$$

在 $x = \pm 1$ 处的敛散状况.

情形 1　$\alpha \leqslant -1$. 这时

$$\left| \binom{\alpha}{n} (\pm 1)^n \right| = \left| \frac{\alpha(\alpha-1)\cdots(\alpha-n+1)}{n!} \right|$$

$$\geqslant \frac{1 \times 2 \times \cdots \times n}{n!} = 1,$$

所以级数 $\displaystyle\sum_{n=1}^{+\infty}\binom{\alpha}{n}x^n$ 在 $x=\pm 1$ 处发散.

情形 2　$-1<\alpha<0$，$x=-1$. 对这情形

$$\binom{\alpha}{n}(-1)^n=\frac{|\alpha|\,(|\alpha|+1)\cdots(|\alpha|+n-1)}{n!}$$

$$=\frac{|\alpha|}{n}\left(\frac{|\alpha|+1}{1}\right)\cdots\left(\frac{|\alpha|+n-1}{n-1}\right)\geqslant\frac{|\alpha|}{n},$$

因而级数 $\displaystyle\sum\binom{\alpha}{n}x^n$ 在 $x=-1$ 处发散.

情形 3　$-1<\alpha<0$，$x=1$. 对这情形,级数

$$\sum_{n=1}^{+\infty}\binom{\alpha}{n}=\sum_{n=1}^{+\infty}\frac{\alpha(\alpha-1)\cdots(\alpha-n+1)}{n!}$$

的各项正负交错. 因为

$$\left|\binom{\alpha}{n}\right|=\left|\frac{\alpha(\alpha-1)\cdots(\alpha-n+1)}{n!}\right|$$

$$\geqslant\left|\frac{\alpha(\alpha-1)\cdots(\alpha-n+1)}{n!}\right|\cdot\left|\frac{\alpha-n}{n+1}\right|$$

$$=\left|\binom{\alpha}{n+1}\right|,$$

并且

$$\left|\binom{\alpha}{n}\right|=\left|\left(1-\frac{\alpha+1}{1}\right)\left(1-\frac{\alpha+1}{2}\right)\cdots\left(1-\frac{\alpha+1}{n}\right)\right|\to 0$$

(容易看出这是一个发散于 0 的无穷乘积),所以,用莱布尼兹判别法就可以断定级数 $\displaystyle\sum\binom{\alpha}{n}$ 收敛.

情形 4　$\alpha>0$. 这时

$$n\left[\frac{\left|\binom{\alpha}{n}\right|}{\left|\binom{\alpha}{n+1}\right|}-1\right]=n\left(\frac{n+1}{n-\alpha}-1\right)$$

$$= \frac{n(1 + \alpha)}{n - \alpha} \to 1 + \alpha.$$

根据拉阿贝判别法就可以断定：级数

$$\sum_{n=1}^{+\infty} \binom{\alpha}{n} (\pm 1)^n$$

绝对收敛.

§5　用多项式逼近连续函数

设函数 $f(x)$ 在闭区间 $[a,b]$ 上有定义. 如果存在多项式序列 $\{p_n(x)\}$ 在闭区间 $[a,b]$ 上一致收敛于 $f(x)$，那么我们就说函数 $f(x)$ 在这闭区间上可以用多项式一致逼近.

容易看出，函数 $f(x)$ 在闭区间 $[a,b]$ 上可以用多项式序列一致逼近的充分必要条件是：对任意的 $\varepsilon > 0$，存在多项式 $p(x)$，使得

$$|f(x) - p(x)| < \varepsilon, \quad \forall \, x \in [a,b].$$

如果函数 $f(x)$ 在闭区间 $[a,b]$ 上可以展开为一致收敛的幂级数

$$f(x) = \sum_{k=0}^{+\infty} c_k (x - x_0)^k,$$

那么这函数当然就可以用多项式一致逼近. 但这只是多项式逼近的一种很特殊的情形. 一个函数要能展成幂级数，它至少要能微分无穷多次，而且还要满足更强的条件. 如果不限于幂级数展开，允许用更一般的多项式序列来逼近，那么就能得出很普遍的结论. 维尔斯特拉斯最先证明了：在闭区间 $[a,b]$ 连续的任何函数 $f(x)$ 都能够用多项式一致逼近. 这一逼近定理后来有了许多种很精采的证明方法. 我们这里将要介绍的证明是勒贝格(Lebesgue)提出的. 在本节后面的附录里和第二十一章中，还将介绍一些其他的证明方法.

242

在上一节里,我们介绍了二项式级数

$$(1 + x)^\alpha = \sum_{n=0}^{+\infty} \binom{\alpha}{n} x^n.$$

下面设 $\alpha > 0$. 对于 $x \in [-1, 1]$ 有

$$\left| \binom{\alpha}{n} x^n \right| \leqslant \left| \binom{\alpha}{n} \right|.$$

容易求得

$$\lim n \cdot \left[\frac{\left| \binom{\alpha}{n} \right|}{\left| \binom{\alpha}{n+1} \right|} - 1 \right] = \lim n \cdot \left(\frac{n+1}{n-\alpha} - 1 \right)$$

$$= \lim \frac{n(1+\alpha)}{n-\alpha} = 1 + \alpha > 1.$$

根据拉阿贝判别法就可断定级数 $\sum \left| \binom{\alpha}{n} \right|$ 收敛. 由此得知,对于 $\alpha > 0$ 的情形,幂级数

$$\sum_{n=0}^{+\infty} \binom{\alpha}{n} x^n$$

在闭区间 $[-1, 1]$ 一致收敛于和函数

$$(1 + x)^\alpha.$$

由此得知,在闭区间 $[0, 2]$ 上,函数 $\sqrt{x}$ 可以展开成一致收敛的幂级数:

$$\sqrt{x} = (1 + (x-1))^{\frac{1}{2}} = \sum_{n=0}^{+\infty} \binom{\frac{1}{2}}{n} (x-1)^n.$$

这样,我们证明了:

引理 1 连续函数 $\varphi(x) = \sqrt{x}$ 在闭区间 $[0, 1]$ 上可以用多项式一致逼近.

注记 在闭区间 $[0, 1]$ 上一致逼近连续函数 $\varphi(x) = \sqrt{x}$ 的多

243

项式序列也可按以下迭代程序作出：首先置 $u_0(x) = 0$，然后归纳定义

$$u_{n+1}(x) = u_n(x) + \frac{1}{2}(x - u_n^2(x)).$$

容易验证

$$\sqrt{x} - u_{n+1}(x) = (\sqrt{x} - u_n(x))\left(1 - \frac{\sqrt{x} + u_n(x)}{2}\right).$$

据此,用归纳法就可证明

$$0 \leqslant \sqrt{x} - u_n(x) \leqslant \sqrt{x}\left(1 - \frac{\sqrt{x}}{2}\right)^n,$$

$$\forall\, x \in [0, 1],\ n \in \mathbf{N}.$$

又因为

$$1 = \left(1 - \frac{\sqrt{x}}{2} + \frac{\sqrt{x}}{2}\right)^{n+1} \geqslant (n+1)\left(1 - \frac{\sqrt{x}}{2}\right)^n \frac{\sqrt{x}}{2},$$

所以有

$$0 \leqslant \sqrt{x} - u_n(x) \leqslant \sqrt{x}\left(1 - \frac{\sqrt{x}}{2}\right)^n \leqslant \frac{2}{n+1},$$

$$\forall\, x \in [0, 1],\ n \in \mathbf{N}.$$

这证明了函数序列 $\{u_n(x)\}$ 在闭区间 $[0,1]$ 上一致收敛于 $\sqrt{x}$. 另外,根据函数序列 $\{u_n(x)\}$ 的构造方式,用归纳法可以证明,它的每一项 $u_n(x)$ 都是多项式.

引理 2 在任意闭区间 $[-c, c]$ 上,连续函数 $\psi(x) = |x|$ 可以用多项式一致逼近.

证明 设多项式序列 $\{p_n(x)\}$ 在闭区间 $[0,1]$ 上一致收敛于函数 $\varphi(x) = \sqrt{x}$. 我们记

$$q_n(x) = c p_n\left(\frac{x^2}{c^2}\right), \quad n = 1, 2, \cdots.$$

于是函数序列 $\{q_n(x)\}$ 在闭区间 $[-c, c]$ 上一致收敛于

244

$$c\varphi\left(\frac{x^2}{c^2}\right) = c \cdot \sqrt{\frac{x^2}{c^2}} = |x|. \quad \square$$

我们来考查连续函数

$$\lambda(x) = \frac{|x| + x}{2} = \begin{cases} 0, & \text{对于 } x \leqslant 0; \\ x, & \text{对于 } x > 0. \end{cases}$$

引理 2 的一个直接推论是：

引理 3 在任意闭区间 $[-c, c]$ 上，连续函数

$$\lambda(x) = \frac{1}{2}(|x| + x)$$

可以用多项式一致逼近.

上面定义的 $\lambda(x)$ 是最简单、最基本的折线函数. 任意的折线函数都可通过它来表示.

引理 4 定义于闭区间 $[a, b]$ 上的任何折线函数 $\Lambda(x)$ 都可以表示为

$$\Lambda(x) = c + c_0\lambda(x - x_0) + \cdots + c_m\lambda(x - x_m).$$

因而定义于闭区间上的任何折线函数都能用多项式一致逼近.

证明 设折线函数 $\Lambda(x)$ 的转折点为

$$x_0, x_1, \cdots, x_m, x_{m+1},$$

这里

$$a = x_0 < x_1 < \cdots < x_m < x_{m+1} = b.$$

为了叙述方便，我们把区间的两端点 $a = x_0$ 和 $b = x_{m+1}$ 也都看做转折点. 对于任意一组实数 $c, c_0, \cdots, c_m$，显然

$$c + c_0\lambda(x - x_0) + \cdots + c_m\lambda(x - x_m)$$

也是以 $x_0, x_1, \cdots, x_m, x_{m+1}$ 为转折点的折线函数. 我们知道，任何折线函数由它在转折点处的函数值完全确定. 为了使

$$c + c_0\lambda(x - x_0) + \cdots + c_m\lambda(x - x_m) = \Lambda(x),$$

$$\forall \ x \in [a, b],$$

只需取 $c, c_0, \cdots, c_m$ 满足以下条件

$$c + \sum_{i=0}^{m} c_i \lambda(x_k - x_i) = \Lambda(x_k),$$
$$k = 0, 1, \cdots, m+1,$$

也就是

$$\begin{cases} c = \Lambda(x_0), \\ c + c_0(x_1 - x_0) = \Lambda(x_1), \\ \cdots\cdots\cdots\cdots\cdots\cdots\cdots\cdots\cdots\cdots\cdots\cdots\cdots \\ c + c_0(x_m - x_0) + \cdots \\ \quad + \cdots + c_{m-1}(x_m - x_{m-1}) = \Lambda(x_m), \\ c + c_0(x_{m+1} - x_0) + \cdots \\ \quad + \cdots + c_m(x_{m+1} - x_m) = \Lambda(x_{m+1}). \end{cases}$$

由上面的方程组可唯一地决定系数 $c, c_0, \cdots, c_m$. 这样,引理的结论得到了证明. □

因为任何连续函数都能用折线函数一致逼近,所以从以上的讨论已能得到维尔斯特拉斯逼近定理的一个证明.

定理 1(维尔斯特拉斯) 闭区间 $[a,b]$ 上的任何连续函数 $f(x)$ 都可以用多项式一致逼近.

证明 根据上面的讨论,只需证明 $f(x)$ 可以用折线函数来一致逼近.

由于函数 $f(x)$ 在闭区间 $[a,b]$ 的一致连续性,对于任意的 $\varepsilon > 0$,存在 $\delta > 0$,使得只要

$$x', x'' \in [a,b], \ |x' - x''| < \delta$$

就有

$$|f(x') - f(x'')| < \varepsilon.$$

我们用分点把闭区间 $[a,b]$ 分成 $m+1$ 段:

$$a = x_0 < x_1 < \cdots < x_m < x_{m+1} = b,$$

使得

$$x_{k+1} - x_k < \delta, \quad k = 0, 1, \cdots, m.$$

然后定义折线函数 $\Lambda(x)$ 如下:

$$\Lambda(x) = f(x_k) + \frac{f(x_{k+1}) - f(x_k)}{x_{k+1} - x_k}(x - x_k),$$

$$x \in [x_k, x_{k+1}], \quad k = 0, 1, \cdots, m.$$

下面证明

$$|f(x) - \Lambda(x)| < \varepsilon, \quad \forall \ x \in [a, b].$$

为此,我们记

$$\alpha(x) = \frac{x_{k+1} - x}{x_{k+1} - x_k}, \quad \beta(x) = \frac{x - x_k}{x_{k+1} - x_k},$$

在闭区间 $[x_k, x_{k+1}]$ 上,显然有

$$\alpha(x) \geqslant 0, \ \beta(x) \geqslant 0, \ \alpha(x) + \beta(x) = 1,$$

$$\Lambda(x) = \alpha(x)f(x_k) + \beta(x)f(x_{k+1}),$$

$$f(x) = \alpha(x)f(x) + \beta(x)f(x).$$

于是,在 $[x_k, x_{k+1}]$ 上就有

$$|f(x) - \Lambda(x)|$$

$$\leqslant \alpha(x)|f(x) - f(x_k)| + \beta(x)|f(x) - f(x_{k+1})|$$

$$< \varepsilon.$$

因为 $[x_k, x_{k+1}]$ 可以是 $[a, b]$ 所分成的任何一段,所以我们已经证明了

$$|f(x) - \Lambda(x)| < \varepsilon, \quad \forall \ x \in [a, b]. \quad \square$$

附录 I 维尔斯特拉斯逼近定理的伯恩斯坦证明

因为任何闭区间 $[a, b]$ 都可以通过变换

$$x = \frac{t - a}{b - a}$$

变成闭区间 $[0, 1]$,所以原则上只需对闭区间 $[0, 1]$ 的情形写出维尔斯特拉斯逼近定理的证明. 对于在闭区间 $[0, 1]$ 连续的函数 f,伯恩斯坦(Bernstein)构造出这样一个多项式序列:

$$B_n(f,x) = \sum_{k=0}^{n} f\left(\frac{k}{n}\right)\binom{n}{k} x^k (1-x)^{n-k},$$

$$n = 1, 2, \cdots.$$

利用这多项式序列,伯恩特坦作出维尔斯特拉斯逼近定理的一种十分简洁的证明.下面我们就来介绍他的证明.

引理 5 我们有以下这些恒等式:

(1) $\displaystyle\sum_{k=0}^{n} \binom{n}{k} x^k(1-x)^{n-k} = 1$;

(2) $\displaystyle\sum_{k=0}^{n} \frac{k}{n}\binom{n}{k} x^k(1-x)^{n-k} = x$;

(3) $\displaystyle\sum_{k=0}^{n} \frac{k^2}{n^2}\binom{n}{k} x^k(1-x)^{n-k} = \frac{x(1-x)}{n} + x^2$;

(4) $\displaystyle\sum_{k=0}^{n} \left(\frac{k}{n}-x\right)^2\binom{n}{k} x^k(1-x)^{n-k} = \frac{x(1-x)}{n}$.

证明 这些恒等式都可以用很初等的办法推导.但我们宁愿借助于微分法把证明写得简短一些.

首先写出恒等式

(5.1) $$\sum_{k=0}^{n} \binom{n}{k} p^k q^{n-k} = (p+q)^n.$$

在这式中命 $p=x$, $q=1-x$, 就得到了(1).

为了证明(2),我们对(5.1)式两边作运算 $p\dfrac{\partial}{\partial p}$(即先对 p 求导,然后再乘以 p),这样得到

(5.2) $$\sum_{k=0}^{n} k\binom{n}{k} p^k q^{n-k} = np(p+q)^{n-1}.$$

在(5.2)式中命 $p=x$, $q=1-x$, 就得到了(2).

对于 $n\geqslant 2$ 的情形,我们再以 $p\dfrac{\partial}{\partial p}$ 作用于(5.2)式两边,这样得到

248

(5.3) $$\sum_{k=0}^{n} k^2 \binom{n}{k} p^k q^{n-k} = np(p+q)^{n-1}$$
$$+ n(n-1)p^2(p+q)^{n-2}.$$

以 $p=x$, $q=1-x$ 代入这式就得到

$$\sum_{k=0}^{n} \frac{k^2}{n^2}\binom{n}{k} x^k(1-x)^{n-k} = \frac{x(1-x)}{n} + x^2.$$

——容易看出,这式对于 $n=1$ 也成立. 我们完成了对恒等式(3)的证明.

最后,我们指出,恒等式(4)是恒等式(1),(2)和(3)的直接推论. $\square$

引理 6 对于 $\delta > 0$, 我们有

$$\sideset{}{'}\sum \binom{n}{k} x^k(1-x)^{n-k} \leqslant \frac{1}{4n\delta^2},$$

这里的 $\sideset{}{'}\sum$ 表示对满足以下条件的那些 k 求和:

$$\left| \frac{k}{n} - x \right| \geqslant \delta, \quad k \in \{0,1,\cdots,n\}.$$

证明 我们有

$$\sideset{}{'}\sum \binom{n}{k} x^k(1-x)^{n-k}$$

$$\leqslant \sideset{}{'}\sum \frac{\left(\dfrac{k}{n}-x\right)^2}{\delta^2}\binom{n}{k} x^k(1-x)^{n-k}$$

$$\leqslant \frac{1}{\delta^2}\sum_{k=0}^{n}\left(\frac{k}{n}-x\right)^2\binom{n}{k} x^k(1-x)^{n-k}$$

$$= \frac{1}{\delta^2} \cdot \frac{x(1-x)}{n}$$

$$\leqslant \frac{1}{4n\delta^2}.$$

——上面推导的最后一步,用到了显然的不等式

$$x(1-x) \leqslant \frac{1}{4}. \quad \square$$

设函数 f 在闭区间 $[0,1]$ 连续. 我们把以下序列中的多项式叫做 f 的伯恩斯坦多项式:

$$B_n(f,x) = \sum_{k=0}^{n} f\left(\frac{k}{n}\right)\binom{n}{k} x^k (1-x)^{n-k},$$

$$n = 1, 2, \cdots.$$

伯恩斯坦证明了:

定理 1′ 设函数 f 在闭区间 $[0,1]$ 上连续,则多项式序列 $\{B_n(f,x)\}$ 在这闭区间上一致收敛于 $f(x)$.

证明 函数 f 在闭区间 $[0,1]$ 连续,因而存在 $M>0$,使得

$$|f(x)| \leqslant M, \quad \forall\, x \in [0,1];$$

并且对任意给定的 $\varepsilon > 0$,存在 $\delta > 0$,使得只要

$$x', x'' \in [0,1], \ |x'-x''| < \delta,$$

就有

$$|f(x') - f(x'')| < \varepsilon.$$

由于引理 5 的 (1),我们可以写

$$f(x) = \sum_{k=0}^{n} f(x)\binom{n}{k} x^k (1-x)^{n-k}.$$

我们约定以 Σ' 表示对满足以下条件的 k 求和:

$$\left|\frac{k}{n} - x\right| \geqslant \delta, \quad k \in \{0, 1, \cdots, n\};$$

并约定以 Σ'' 表示对其余的 $k \in \{0, 1, \cdots, n\}$ 求和. 于是有

$$|B_n(f,x) - f(x)|$$

$$\leqslant \sum_{k=0}^{n} \left|f\left(\frac{k}{n}\right) - f(x)\right| \binom{n}{k} x^k (1-x)^{n-k}$$

$$= \sum{}' \left|f\left(\frac{k}{n}\right) - f(x)\right| \binom{n}{k} x^k (1-x)^{n-k}$$

$$+ \sum{}'' \left|f\left(\frac{k}{n}\right) - f(x)\right| \binom{n}{k} x^k (1-x)^{n-k}$$

$$\leqslant 2M \sum{}' \binom{n}{k} x^k (1-x)^{n-k}$$

$$+ \varepsilon \sum{}'' \binom{n}{k} x^k (1-x)^{n-k}$$

$$\leqslant \frac{M}{2n\delta^2} + \varepsilon.$$

只要 n 充分大，就可使得

$$\frac{M}{2n\delta^2} + \varepsilon < 2\varepsilon. \quad \square$$

读者或许要发问：伯恩斯坦是怎样想出如此巧妙的多项式序列的？这问题不容易用三两句话解释清楚。实际上，伯恩斯坦的证明是从概率论的一些思想诱导出来的。在托德(J. Todd)写的小册子《函数构造论导引》(Introduction to the Constructive Theory of Functions)的第二章中，对这问题有较详细的说明。

附录 II 斯通-维尔斯特拉斯定理

斯通(Stone)研究更广泛的函数逼近问题，他把维尔斯特拉斯逼近定理推广为非常普遍的形式。在这附录里，我们就来介绍斯通-维尔斯特拉斯逼近定理

设 K 是距离空间中的一个紧致集。考查这样的连续函数：

$$f : K \to \mathbb{R}.$$

我们约定把由所有这样的连续函数组成的集合记为 $\mathscr{C}(k)$。

对于 $f, g \in \mathscr{C}(K)$ 和 $\lambda \in \mathbb{R}$，我们定义函数 $f+g$ 和 λf 如下：

$$(f+g)(x) = f(x) + g(x), \quad x \in K,$$
$$(\lambda f)(x) = \lambda f(x), \quad x \in K.$$

容易验证：对于这样定义的加法和数乘运算，$\mathscr{C}(K)$ 成为一个线性空间。不仅如此，对于 $f, g \in \mathscr{C}(K)$，还可以定义这两函数的乘积 $f \cdot g$ 如下：

$$(f \cdot g)(x) = f(x)g(x), \quad x \in K.$$
这样定义的乘法运算满足以下关系：
$$(f \cdot g) \cdot h = f \cdot (g \cdot h),$$
$$(f_1 + f_2) \cdot g = f_1 \cdot g + f_2 \cdot g,$$
$$f \cdot (g_1 + g_2) = f \cdot g_1 + f \cdot g_2,$$
$$(\lambda f) \cdot g = f \cdot (\lambda g) = \lambda(f \cdot g)$$
$$(f, f_1, f_2, g, g_1, g_2, h \in \mathscr{C}(K), \quad \lambda \in \mathbb{R}).$$
我们还注意到，在 K 上恒等式 1 的函数
$$u(x) = 1, \quad x \in K,$$
起着乘法单位元的作用
$$u \cdot f = f \cdot u = f, \quad \forall f \in \mathscr{C}(K).$$
以下，我们就把这恒等于 1 的函数 $u(x)$ 简单地记为 1.

一个线性空间，如果它的任意两个元素之间定义了乘法运算，并且这乘法运算是结合的和双线性的(对相乘的每一个因子都是线性的)，那么我们就把这线性空间叫做一个 代数. 如果乘法还具有单位元，那么我们就说这是一个有单位元的代数. 于是，$\mathscr{C}(K)$ 是一个有单位元的代数.

设 $\mathscr{A}$ 是 $\mathscr{C}(K)$ 的一个子集合，满足这样的条件：
$$f, g \in \mathscr{A} \Rightarrow f + g \in \mathscr{A}, f \cdot g \in \mathscr{A},$$
$$f \in \mathscr{A}, \lambda \in \mathbb{R} \Rightarrow \lambda f \in \mathscr{A},$$
那么我们就说 $\mathscr{A}$ 是 $\mathscr{C}(K)$ 的一个**子代数**. 容易看出，按照原来在 $\mathscr{C}(K)$ 中定义的运算，$\mathscr{A}$ 仍是一个**代数**. 如果 $1 \in \mathscr{A}$，那么 $\mathscr{A}$ 还是一个有单位元的代数.

紧致集 K 上的任何连续函数都是有界的. 在 $\mathscr{C}(K)$ 上可以引入范数
$$\|f\| = \sup_{x \in K} |f(x)|$$
和距离
$$D(f, g) = \|f - g\| = \sup_{x \in K} |f(x) - g(x)|.$$

于是，$(\mathscr{C}(K),D)$成为一个距离空间. 请注意：空间 $\mathscr{C}(K)$ 中的每一个"点"都是定义于 K 上的一个连续函数；而"点列"$\{f_n\}\subset\mathscr{C}(K)$ 按距离 D 的收敛性，正是函数序列在 K 上的一致收敛性. ——请读者对这一情形陈述一致收敛的定义，并验证一致收敛性等价于按距离 D 的收敛性.

设 $\mathscr{E}\subset\mathscr{C}(K)$. 我们用记号 $\overline{\mathscr{E}}$ 表示集合 $\mathscr{E}$ 在 $\mathscr{C}(K)$ 中按距离 D 决定的闭包. 显然 $f\in\overline{\mathscr{E}}$ 的充分必要条件是：f 能被 $\mathscr{E}$ 中的函数一致逼近. 我们把 $\overline{\mathscr{E}}$ 叫做 $\mathscr{E}$ 的一致闭包.

例 1 对于 $K=[a,b]$ 的情形，$\mathscr{C}(K)=\mathscr{C}([a,b])$ 由所有的在 $[a,b]$ 连续的函数组成. 如果用 $\mathscr{P}$ 表示定义于 $[a,b]$ 上的多项式函数的集合，那么显然有

$$\mathscr{P}\subset\mathscr{C}([a,b]).$$

一个函数 $f\in\mathscr{C}([a,b])$ 能用多项式一致逼近，其充分必要条件是 $f\in\overline{\mathscr{P}}$. 于是，维尔斯特拉斯逼近定理可以表述为

$$\overline{\mathscr{P}}=\mathscr{C}([a,b]).$$

以下，我们仍用 K 表示距离空间中的一个紧致集.

引理 7 如果 $\mathscr{A}$ 是 $\mathscr{C}(K)$ 的一个子代数，那么 $\overline{\mathscr{A}}$ 也是 $\mathscr{C}(K)$ 的子代数.

证明 设 $\lambda\in\mathbb{R},f,g\in\overline{\mathscr{A}}$. 则存在 $\{f_n\}\subset\mathscr{A}$ 和 $\{g_n\}\subset\mathscr{A}$，使得

$$f_n\underset{K}{\rightrightarrows}f,\quad g_n\underset{K}{\rightrightarrows}g.$$

于是，显然有

$$\lambda f_n\underset{K}{\rightrightarrows}\lambda f,\quad f_n+g_n\underset{K}{\rightrightarrows}f+g,$$

$$f_n\cdot g_n\underset{K}{\rightrightarrows}f\cdot g.$$

因而

$$\lambda f\in\overline{\mathscr{A}},\quad f+g\in\overline{\mathscr{A}},\quad f\cdot g\in\overline{\mathscr{A}}.$$

这样，我们证明了 $\overline{\mathscr{A}}$ 是 $\mathscr{C}(K)$ 的子代数. $\square$

引理 8 设 $\mathscr{A}$ 是 $\mathscr{C}(K)$ 的一个子代数，$1 \in \mathscr{A}$，则有
$$f \in \mathscr{A} \implies |f| \in \overline{\mathscr{A}}.$$
因为 $\overline{\mathscr{A}}$ 也是 $\mathscr{C}(K)$ 的子代数，并且 $1 \in \overline{\mathscr{A}}$，所以更一般地有
$$g \in \overline{\mathscr{A}} \implies |g| \in \overline{\mathscr{A}}.$$

证明 紧致集 K 上的任何连续函数必定有界. 对于 $f \in \mathscr{A} \subset \mathscr{C}(K)$，存在 $c > 0$，使得
$$|f(x)| \leqslant c, \quad \forall\, x \in K.$$
根据引理 2，在闭区间 $[-c, c]$ 上，函数 $\psi(t) = |t|$ 可以用多项式序列 $\{p_n(t)\}$ 一致逼近. 显然有
$$p_n(f(x)) \underset{K}{\rightrightarrows} |f(x)|.$$
因为 $\mathscr{A}$ 是一个含有单位元 1 的代数，所以
$$p_n(f) \in \mathscr{A}, \quad n = 1, 2, \cdots.$$
我们证明了：$|f|$ 是 $\mathscr{A}$ 中序列 $\{p_n(f)\}$ 的（一致）极限，即 $|f| \in \overline{\mathscr{A}}$.

应用上面证明的结果于子代数 $\mathscr{B} = \overline{\mathscr{A}}$，并注意到 $\overline{\mathscr{B}} = \mathscr{B} = \overline{\mathscr{A}}$，我们可以断定：
$$g \in \overline{\mathscr{A}} \implies |g| \in \overline{\mathscr{A}}. \quad \square$$

对 $f, g \in \mathscr{C}(K)$，我们定义两个函数 $\max(f, g)$ 和 $\min(f, g)$ 如下：
$$\max(f, g)(x) = \max\{f(x), g(x)\},$$
$$\min(f, g)(x) = \min\{f(x), g(x)\}.$$
容易验证：
$$\max(f, g) = \frac{f + g}{2} + \frac{|f - g|}{2},$$
$$\min(f, g) = \frac{f + g}{2} - \frac{|f - g|}{2}.$$
更一般地，对于 $f_1, \cdots, f_m \in \mathscr{C}(K)$，我们定义
$$\max(f_1, \cdots, f_m)(x) = \max\{f_1(x), \cdots, f_m(x)\},$$
$$\min(f_1, \cdots, f_m)(x) = \min\{f_1(x), \cdots, f_m(x)\}.$$
对于 $m > 2$ 的情形，显然有以下关系：

$$\max (f_1, \cdots, f_m)$$
$$= \max (\max (f_1, \cdots, f_{m-1}), f_m),$$
$$\min (f_1, \cdots, f_m)$$
$$= \min (\min (f_1, \cdots, f_{m-1}), f_m).$$

利用引理 7 和引理 8 可得:

引理 9 设 $\mathscr{A}$ 是 $\mathscr{C}(K)$ 的子代数,$1 \in \mathscr{A}$. 则对任何 $f, g \in \overline{\mathscr{A}}$,都有
$$\max (f, g) \in \overline{\mathscr{A}}, \quad \min (f, g) \in \overline{\mathscr{A}}.$$
更一般地,对任何 $f_1, \cdots, f_m \in \overline{\mathscr{A}}$ 都有
$$\max (f_1, \cdots, f_m) \in \overline{\mathscr{A}},$$
$$\min (f_1, \cdots, f_m) \in \overline{\mathscr{A}}.$$

设 $\mathscr{E} \subset \mathscr{C}(K)$. 如果对 K 中任意两个不同的点 x 和 y,都存在 $\psi \in \mathscr{E}$,使得
$$\psi(x) \neq \psi(y),$$
那么我们就说 $\mathscr{E}$ 能区分 K 中的点.

例 2 设 $K = \{(x, y) \in \mathbb{R}^2 \mid x^2 + y^2 = 1\}$. 我们把 $\psi \in \mathscr{C}(K)$ 叫做奇函数,如果它满足条件
$$\varphi(-x, -y) = -\varphi(x, y), \quad \forall (x, y) \in K.$$
类似地,我们把 $\psi \in \mathscr{C}(K)$ 叫做偶函数,如果它满足条件
$$\psi(-x, -y) = \psi(x, y), \quad \forall (x, y) \in K.$$
如果分别用 $\mathscr{E}_1$ 和 $\mathscr{E}_2$ 表示 $\mathscr{C}(K)$ 中的全体奇函数的集合和全体偶函数的集合,那么 $\mathscr{E}_1$ 能区分 K 中的点而 $\mathscr{E}_2$ 不能. 事实上,$\mathscr{E}_1$ 中的两个函数
$$f(x, y) = x \text{ 和 } g(x, y) = y$$
已足以区分 K 中任意两点;而 $\mathscr{E}_2$ 中的任何函数都不能区分 K 中如下两个点:
$$(1, 0) \text{ 和 } (-1, 0).$$

引理 10 设 $\mathscr{A}$ 是 $\mathscr{C}(K)$ 的子代数,$1 \in \mathscr{A}$. 如果 $\mathscr{A}$ 能区分 K 中的点,那么对任意 $a, b \in K$, $a \neq b$ 和 $\alpha, \beta \in \mathbb{R}$,存在 $\varphi \in \mathscr{A}$,满

足条件

$$\varphi(a) = \alpha, \quad \varphi(b) = \beta.$$

证明 因为 $\mathscr{A}$ 能区分 K 中的点,所以存在 $\psi \in \mathscr{A}$,使得

$$\psi(a) \neq \psi(b).$$

我们定义

$$\varphi(x) = \alpha + \frac{\psi(x) - \psi(a)}{\psi(b) - \psi(a)}(\beta - \alpha).$$

显然 $\varphi \in \mathscr{A}$,并且

$$\varphi(a) = \alpha, \quad \varphi(b) = \beta. \quad \square$$

在做了以上这些准备工作之后,我们来证明重要的斯通-维尔斯特拉斯定理:

定理 2 设 K 是距离空间中的紧致集,$\mathscr{A}$ 是 $\mathscr{C}(K)$ 的一个包含有单位元 1 的子代数. 如果 $\mathscr{A}$ 能区分 K 中的点,那么

$$\overline{\mathscr{A}} = \mathscr{C}(K).$$

——这就是说,$\mathscr{C}(K)$ 中的任何函数,都能用 $\mathscr{A}$ 中的函数一致逼近.

证明 因为 $\overline{\mathscr{A}}$ 是 $\mathscr{C}(K)$ 中的闭集,所以只需证明:对任意 $f \in \mathscr{C}(K)$ 和 $\varepsilon > 0$,存在 $\varphi \in \overline{\mathscr{A}}$,使得

$$|f(x) - \varphi(x)| < \varepsilon, \quad \forall x \in K.$$

首先,根据引理 10,对任意的 $a, b \in K$,存在 $\varphi_{ab} \in \mathscr{A}$,使得

$$\varphi_{ab}(a) = f(a), \quad \varphi_{ab}(b) = f(b).$$

(对于 $a = b$ 的情形,可取 $\varphi_{aa} = f(a) \cdot 1$——这里的"1"表示在 K 上恒等于 1 的函数,即 $\mathscr{C}(K)$ 中的单位元 1.)

因为 $\varphi_{ab}(b) - f(b) = 0$,所以存在 b 点的邻域 V_b,使得

$$\varphi_{ab}(x) - f(x) > -\varepsilon, \quad \forall x \in V_b \bigcap K,$$

也就是

$$\varphi_{ab}(x) > f(x) - \varepsilon, \quad \forall x \in V_b \bigcap K.$$

暂时让 a 点固定,取 b 为 K 中的任意点.所有这样的 V_b 覆盖了 K. 因而存在有限个这样的邻域

256

$$V_{b_1}, \cdots, V_{b_n},$$

使得

$$K \subset \bigcup_{j=1}^{n} V_{b_j}.$$

我们记

$$\varphi_a = \max\,(\varphi_{ab_1}, \cdots, \varphi_{ab_n}).$$

根据引理 9，$\varphi_a \in \mathscr{A}$. 容易验证：

$$\varphi_a(x) > f(x) - \varepsilon, \quad \forall\ x \in K,$$
$$\varphi_a(a) = f(a).$$

与上面的讨论类似，我们断定存在 a 点的邻域 U_a，使得

$$\varphi_a(x) < f(x) + \varepsilon, \quad \forall\ x \in U_a \bigcap K.$$

让 a 点取遍 K，所有这样的 U_a 覆盖了 K，因而存在其中有限个

$$U_{a_1}, \cdots, U_{a_m}$$

使得

$$K \subset \bigcup_{i=1}^{m} U_{a_i}.$$

我们记

$$\varphi = \min\,(\varphi_{a_1}, \cdots, \varphi_{a_m}).$$

显然 $\varphi \in \overline{\mathscr{A}}$，并且满足条件

$$f(x) - \varepsilon < \varphi(x) < f(x) + \varepsilon, \quad \forall\ x \in K,$$

也就是

$$|f(x) - \varphi(x)| < \varepsilon, \quad \forall\ x \in K. \quad \square$$

下面是应用斯通-维尔斯特拉斯定理的一些例子.

例 3 设 $K = B^n$ 是 $\mathbb{R}^n$ 中的闭单位球体，$\mathscr{P}$ 是定义于 $K = B^n$ 上的 n 元多项式函数的集合. 显然 $\mathscr{P}$ 是 $\mathscr{C}(K)$ 的子代数，$1 \in \mathscr{P}$. 下面，我们来说明 $\mathscr{P}$ 能区分 $K = B^n$ 中的点. 设 $a = (a_1, \cdots, a_n)$ 和 $b = (b_1, \cdots, b_n)$ 是 B^n 中的两个不相同的点，则 a 和 b 至少有一个坐标不相同，例如说

$$a_k \neq b_k.$$

设 ψ_k 是第 k 个坐标函数：

$$\psi_k(x) = x_k, \ \text{对于} \ x = (x_1, \cdots, x_n).$$

则显然有

$$\psi_k \in \mathscr{P}, \quad \psi_k(a) \neq \psi_k(b).$$

根据斯通-维尔斯特拉斯定理，就可以断定：B^n 上的任何连续函数，都能用 n 元多项式一致逼近.

例 4 设 $f(t)$ 是定义于 $\mathbb{R}$ 上的周斯为 2π 的连续函数. 如果把 t 看成辐角，那么

$$t + 2k\pi, \quad k \in \mathbf{Z}$$

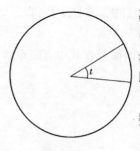

决定了单位圆周上的一个点，反之亦然（图 19-7）. 周期为 2π 的连续函数 f，可以看成是定义在单位圆周 S 上的连续函数，即可以认为 $f \in \mathscr{C}(S)$.

考查以下这些周期为 2π 的连续函数：

$$1, \cos t, \sin t, \cos 2t, \sin 2t, \cdots,$$
$$\cos nt, \sin nt, \cdots.$$

图　19-7

我们把这些函数中任意有限个的实系数线性组合叫做三角多项式，并把全体三角多项式的集合记为 $\mathscr{T}$. 显然 $\mathscr{T}$ 是 $\mathscr{C}(S)$ 中包含有单位元的子代数. 另外，$\mathscr{T}$ 中的两个函数 $\cos t$ 和 $\sin t$ 已足以区分单位圆周 S 上的任意两个不同的点. 根据斯通-维尔斯特拉斯定理，我们断定：任何周期为 2π 的连续函数，都可以用三角多项式一致逼近. —— 这一结果又被称为维尔斯特拉斯第二逼近定理.

例 5 例 4 中的结果还可以推广到任意周期的情形. 考查以下这些周期为 $2l$ 的函数：

$$1, \cos \frac{\pi t}{l}, \sin \frac{\pi t}{l}, \cos \frac{2\pi t}{l}, \sin \frac{2\pi t}{l}, \cdots, \cos \frac{n\pi t}{l}, \sin \frac{n\pi t}{l}, \cdots.$$

我们把这些函数中任意有限项的实系数线性组合叫做周期为 $2l$ 的三角多项式. 任何周期为 $2l$ 的连续函数都可以用同一周期的三

258

角多项式一致逼近.

§6 微分方程解的存在定理

在代数方程的研究中,一个基本的存在定理起了最重要的作用.这定理断定:在复数域中,任何非常数的多项式至少有一个根.对微分方程的研究来说,也有类似的情形.虽然许多微分方程不能用初等方法求解,但这并不意味着这些方程的解不存在.微分方程解的存在定理指出:在相当普遍的条件下,微分方程的解一定存在.本节就来介绍这一重要定理.

我们这里只限于讨论如下形状的一阶微分方程

$$(6.1) \qquad \frac{\mathrm{d}x}{\mathrm{d}t} = f(t,x).$$

方程(6.1)的解一般说来含有一个任意常数.为了从一般解中确定一个单独的解,需要给方程(6.1)附加一个初始条件

$$(6.2) \qquad x(t_0) = x_0.$$

通常将微分方程(6.1)连同初始条件(6.2)一起加以考虑,讨论以下问题是否有解:

$$\begin{cases} \dfrac{\mathrm{d}x}{\mathrm{d}t} = f(t,x), \\ x(t_0) = x_0. \end{cases}$$

人们把这样的问题叫做柯西问题.在下面的讨论中,要求函数 $f(t,x)$ 满足条件

$$|f(t,x_1) - f(t,x_2)| \leqslant \lambda |x_1 - x_2|,$$

这里的 λ 是一个常数.人们把这样的条件叫做李普希茨条件.

下面,我们陈述并证明本节的主要定理.

定理(柯西) 设函数 $f(t,x)$ 在矩形 $[t_0-a,t_0+a]\times[x_0-b,x_0+b]$ 连续,并且满足李普希茨条件

$$(6.3) \qquad |f(t,x_1)-f(t,x_2)|\leqslant\lambda|x_1-x_2|,$$

$$\forall\, t \in [t_0-a, t_0+a], \quad x_1, x_2 \in [x_0-b, x_0+b],$$

则存在 h, $0 < h < a$, 使得在区间 $[t_0-h, t_0+h]$ 上, 柯西问题

(6.4)
$$\begin{cases} \dfrac{\mathrm{d}x}{\mathrm{d}t} = f(t, x), \\ x(t_0) = x_0 \end{cases}$$

有一个解并且只有一个解.

证明 首先, 我们指出, 求问题 (6.4) 的连续可微解, 等价于求以下积分方程的连续解:

(6.5)
$$x = x_0 + \int_{t_0}^{t} f(t, x)\mathrm{d}t.$$

事实上, 如果连续可微函数 $x = x(t)$ 使得 (6.4) 中的方程成为恒等式

$$\frac{\mathrm{d}x(t)}{\mathrm{d}t} \equiv f(t, x(t)).$$

将这恒等式两边从 t_0 到 t 积分, 并利用 (6.4) 中的初始条件 $x(t_0) = x_0$, 就得到

(6.6)
$$x(t) \equiv x_0 + \int_{t_0}^{t} f(t, x(t))\mathrm{d}t.$$

反过来, 如果连续函数 $x = x(t)$ 使得 (6.5) 成为恒等式, 那么从 (6.6) 右端的表示式就可看出: $x(t)$ 实际上是连续可微函数. 将 (6.6) 两边对 t 微分就得到

$$\frac{\mathrm{d}x(t)}{\mathrm{d}t} \equiv f(t, x(t)),$$

并且从 (6.6) 还可得到

$$x(t_0) = x_0.$$

这样, 问题归结到证明积分方程 (6.5) 在连续函数类中有一解并且只有一解.

设 h 是一个特定的实数, $0 < h < a$. 在区间 $[t_0-h, t_0+h]$ 上, 我们尝试用迭代法求积分方程 (6.5) 的连续解 $x = x(t)$. 设函数 $x_1(t)$ 在区间 $[t_0-h, t_0+h]$ 连续并且满足条件

$$|x_1(t) - x_0| \leqslant b, \quad \forall\, t \in [t_0 - h, t_0 + h].$$

我们定义

$$x_2(t) = x_0 + \int_{t_0}^{t} f(t, x_1(t)) \mathrm{d}t.$$

显然函数 $x_2(t)$ 也在区间 $[t_0 - h, t_0 + h]$ 连续. 为了能用 $x_2(t)$ 代替 $x_1(t)$ 作迭代：

$$x_3(t) = x_0 + \int_{t_0}^{t} f(t, x_2(t)) \mathrm{d}t,$$

须要求

$$|x_2(t) - x_0| \leqslant b, \quad \forall\, t \in [t_0 - h, t_0 + h].$$

在紧致集 $[t_0 - a, t_0 + a] \times [x_0 - b, x_0 + b]$ 上, 连续函数 $|f(t, x)|$ 有上界. 设 $M > 0$ 是这连续函数的一个上界, 则有

$$|x_2(t) - x_0| = \left| \int_{t_0}^{t} f(t, x_1(t)) \mathrm{d}t \right|$$

$$\leqslant M |t - t_0|$$

$$\leqslant Mh, \quad \forall\, t \in [t_0 - h, t_0 + h].$$

因此, 为了使

$$|x_2(t) - x_0| \leqslant b, \quad \forall\, t \in [t_0 - h, t_0 + h],$$

只需取 h 满足：

$$0 < h \leqslant \min\left\{ a, \frac{b}{M} \right\}.$$

在这条件下, 上面所说的迭代手续可以一次又一次地继续下去, 产生一个函数序列 $\{x_n(t)\}$：

(6.7)
$$x_{n+1}(t) = x_0 + \int_{t_0}^{t} f(t, x_n(t)) \mathrm{d}t,$$

$$n = 1, 2, \cdots.$$

如果能证明迭代序列 $\{x_n(t)\}$ 在区间

$$[t_0 - h, t_0 + h]$$

一致收敛于某个函数 $x(t)$, 那么在(6.7)式中取极限就得到

$$x(t) = x_0 + \int_{t_0}^{t} f(t, x(t)) \mathrm{d}t.$$

极限函数 $x(t)$ 是积分方程 (6.5) 的连续解,因而也就是柯西问题 (6.4) 的连续可微解.

剩下的工作是证明迭代序列 (6.7) 一致收敛. 解决这类问题的一个方便的办法是利用压缩映射原理. 为此,需要确定一个完备的距离空间. 我们以 X 表示这样一些函数 $x(t)$ 的集合:函数 $x(t)$ 在 $[t_0-h, t_0+h]$ 连续,并且满足条件

$$|x(t) - x_0| \leqslant b, \quad \forall\, t \in [t_0 - h, t_0 + h].$$

在 X 上引入这样的距离

$$d(x, y) = \sup_{|t-t_0| \leqslant h} \{|x(t) - y(t)|\}.$$

容易看出,"函数序列 $\langle x_n(t) \rangle$ 按距离 d 收敛于 $x(t)$"意味着这函数序列在区间 $[t_0-h, t_0+h]$ 一致收敛于 $x(t)$. 根据本章 §2 的定理 2 (一致收敛的柯西原理),距离空间 (X, d) 是完备的.

我们定义一个映射

$$\Phi : X \to X,$$

这映射把函数 $x \in X$ 变成函数 $\Phi x = \xi \in X$:

$$(\Phi x)(t) = \xi(t) = x_0 + \int_{t_0}^{t} f(t, x(t)) \mathrm{d}t.$$

对于 $\xi = \Phi x$ 和 $\eta = \Phi y$,我们有

$$|\xi(t) - \eta(t)| = \left| \int_{t_0}^{t} (f(t, x(t)) - f(t, y(t)) \mathrm{d}t \right|$$

$$\leqslant \left| \int_{t_0}^{t} |f(t, x(t)) - f(t, y(t))| \mathrm{d}t \right|$$

$$\leqslant \lambda \left| \int_{t_0}^{t} |x(t) - y(t)| \mathrm{d}t \right|$$

$$\leqslant \lambda h \sup_{|t-t_0| \leqslant h} \{|x(t) - y(t)|\}.$$

由此就可得到

$$d(\xi, \eta) \leqslant \lambda h d(x, y),$$

262

也就是

$$d(\Phi x, \Phi y) \leqslant \lambda h d(x, y).$$

如果 h 满足条件

$$\lambda h < 1,$$

那么 Φ 就是一个压缩映射.

综上所述,对 h 所加的条件是

$$0 < h < \min\left\{a, \frac{b}{M}, \frac{1}{\lambda}\right\}.$$

如果我们事先选择 h 满足这样的条件,并定义 X, d 和 Φ 如上所述,那么 Φ 就是完备距离空间 (X, d) 上的压缩映射. 根据压缩映射原理,映射 Φ 在 X 中有唯一的不动点 x:

$$x = \Phi x.$$

按照定义把上式写出来就是

$$x(t) = x_0 + \int_{t_0}^{t} f(t, x(t))\mathrm{d}t.$$

我们看到: $x(t)$ 是积分方程(6.5)的唯一的连续解,因而也就是柯西问题(6.4)的唯一连续可微解.　□

注记　上面的存在定理是局部性的,它只保证解在 $[t_0 - h, t_0 + h]$ 这一区间上存在并且唯一. 但如果记

$$t_1 = t_0 + h,$$
$$x_1 = x(t_0 + h),$$

又可考查柯西问题

$$\begin{cases} \dfrac{\mathrm{d}x}{\mathrm{d}t} = f(t, x), \\ x(t_1) = x_1. \end{cases}$$

这问题的解又在某个区间 $[t_1 - h, t_1 + h]$ 上存在并且唯一. 采取这样的办法,可以一步一步地把解延拓到更大的区间上. ——关于解的延拓,当然还需要作更细致的考查. 在以后的微分方程课程里有这方面的内容. 我们这里就不再深入讨论了.

§7 两个著名的例子

前面已经谈到,具有"初等表示式"的函数并不太多. 为了表示更复杂的函数,就需要突破"初等表示式"的局限,引入进一步的数学工具. 一致收敛的函数级数就是这样的工具之一. 为了说明用级数表示函数的功效,我们这里介绍两个著名的例子: 第一个例子是处处连续但处处不可微的函数; 第二个例子是能够填满整个正方形的连续参数曲线. 这两个例子多少有些出人意料之外. 例子中所涉及的函数都不是用简单的初等式子所能表示的.

7. a 处处连续但处处不可微的函数

本段将要介绍的例子对人们弄清楚连续性与可微性的区别起过重要的作用. 19 世纪中期以前,几乎所有的数学家都相信,除去某些例外的孤立点,连续函数总是可微的. 那时的教科书甚至"证明"了这样的"定理". 直到举出了处处连续但处处不可微的函数的例子,关于连续性与可微性的糊涂认识才得以彻底澄清. 最早发表的处处连续但处处不可微的函数的例子是维尔斯特拉斯作出的(发表于 1875 年). 我们这里将要介绍的是后来(1930 年)由范德瓦尔登(Van der Waerden)作出的较简单的例子.

首先,我们用 $u(x)$ 表示 x 到离它最近的整数的距离:

$$u(x) = |x - m|, \quad x \in \left[m - \frac{1}{2}, m + \frac{1}{2} \right], m \in \mathbf{Z}.$$

函数 $u(x)$ 的图形是锯齿形的(参看图 19-8). 容易看出,函数 $u(x)$ 在整个数轴 $\mathbb{R}$ 上连续,它以 1 为周期,并且满足不等式

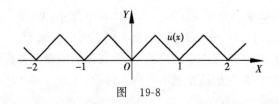

图 19-8

264

$$0 \leqslant u(x) \leqslant \frac{1}{2}, \quad \forall x \in \mathbb{R}.$$

在区间 $\left[m - \dfrac{1}{2}, m\right]$ 上，函数 $y = u(x)$ 的斜率为 -1；在区间 $\left[m, m + \dfrac{1}{2}\right]$ 上，函数 $y = u(x)$ 的斜率为 $+1$.

利用函数 u，我们构造一列函数

$$u_k(x) = \frac{u(4^k x)}{4^k}, \quad k = 0, 1, 2, \cdots.$$

显然函数 $u_k(x)$ 在 $\mathbb{R}$ 上连续，它以 $\dfrac{1}{4^k}$ 为周期，并且满足不等式

$$0 \leqslant u_k(x) \leqslant \frac{1}{2 \cdot 4^k}, \quad \forall x \in \mathbb{R}.$$

在区间 $\left[\dfrac{m}{4^k} - \dfrac{1}{2 \cdot 4^k}, \dfrac{m}{4^k}\right]$ 上，函数 $y = u_k(x)$ 的斜率是 -1；在区间 $\left[\dfrac{m}{4^k}, \dfrac{m}{4^k} + \dfrac{m}{2 \cdot 4^k}\right]$ 上，函数 $y = u_k(x)$ 的斜率是 $+1$（参看图 19-9）.

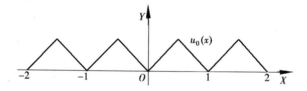

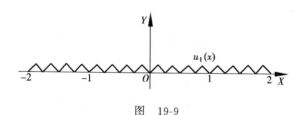

图 19-9

考查函数

$$f(x) = \sum_{k=0}^{+\infty} u_k(x), \quad x \in \mathbb{R}.$$

因为上式右端的函数级数具有优级数

$$\sum_{k=0}^{+\infty} \frac{1}{2 \cdot 4^k},$$

所以函数 $f(x)$ 在 $\mathbb{R}$ 上处处连续. 下面, 我们来证明函数 $f(x)$ 处处不可微. 设 c 是 $\mathbb{R}$ 中任意一点. 对任意 $n \in \mathbf{N}$, 可以确定 $m_n \in \mathbf{Z}$, 使得

$$m_n \leqslant 2 \cdot 4^{n-1} \cdot c < m_n + 1,$$

也就是

$$\frac{m_n}{2 \cdot 4^{n-1}} \leqslant c < \frac{m_n + 1}{2 \cdot 4^{n-1}}.$$

对任意的 $n \in \mathbf{N}$, 在区间

$$I_n = \left[\frac{m_n}{2 \cdot 4^{n-1}}, \frac{m_n + 1}{2 \cdot 4^{n-1}} \right)$$

之中, 存在这样的点 x_n, 它与点 c 的距离等于区间 I_n 长度的一半, 即使得

$$|x_n - c| = \frac{1}{4^n}.$$

考查差商

$$\frac{f(x_n) - f(c)}{x_n - c} = \sum_{k=0}^{+\infty} \frac{u_k(x_n) - u_k(c)}{x_n - c}.$$

对于 $k \geqslant n$, 函数 u_k 的周期 $\frac{1}{4^k}$ 能够整除 $|x_n - c| = \frac{1}{4^n}$, 因而

$$\frac{u_k(x_n) - u_k(c)}{x_n - c} = 0.$$

对于 $k \leqslant n-1$, 函数 $u_k(x)$ 在区间 $I_k \supset I_n$ 上的斜率为 ± 1. (按照我们的记号约定,

$$I_k = \left[\frac{m_k}{2 \cdot 4^{k-1}}, \frac{m_k + 1}{2 \cdot 4^{k-1}} \right).$$

当 m_k 是奇数的时候,函数 $u_k(x)$ 在 I_k 上的斜率为 -1. 当 m_k 是偶数的时候,函数 $u_k(x)$ 在 I_k 上的斜率为 $+1$.)于是有

$$\frac{u_k(x_n) - u_k(c)}{x_n - c} = \pm 1.$$

我们看到

$$\frac{f(x_n) - f(c)}{x_n - c} = \sum_{k=0}^{n-1} (\pm 1).$$

上式右端与 n 有同样的奇偶性,因而当 $n \to +\infty$ 时不可能有极限. 由此可知:函数 f 在任意一点 c 不可微.　□

7.b　填满正方形的连续曲线

以下约定记 $I = [0,1]$. 设

$$\varphi: I \to \mathbb{R} \quad 和 \quad \psi: I \to \mathbb{R}$$

是连续函数,我们把

$$\begin{cases} x = \varphi(t), \\ y = \psi(t), \end{cases} \quad t \in I$$

叫做连续的参数曲线.上世纪末(1890 年),皮亚诺(Peano)首先发现这样一件令人惊异的事实:可以用一条连续的参数曲线填满整个正方形 $I \times I$. 后来,人们就把能填满整个正方形的连续曲线叫做皮亚诺曲线.下面将要介绍的一种构造皮亚诺曲线的方法,是索恩伯格(I. J. Schoenberg)在 1938 年提出的.

在索恩伯格的构造中,利用了实数的 p 进小数展开($p = 2$, 3). 我们这里简要地介绍以下事实:对任何实数 $t \in [0,1]$,存在由数字 $0, 1, \cdots, p-1$ 组成的数列 $\{t_n\}$,使得

$$\sum_{n=1}^{+\infty} \frac{t_n}{p^n} = t.$$

——逐次把区间分成 p 等分,判断 t 落在哪一等分之中,就可确定数列 $\{t_n\}$;利用闭区间套原理就可证明上面的等式.

下面,我们来介绍索恩伯格构造的皮亚诺曲线.

考查正方形 $I \times I$ 中的任意一点 (a, b). 我们将 a 和 b 分别用 2 进小数展开:

$$a = \sum_{n=1}^{+\infty} \frac{a_n}{2^n}, \quad b = \sum_{n=1}^{+\infty} \frac{b_n}{2^n},$$

$$a_n, b_n \in \{0, 1\}, \quad n = 1, 2, \cdots.$$

把 a 和 b 的二进小数数字交错排列,我们得到

$$c_1, c_2, \cdots, c_{2n-1}, c_{2n}, \cdots,$$

其中

$$c_{2n-1} = a_n, \quad c_{2n} = b_n, \quad n = 1, 2, \cdots.$$

然后,用这些数码做成一个新的数

$$c = \sum_{n=1}^{+\infty} \frac{2c_n}{3^n}.$$

显然有

$$0 \leqslant c \leqslant 2 \sum_{n=1}^{+\infty} \frac{1}{3^n} = 1,$$

因而 $c \in I$.

我们设法构造两个连续函数

$$\varphi, \psi : I \to I,$$

希望用这两个函数把 a 和 b 从 c 中"滤"出来.这就是说,希望能定义连续函数 φ 和 ψ,使得对任何 $(a, b) \in I \times I$ 和按上面办法构造的 c,都有

$$\varphi(c) = a, \quad \psi(c) = b.$$

在 c 的三进小数表示中,各位数字 $2c_1, 2c_2, \cdots, 2c_n, \cdots$ 都是 0 或者 2. 我们首先设法作一个连续函数,要求这函数在 $\left[0, \frac{1}{3}\right]$ 取值 0,在 $\left[\frac{2}{3}, 1\right]$ 取值 1. 下面的函数 ω 就满足所说的条件:

$$\omega(t)=\begin{cases} 0, & t\in\left[0,\dfrac{1}{3}\right], \\[2mm] 3t-1, & t\in\left[\dfrac{1}{3},\dfrac{2}{3}\right], \\[2mm] 1, & t\in\left[\dfrac{2}{3},\dfrac{4}{3}\right], \\[2mm] -3t+5, & t\in\left[\dfrac{4}{3},\dfrac{5}{3}\right], \\[2mm] 0, & t\in\left[\dfrac{5}{3},2\right]. \end{cases}$$

我们将这函数按周期 2 扩充定义于整个数轴 $\mathbb{R}$ 上（参看图 19-10），规定

$$\omega(t+2k)=\omega(t), \quad \forall\, t\in[0,2], \quad k\in\mathbb{Z}.$$

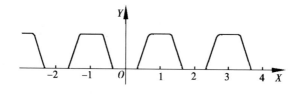

图　19-10

对于

$$c=2\sum_{n=1}^{+\infty}\frac{c_n}{3^n}, \quad c_n\in\{0,1\}, \ n=1,2,\cdots,$$

我们写

$$3^k c = 2\sum_{n=1}^{k}3^{k-n}c_n + 2\sum_{n=k+1}^{+\infty}\frac{c_n}{3^{n-k}} = 2\sum_{n=1}^{k}3^{k-n}c_n + d_k.$$

下面证明

$$\omega(3^k c) = \omega(d_k) = c_{k+1}, \quad k=0,1,2,\cdots.$$

分两种情形讨论：

情形 1　$c_{k+1}=0$. 对这情形有

269

$$0 \leqslant d_k \leqslant 2 \sum_{n=k+2}^{+\infty} \frac{1}{3^{n-k}} = \frac{1}{3}.$$

因而

$$\omega(3^k c) = \omega(d_k) = 0 = c_{k+1}.$$

情形 2 $c_{k+1}=1$. 对这情形有

$$\frac{2}{3} \leqslant d_k \leqslant 1.$$

因而

$$\omega(3^k c) = \omega(d_k) = 1 = c_{k+1}.$$

函数 $\omega(3^k t)$ 作用于 c 就正好"滤出"数字 c_{k+1} 来. 根据这一观察,我们定义

$$\varphi(t) = \sum_{n=1}^{+\infty} \frac{\omega(3^{2n-2}t)}{2^n},$$

$$\psi(t) = \sum_{n=1}^{+\infty} \frac{\omega(3^{2n-1}t)}{2^n}.$$

收敛级数 $\sum \dfrac{1}{2^n}$ 可以作为上两式右端的函数级数的优级数. 因而 $\varphi(t)$ 和 $\psi(t)$ 是连续函数. 又显然有

$$\varphi(c) = \sum_{n=1}^{+\infty} \frac{\omega(3^{2n-2}c)}{2^n} = \sum_{n=1}^{+\infty} \frac{c_{2n-1}}{2^n} = \sum_{n=1}^{+\infty} \frac{a_n}{2^n} = a,$$

$$\psi(c) = \sum_{n=1}^{+\infty} \frac{\omega(3^{2n-1}c)}{2^n} = \sum_{n=1}^{+\infty} \frac{c_{2n}}{2^n} = \sum_{n=1}^{+\infty} \frac{b_n}{2^n} = b.$$

我们看到,对于 $I \times I$ 中的任意一点 (a,b),都存在(按前述方式构造的数)$c \in I$,使得

$$\begin{cases} \varphi(c) = a, \\ \psi(c) = b. \end{cases}$$

这就是说,连续参数曲线

$$\begin{cases} x = \varphi(t), \\ y = \psi(t), \end{cases} \quad t \in I$$

能够填满整个正方形 $I \times I$.

270

第二十章　傅里叶级数

§1　概　　说

设函数 $f(t)$ 在 $\mathbb{R}$ 上有定义. 如果存在实数 $T \neq 0$, 使得

$$f(t+T) = f(t), \quad \forall\, t \in \mathbb{R},$$

那么我们就说 $f(t)$ 是一个周期函数, 并把 T 叫做 $f(t)$ 的周期. 容易看出, 如果 T 是函数 $f(t)$ 的一个周期, 那么 kT 也是函数 $f(t)$ 的周期, 这里 k 是任意非零整数. 如果在周期函数 $f(t)$ 的所有的周期当中, 存在一个最小的正周期, 那么我们就把这最小的正周期叫做函数 $f(t)$ 的最小周期. 这里应该指出, 并不是任何周期函数都具有最小正周期. 例如, 常值函数没有最小的正周期, 狄里克莱函数也没有最小的正周期.

为了描述周期现象, 就需要用到周期函数. 各种各样的振动是最常见的周期现象. 最简单的振动可以表示为

$$(1.1) \qquad u = a \cos \omega t + b \sin \omega t,$$

或者

$$(1.1)' \qquad u = A \sin(\omega t + \varphi),$$

这里

$$A = \sqrt{a^2 + b^2},$$

$$\sin \varphi = \frac{a}{\sqrt{a^2 + b^2}}, \quad \cos \varphi = \frac{b}{\sqrt{a^2 + b^2}}.$$

像 (1.1) 或 (1.1)′ 那样的振动被称为谐振动. A 被称为振幅, φ 被称为初相, ω 被称为圆频率. 容易看出, 振动 (1.1) 或 (1.1)′ 的最小周期为

$$T = \frac{2\pi}{\omega}.$$

在对振动现象的研究中,以下事实的发现具有特别重要的意义:一般说来,任何复杂的振动都可以分解为一系列谐振动之和.用数学的语言来描述,上面所说的事实就是:在相当普遍的条件下,周期为 T 的函数 $f(t)$,可以表示成以下形状的级数的和

(1.2) $$\frac{a_0}{2} + \sum_{n=1}^{+\infty} (a_n \cos n\omega t + b_n \sin n\omega t),$$

其中的 $\omega = \frac{2\pi}{T}$. ——我们把(1.2)中的常数项写成 $\frac{a_0}{2}$ 是为了以后讨论方便.

上述事实并不是显而易见的.1753 年,当丹尼尔·伯努里[①]为了解决弦振动问题最早提出这样的见解时,与他同时代的数学家(包括欧拉和达郎贝尔)大都持怀疑态度.争论和探索一直持续到下一个世纪.直到 1829 年,狄里克莱才首次给出了前述基本事实的一个严格的数学证明.随后,还有其他一些数学家给出了条件有些不同的证明.可以说,对这一事实的研究,极大地促进了数学分析的发展.

本章考查周期函数 $f(t)$ 展开为形如(1.2)的级数的条件.因为任意周期的情形可以通过变元的比例变换化成周期为 2π 的情形,所以我们主要对周期 $T = 2\pi$(即 $\omega = 1$)的情形进行讨论.

考查函数系

(1.3) $$1,\ \cos t,\ \sin t,\ \cos 2t,\ \sin 2t,$$
$$\cdots,\ \cos nt,\ \sin nt,\ \cdots.$$

我们把(1.3)叫做(周期为 2π 的)基本三角函数系.这函数系的一个值得注意的特点是"正交性",即任意两个不同的函数的乘积在

---

① 丹尼尔·伯努里(Daniel Bernoulli ,1700—1782)是著名的瑞士数学家. 他的父亲约翰·伯努里(Johann Bernoulli)和伯父雅可布·伯努里(Jakob Bernoulli)也都是著名的数学家.

区间 $[-\pi, \pi]$ 上的积分都等于 0. 事实上，直接计算可得

$$(1.4) \qquad \int_{-\pi}^{\pi} 1 \cdot \cos nt \, dt = 0, \qquad \int_{-\pi}^{\pi} 1 \cdot \sin nt \, dt = 0.$$

利用三角公式

$$\cos mt \cos nt = \frac{1}{2} \left[\cos(m-n)t + \cos(m+n)t \right],$$

$$\sin mt \sin nt = \frac{1}{2} \left[\cos(m-n)t - \cos(m+n)t \right],$$

$$\cos mt \sin nt = \frac{1}{2} \left[\sin(m+n)t - \sin(m-n)t \right],$$

又可得到

$$(1.5) \qquad \begin{cases} \displaystyle\int_{-\pi}^{\pi} \cos mt \cos nt \, dt = \begin{cases} \pi, & \text{若 } m = n, \\ 0, & \text{若 } m \neq n; \end{cases} \\[3mm] \displaystyle\int_{-\pi}^{\pi} \sin mt \sin nt \, dt = \begin{cases} \pi, & \text{若 } m = n, \\ 0, & \text{若 } m \neq n; \end{cases} \\[3mm] \displaystyle\int_{-\pi}^{\pi} \cos mt \sin nt \, dt = 0. \end{cases}$$

设周期为 2π 的函数 $f(t)$ 在区间 $[-\pi, \pi]$ 上可积. 假如以下的展式成立：

$$(1.6) \qquad f(t) = \frac{a_0}{2} + \sum_{k=1}^{+\infty} (a_k \cos kt + b_k \sin kt).$$

我们希望了解系数 a_m 和 b_n 是怎样的. 为了这一目的，将 (1.6) 式两边乘以 $\cos mt$ 或 $\sin nt$，然后在区间 $[-\pi, \pi]$ 上积分. **假如**乘以 $\cos mt$ 或 $\sin nt$ 的级数可以逐项积分，就能得到

$$\int_{-\pi}^{\pi} f(t) \begin{Bmatrix} \cos mt \\ \sin nt \end{Bmatrix} dt = \frac{a_0}{2} \int_{-\pi}^{\pi} \begin{Bmatrix} \cos mt \\ \sin nt \end{Bmatrix} dt$$

$$+ \sum_{k=1}^{+\infty} \left(a_k \int_{-\pi}^{\pi} \cos kt \begin{Bmatrix} \cos mt \\ \sin nt \end{Bmatrix} dt \right.$$

$$\left. + b_k \int_{-\pi}^{\pi} \sin kt \begin{Bmatrix} \cos mt \\ \sin nt \end{Bmatrix} dt \right),$$

这里 $m=0,1,2,\cdots;n=1,2,\cdots$. 再利用(1.4)和(1.5),就得到

$$(1.7) \quad \begin{cases} a_0 = \dfrac{1}{\pi}\displaystyle\int_{-\pi}^{\pi} f(t)\mathrm{d}t, \\[2mm] a_n = \dfrac{1}{\pi}\displaystyle\int_{-\pi}^{\pi} f(t)\cos nt\mathrm{d}t, \\[2mm] b_n = \dfrac{1}{\pi}\displaystyle\int_{-\pi}^{\pi} f(t)\sin nt\mathrm{d}t. \end{cases}$$

表示式(1.7)被称为欧拉-傅里叶公式[①].

只要函数 $f(t)$ 在区间 $[-\pi,\pi]$ 上可积或广义绝对可积,我们就可以按照欧拉-傅里叶公式(1.7)计算函数 $f(t)$ 的傅里叶系数 a_0,a_n,b_n,然后写出这函数的傅里叶级数

$$(1.8) \quad \frac{a_0}{2} + \sum_{n=1}^{+\infty}(a_n\cos nt + b_n\sin nt).$$

请读者注意:上面的探索,依据的是两个未经验证的假设(两个加有黑体字的"假如"). 到现在为止,我们还没有理由在函数 $f(t)$ 和由它作成的傅里叶级数之间划上等号. 我们约定采用记号

$$f(t) \sim \frac{a_0}{2} + \sum_{k=1}^{+\infty}(a_k\cos kt + b_k\sin kt)$$

以表示右端的级数是左端的函数的傅里叶级数.

对于周期为 2π 的函数 $f(t)$,欧拉-傅里叶公式(1.7)中的各积分可以在任何一个长为 2π 的区间上计算,例如

$$a_0 = \frac{1}{\pi}\int_0^{2\pi} f(t)\mathrm{d}t,$$

$$a_k = \frac{1}{\pi}\int_0^{2\pi} f(t)\cos kt\mathrm{d}t,$$

$$b_k = \frac{1}{\pi}\int_0^{2\pi} f(t)\sin kt\mathrm{d}t,$$

$$k = 1,2,3,\cdots.$$

---

① 傅里叶(Joseph Fourier,1768-1830)是法国数学家. 他在 1822 年出版的《热的分析理论》一书中,广泛地运用了形状如(1.6)那样的级数展式.

如果 $f(t)$ 是在区间 $[-\pi,\pi]$ 上有定义的偶函数,并且在这区间上可积或广义绝对可积,那么按照欧拉-傅里叶公式计算得

$$
\begin{aligned}
b_k &= \frac{1}{\pi}\int_{-\pi}^{\pi} f(t)\sin kt\,\mathrm{d}t \\
&= \frac{1}{\pi}\int_{0}^{\pi} f(t)\sin kt\,\mathrm{d}t + \frac{1}{\pi}\int_{-\pi}^{0} f(t)\sin kt\,\mathrm{d}t \\
&= \frac{1}{\pi}\int_{0}^{\pi} f(t)\sin kt\,\mathrm{d}t - \frac{1}{\pi}\int_{0}^{\pi} f(-t)\sin kt\,\mathrm{d}t = 0,
\end{aligned}
$$

$$
k = 1,2,\cdots.
$$

因而偶函数 $f(t)$ 的傅里叶级数只含余弦部分:

$$
f(t) \sim \frac{a_0}{2} + \sum_{k=1}^{+\infty} a_k \cos kt,
$$

并且傅里叶系数可按下面公式计算:

$$
\begin{cases}
a_0 = \dfrac{2}{\pi}\displaystyle\int_{0}^{\pi} f(t)\,\mathrm{d}t, \\[2mm]
a_k = \dfrac{2}{\pi}\displaystyle\int_{0}^{\pi} f(t)\cos kt\,\mathrm{d}t, \quad k = 1,2,\cdots.
\end{cases}
$$

如果 $f(t)$ 是在区间 $[-\pi,\pi]$ 上有定义的奇函数,并且在这区间上可积或广义绝对可积,那么这函数的傅里叶级数只含正弦部分

$$
f(t) \sim \sum_{k=1}^{+\infty} b_k \sin kt,
$$

并且

$$
b_k = \frac{2}{\pi}\int_{0}^{\pi} f(t)\sin kt\,\mathrm{d}t, \quad k = 1,2,\cdots.
$$

§2 正交函数系,贝塞尔不等式

在导出欧拉-傅里叶公式的过程中,我们利用了三角函数系的一个重要性质——正交性.本节对正交性作更一般的讨论.

考查在闭区间 $[\alpha,\beta]$ 上黎曼可积的函数所组成的集合 $\mathscr{R}$. 按照通常方式定义加法和乘以实数的运算,$\mathscr{R}$ 成为一个实线性空

间. 在 $\mathscr{R}$ 上, 我们按以下方式定义内积 $(\cdot,\cdot)$:

$$(f,g) = \rho \int_\alpha^\beta f(x)g(x)\mathrm{d}x,$$

这里 ρ 是取定的正实数. 对许多情形, 可以简单地取 $\rho=1$; 对另外有些情形, 取 ρ 为其他数值更加方便. 容易验证, 所定义的内积具有以下这些重要性质:

(I_1) $(f,g)=(g,f),$ $\forall\ f,g\in\mathscr{R}$;

(I_2) $(\lambda_1 f_1+\lambda_2 f_2,g)=\lambda_1(f_1,g)+\lambda_2(f_2,g),$

           $\forall\ \lambda_1,\lambda_2\in\mathbb{R},\ f_1,f_2,g\in\mathscr{R}$;

(I_3) $(f,f)\geqslant 0,$ $\forall f\in\mathscr{R}.$

请注意, 与线性代数课程中的定义稍有不同, 这里的内积 (f,f) 是非负的, 但未要求是正定的. —— 对于 $f\in\mathscr{R}$, 单凭 $(f,f)=0$ 尚不能断定 $f=0$. (在以后学习的课程中, 引入勒贝格积分概念之后, 对此将作进一步的处理.)

如果两个函数 $f,g\in\mathscr{R}$ 满足条件

$$(f,g)=0,$$

那么我们就说这两函数是正交的. 考查函数系

$$\varphi_0,\varphi_1,\cdots,\varphi_n$$

或者

$$\varphi_0,\varphi_1,\cdots,\varphi_n,\cdots.$$

如果函数系中的函数两两正交, 那么我们就说这函数系是正交的. 如果函数系 $\{\varphi_k\}$ 满足这样的条件:

$$(\varphi_k,\varphi_l) = \delta_{kl} = \begin{cases} 1, & \text{对于 } k=l, \\ 0, & \text{对于 } k\neq l, \end{cases}$$

那么我们就说这函数系是规范正交的.

下面, 我们来考查 $\mathscr{R}$ 中的一个取定的规范正交函数系

$$\varphi_0,\varphi_1,\varphi_2,\cdots,\varphi_n,\cdots.$$

假设函数 $f\in\mathscr{R}$ 能展开成以下形式的级数

276

(2.1)
$$f(x) = \sum_{k=0}^{+\infty} c_k \varphi_k(x).$$

以 $\varphi_l(x)$ 乘这式两边得

$$f(x)\varphi_l(x) = \sum_{k=0}^{+\infty} c_k \varphi_k(x)\varphi_l(x).$$

假设上式右端的级数可以逐项积分,就能得到

$$(f, \varphi_l) = \sum_{k=0}^{+\infty} c_k (\varphi_k, \varphi_l)$$
$$= \sum_{k=0}^{+\infty} c_k \delta_{kl}$$
$$= c_l, \quad l = 0, 1, 2, \cdots,$$

也就是

(2.2)
$$c_k = (f, \varphi_k), \quad k = 0, 1, 2, \cdots.$$

公式 (2.2) 被称为关于正交函数系 $\{\varphi_k\}$ 的欧拉-傅里叶公式. 按照这公式计算系数,然后作成级数

(2.3)
$$\sum_{k=0}^{+\infty} c_k \varphi_k(x).$$

我们约定把这样的级数叫做函数 f 关于正交函数系 $\{\varphi_k\}$ 的傅里叶级数,并约定用以下记号表示

$$f(x) \sim \sum_{k=0}^{+\infty} c_k \varphi_k(x).$$

对于 $f \in \mathcal{R}$,约定记

$$\|f\| = \sqrt{(f, f)}.$$

我们来考查用线性组合

(2.4)
$$\sum_{k=0}^{n} b_k \varphi_k(x)$$

逼近函数 $f(x)$ 的均方误差:

$$\left\| f - \sum_{k=0}^{n} b_k \varphi_k \right\| = \sqrt{\left(f - \sum_{k=0}^{n} b_k \varphi_k, \; f - \sum_{k=0}^{n} b_k \varphi_k \right)}$$

$$= \sqrt{\rho \int_\alpha^\beta \Big(f(x) - \sum_{k=0}^n b_k \varphi_k(x) \Big)^2 \mathrm{d}x}.$$

下面将指出，在所有的形状如(2.4)那样的 $n+1$ 项线性组合当中，函数 f 的傅里叶级数的部分和使得逼近的均方误差达到最小. 在这个意义上，我们说傅里叶级数的部分和是函数 f 的最佳均方逼近. 事实上

$$\Big\| f - \sum_{k=0}^n b_k \varphi_k \Big\|^2 = \Big(f - \sum_{k=0}^n b_k \varphi_k, \ f - \sum_{k=0}^n b_k \varphi_k \Big)$$

$$= (f, f) - 2 \sum_{k=0}^n b_k(f, \varphi_k) + \sum_{k=0}^n b_k^2$$

$$= \|f\|^2 - 2 \sum_{k=0}^n b_k c_k + \sum_{k=0}^n b_k^2$$

$$= \|f\|^2 - \sum_{k=0}^n c_k^2 + \sum_{k=0}^n (b_k - c_k)^2$$

$$(c_k = (f, \varphi_k), \quad k = 0, 1, \cdots, n).$$

我们看到，当且仅当

$$b_k = c_k \quad (k = 0, 1, \cdots, n)$$

这样的情形，均方误差才达到最小值

$$(2.5) \qquad \Big\| f - \sum_{k=0}^n c_k \varphi_k \Big\|^2 = \|f\|^2 - \sum_{k=0}^n c_k^2.$$

对上述事实，可以作如下的几何解释：在内积空间 V 中，规范正交向量 $e_0, e_1, \cdots, e_n$ 的线性组合

$$\sum_{k=0}^n b_k e_k$$

张成了一个 $n+1$ 维的子空间 W. 设 f 是空间 V 中的一个点. 我们希望找出子空间 W 中离 f 最近的点（参看图 20-1）. 显然所求的点应该是点 f 在子空间 W 上的垂直投影，即

$$\sum_{k=0}^n c_k e_k,$$

278

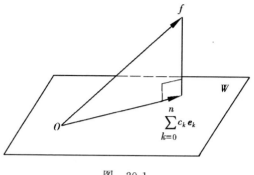

图 20-1

这里 $c_k = (f, e_k)$，$k = 0, 1, \cdots, n$. 而 f 到这垂足的距离的平方为

$$\left\| f - \sum_{k=0}^{n} c_k e_k \right\|^2 = \|f\|^2 - \left\| \sum_{k=0}^{n} c_k e_k \right\|^2,$$

也就是

$$\left\| f - \sum_{k=0}^{n} c_k e_k \right\|^2 = \|f\|^2 - \sum_{k=0}^{n} c_k^2.$$

在前面的讨论中，我们得到了等式

(2.5) $$\|f\|^2 - \sum_{k=0}^{n} c_k^2 = \left\| f - \sum_{k=0}^{n} c_k \varphi_k \right\|^2.$$

由此又可得到

(2.6) $$\sum_{k=0}^{n} c_k^2 \leqslant \|f\|^2.$$

这里的(2.5)和(2.6)分别被称为贝塞尔(Bessel)等式和贝塞尔不等式. 又因为(2.6)式中的 n 是任意的，所以级数 $\sum_{k=0}^{n} c_k^2$ 收敛，并且以下不等式成立：

(2.7) $$\sum_{k=0}^{+\infty} c_k^2 \leqslant \|f\|^2.$$

通常也把(2.7)称为贝塞尔不等式. 作为不等式(2.7)的推论，我们

279

断定

(2.8)
$$\lim_{n \to +\infty} c_n = 0.$$

现在,我们再回过来考查三角函数系

(2.9)
$$\frac{1}{\sqrt{2}}, \cos x, \sin x, \cos 2x, \sin 2x,$$
$$\cdots, \cos kx, \sin kx, \cdots.$$

如果把函数 $f(x)$ 与 $g(x)$ 的内积定义为

(2.10)
$$(f, g) = \frac{1}{\pi} \int_{-\pi}^{\pi} f(x) g(x) \mathrm{d}x,$$

那么三角函数系(2.9)是规范正交的. 我们来考查函数 f 对规范正交函数系(2.9)的傅里叶级数

$$A_0 \frac{1}{\sqrt{2}} + \sum_{k=1}^{+\infty} (a_k \cos kx + b_k \sin kx).$$

通常记 $a_0 = \sqrt{2} A_0$,而把这级数写成

(2.11)
$$\frac{a_0}{2} + \sum_{k=1}^{+\infty} (a_k \cos kx + b_k \sin kx).$$

傅里叶级数(2.11)中的系数可按以下各公式计算:

$$a_0 = \sqrt{2} A_0 = \sqrt{2} \left(f, \frac{1}{\sqrt{2}} \right)$$
$$= (f, 1) = \frac{1}{\pi} \int_{-\pi}^{\pi} f(x) \mathrm{d}x,$$
$$a_k = \frac{1}{\pi} \int_{-\pi}^{\pi} f(x) \cos kx \mathrm{d}x,$$
$$b_k = \frac{1}{\pi} \int_{-\pi}^{\pi} f(x) \sin kx \mathrm{d}x, \qquad k = 1, 2, \cdots.$$

——这就是我们在上节中已经得到的欧拉-傅里叶公式.

对函数 f 的傅里叶级数,我们写出贝塞尔不等式

$$A_0^2 + \sum_{k=1}^{n} (a_k^2 + b_k^2) \leqslant \frac{1}{\pi} \int_{-\pi}^{\pi} f^2(x) \mathrm{d}x.$$

仍然记 $a_0 = \sqrt{2} A_0$,就得到

280

(2.12) $$\frac{a_0^2}{2} + \sum_{k=1}^{n}(a_k^2 + b_k^2) \leqslant \frac{1}{\pi}\int_{-\pi}^{\pi} f^2(x)\mathrm{d}x.$$

由此得到：级数

$$\frac{a_0^2}{2} + \sum_{k=1}^{+\infty}(a_k^2 + b_k^2)$$

收敛,并且有

(2.13) $$\frac{a_0^2}{2} + \sum_{k=1}^{+\infty}(a_k^2 + b_k^2) \leqslant \frac{1}{\pi}\int_{-\pi}^{\pi} f^2(x)\mathrm{d}x.$$

这里的(2.12)和(2.13)就是关于三角函数系的贝塞尔不等式. 由此又可得到

$$\lim_{k\to+\infty} a_k = \lim_{k\to+\infty} b_k = 0,$$

也就是

(2.14) $$\lim_{k\to+\infty}\int_{-\pi}^{\pi} f(x)\cos kx\mathrm{d}x = 0,$$

(2.15) $$\lim_{k\to+\infty}\int_{-\pi}^{\pi} f(x)\sin kx\mathrm{d}x = 0.$$

值得注意的是：(2.14)和(2.15)中的极限都不能取到积分号里面去.

在下一节中,我们还将进一步推广像(2.14)和(2.15)这样的结果.

§3 傅里叶级数的逐点收敛性

本节考查傅里叶级数在各点的收敛状况. 3.a 段和 3.b 段先作一些必要的准备. 3.c 段和 3.d 段介绍最常用的判别法. 3.e 段给出傅里叶级数展开的一些例子.

3.a 黎曼-勒贝格引理

如果函数 $h(t)$ 在区间 $[\alpha,\beta]$ 上有定义,并且存在区间 $[\alpha,\beta]$ 的分割,使得 $h(t)$ 在分割的各子区间的内部为常数,那么我们就说

281

$h(t)$是区间$[\alpha,\beta]$上的阶梯函数.

引理 1 设函数$g(t)$在区间$[\alpha,\beta]$上可积,则对任意给定的$\varepsilon>0$,存在定义于区间$[\alpha,\beta]$上的阶梯函数$h(t)$,使得

$$\int_\alpha^\beta |g(t)-h(t)|\mathrm{d}t < \varepsilon.$$

证明 因为函数$g(t)$在区间$[\alpha,\beta]$上可积,所以存在这区间的一个分割

$$P: a = t_0 < t_1 < \cdots t_n = \beta,$$

使得

$$\sum_{i=1}^n (M_i - m_i)\Delta t_i < \varepsilon.$$

这里

$$M_i = \sup_{t\in[t_{i-1},t_i]} g(t), \quad m_i = \inf_{t\in[t_{i-1},t_i]} g(t),$$
$$\Delta t_i = t_i - t_{i-1}, \quad i=1,2,\cdots,n.$$

我们定义这样一个阶梯函数$h(t)$:

$$h(t)=m_i, \ t\in[t_{i-1},t_i), \ i=1,2,\cdots,n;$$
$$h(\beta)=g(\beta).$$

在子区间$[t_{i-1},t_i)$上显然有

$$0 \leqslant g(t) - h(t) \leqslant M_i - m_i.$$

因而

$$\int_\alpha^\beta |g(t)-h(t)|\mathrm{d}t = \sum_{i=1}^n \int_{t_{i-1}}^{t_i} |g(t)-h(t)|\mathrm{d}t$$

$$\leqslant \sum_{i=1}^n (M_i-m_i)\Delta t_i < \varepsilon. \quad \square$$

在上一节中,我们证明了:对于在区间$[-\pi,\pi]$上可积的函数$f(t)$,应有

$$\lim_{k\to+\infty} \int_{-\pi}^\pi f(t)\cos kt\,\mathrm{d}t = 0,$$

$$\lim_{k\to+\infty} \int_{-\pi}^\pi f(t)\sin kt\,\mathrm{d}t = 0.$$

黎曼-勒贝格(Lebesgue)引理将上述结果推广到更一般的情形. 这引理在傅里叶级数理论中起着十分重要的作用.

引理 2(黎曼-勒贝格) 如果函数 $g(t)$ 在区间 $[\alpha,\beta]$ 上可积或广义绝对可积,那么

$$\lim_{\lambda \to +\infty} \int_\alpha^\beta g(t)\cos \lambda t \mathrm{d}t = 0,$$

$$\lim_{\lambda \to +\infty} \int_\alpha^\beta g(t)\sin \lambda t \mathrm{d}t = 0.$$

证明 先设 $g(t)$ 是阶梯函数. 这就是说,存在区间 $[\alpha,\beta]$ 的分割

$$\alpha = t_0 < t_1 < \cdots < t_n = \beta,$$

使得

$$g(t) = c_i, \quad t \in (t_{i-1}, t_i),$$
$$i = 1, 2, \cdots, n.$$

对这情形,我们有

$$
\begin{aligned}
\left| \int_\alpha^\beta g(t)\cos \lambda t \mathrm{d}t \right| &= \left| \sum_{i=1}^n \int_{t_{i-1}}^{t_i} g(t)\cos \lambda t \mathrm{d}t \right| \\
&= \left| \sum_{i=1}^n c_i \int_{t_{i-1}}^{t_i} \cos \lambda t \mathrm{d}t \right| \\
&= \left| \sum_{i=1}^n c_i \frac{\sin \lambda t_i - \sin \lambda t_{i-1}}{\lambda} \right| \\
&\leqslant \frac{2}{\lambda} \sum_{i=1}^n |c_i|.
\end{aligned}
$$

因而

$$\lim_{\lambda \to +\infty} \int_\alpha^\beta g(t)\cos \lambda t \mathrm{d}t = 0.$$

其次,设 $g(t)$ 是常义可积函数. 根据引理 1,对任意给定的 $\varepsilon > 0$,存在阶梯函数 $h(t)$,使得

$$\int_\alpha^\beta |g(t) - h(t)| \mathrm{d}t < \frac{\varepsilon}{2}.$$

对于阶梯函数 $h(t)$,根据上面已证明的结果,存在 $\Gamma > 0$,使得只

283

要 $\lambda > \Gamma$，就有

$$\left| \int_\alpha^\beta h(t) \cos \lambda t \mathrm{d}t \right| < \frac{\varepsilon}{2}.$$

于是，当 $\lambda > \Gamma$ 时就有

$$\left| \int_\alpha^\beta g(t) \cos \lambda t \mathrm{d}t \right|$$

$$\leqslant \left| \int_\alpha^\beta (g(t) - h(t)) \cos \lambda t \mathrm{d}t \right|$$

$$+ \left| \int_\alpha^\beta h(t) \cos \lambda t \mathrm{d}t \right|$$

$$\leqslant \int_\alpha^\beta |g(t) - h(t)| \mathrm{d}t + \left| \int_\alpha^\beta h(t) \cos \lambda t \mathrm{d}t \right|$$

$$< \frac{\varepsilon}{2} + \frac{\varepsilon}{2} = \varepsilon.$$

最后，设函数 $g(t)$ 在区间 $[\alpha, \beta]$ 上广义绝对可积. 为了叙述简便，不妨设 α 是唯一的瑕点. 根据广义绝对可积的定义，对任意给定的 $\varepsilon > 0$，存在 $\eta > 0$，使得

$$\int_\alpha^{\alpha + \eta} |g(t)| \mathrm{d}t < \frac{\varepsilon}{2}.$$

因为函数 $g(t)$ 在区间 $[\alpha + \eta, \beta]$ 上已是常义可积的了，所以又存在 $\Delta > 0$，使得只要 $\lambda > \Delta$，就有

$$\left| \int_{\alpha + \eta}^\beta g(t) \cos \lambda t \mathrm{d}t \right| < \frac{\varepsilon}{2}.$$

于是，当 $\lambda > \Delta$ 时就有

$$\left| \int_\alpha^\beta g(t) \cos \lambda t \mathrm{d}t \right|$$

$$\leqslant \left| \int_\alpha^{\alpha + \eta} g(t) \cos \lambda t \mathrm{d}t \right|$$

$$+ \left| \int_{\alpha + \eta}^\beta g(t) \cos \lambda t \mathrm{d}t \right|$$

$$\leqslant \int_\alpha^{\alpha + \eta} |g(t)| \mathrm{d}t + \left| \int_{\alpha + \eta}^\beta g(t) \cos \lambda t \mathrm{d}t \right|$$

$$< \frac{\varepsilon}{2} + \frac{\varepsilon}{2} = \varepsilon.$$

我们已证明了

$$\lim_{\lambda \to +\infty} \int_\alpha^\beta g(t)\cos \lambda t \mathrm{d}t = 0.$$

同样可证

$$\lim_{\lambda \to +\infty} \int_\alpha^\beta g(t)\sin \lambda t \mathrm{d}t = 0. \quad \square$$

作为黎曼-勒贝格定理的一个应用,我们来证明:

引理 3(狄里克莱)

(3.1) $$\int_0^{+\infty} \frac{\sin t}{t}\mathrm{d}t = \frac{\pi}{2}.$$

证明 根据广义积分的狄里克莱判别法,可以断定(3.1)左端的积分收敛. 显然有

(3.2) $$\int_0^{+\infty} \frac{\sin t}{t}\mathrm{d}t = \lim_{\lambda \to +\infty} \int_0^{\lambda\pi} \frac{\sin t}{t}\mathrm{d}t$$
$$= \lim_{\lambda \to +\infty} \int_0^\pi \frac{\sin \lambda t}{t}\mathrm{d}t.$$

为了计算(3.2)式中最后一个极限,我们利用以下的恒等式

(3.3) $$\frac{\sin\left(n + \dfrac{1}{2}\right)t}{2\sin\dfrac{t}{2}} = \frac{1}{2} + \cos t + \cdots + \cos nt.$$

将(3.3)式两边从 0 到 π 积分就得到

(3.4) $$\int_0^\pi \frac{\sin\left(n + \dfrac{1}{2}\right)t}{2\sin\dfrac{t}{2}}\mathrm{d}t = \frac{\pi}{2}.$$

下面,我们来证明

(3.5) $$\lim_{\lambda \to +\infty} \int_0^\pi \frac{\sin \lambda t}{t}\mathrm{d}t$$

$$= \lim_{\lambda \to +\infty} \int_0^\pi \frac{\sin \lambda t}{2\sin \dfrac{t}{2}} dt$$

$$= \lim_{\lambda_n \to +\infty} \int_0^\pi \frac{\sin \lambda_n t}{2\sin \dfrac{t}{2}} dt.$$

事实上有

$$\int_0^\pi \frac{\sin \lambda t}{2\sin \dfrac{t}{2}} dt - \int_0^\pi \frac{\sin \lambda t}{t} dt$$

$$= \int_0^\pi \frac{t - 2\sin \dfrac{t}{2}}{2t \sin \dfrac{t}{2}} \sin \lambda t dt$$

$$= \int_0^\pi g(t) \sin \lambda t dt,$$

这里

$$g(t) = \frac{t - 2\sin \dfrac{t}{2}}{2t \sin \dfrac{t}{2}}.$$

容易看出: $t = 0$ 是函数 $g(t)$ 的可去间断点;补充定义 $g(0) = 0$ 之后,函数 $g(t)$ 就在闭区间 $[0, \pi]$ 连续. 根据黎曼-勒贝格引理,应有

$$\lim_{\lambda \to +\infty} \int_0^\pi g(t) \sin \lambda t dt = 0.$$

我们已经证明了(3.5)式. 在这式中取

$$\lambda_n = n + \frac{1}{2} \to +\infty$$

并利用(3.4)式,就得到

$$\int_0^{+\infty} \frac{\sin t}{t} dt = \lim_{\lambda \to +\infty} \int_0^\pi \frac{\sin \lambda t}{t} dt$$

$$= \lim_{\lambda \to +\infty} \int_0^\pi \frac{\sin \lambda t}{2\sin \dfrac{t}{2}} dt$$

$$= \lim_{\lambda_n \to +\infty} \int_0^\pi \frac{\sin \lambda_n t}{2\sin \dfrac{t}{2}} dt$$

$$= \lim_{n \to +\infty} \int_0^\pi \frac{\sin \left(n + \dfrac{1}{2} \right) t}{2\sin \dfrac{t}{2}} dt$$

$$= \frac{\pi}{2}. \quad \square$$

3. b 傅里叶级数部分和的积分表示

设周期为 2π 的函数 $f(x)$ 在区间 $[-\pi, \pi]$ 上可积或广义绝对可积,并设

$$(3.6) \qquad f(x) \sim \frac{a_0}{2} + \sum_{k=1}^{+\infty} (a_k \cos kx + b_k \sin kx).$$

我们来考查傅里叶级数的部分和

$$S_n(x) = \frac{a_0}{2} + \sum_{k=1}^{n} (a_k \cos kx + b_k \sin kx).$$

因为

$$a_0 = \frac{1}{\pi} \int_{-\pi}^{\pi} f(u) du,$$

$$a_k = \frac{1}{\pi} \int_{-\pi}^{\pi} f(u) \cos ku \, du,$$

$$b_k = \frac{1}{\pi} \int_{-\pi}^{\pi} f(u) \sin ku \, du,$$

$$k = 1, 2, \cdots,$$

所以

$$S_n(x) = \frac{1}{2\pi} \int_{-\pi}^{\pi} f(u) du$$

$$+ \sum_{k=1}^{n} \frac{1}{\pi} \int_{-\pi}^{\pi} f(u) (\cos ku \cdot \cos kx$$

$$+ \sin ku \cdot \sin kx) du$$

$$= \frac{1}{\pi}\int_{-\pi}^{\pi} f(u)\left[\frac{1}{2} + \sum_{k=1}^{n}\cos k(u-x)\right]\mathrm{d}u$$

$$= \frac{1}{\pi}\int_{-\pi}^{\pi} f(u)\frac{\sin\left(n+\frac{1}{2}\right)(u-x)}{2\sin\dfrac{u-x}{2}}\mathrm{d}u$$

$$= \frac{1}{\pi}\int_{-\pi-x}^{\pi-x} f(x+t)\frac{\sin\left(n+\frac{1}{2}\right)t}{2\sin\dfrac{t}{2}}\mathrm{d}t.$$

注意到(3.3)式,很容易看出:这里最后一个积分的被积函数是变元 t 的周期函数,周期为 2π. 因而我们可以把积分区间 $[-\pi-x, \pi-x]$ 换成 $[-\pi,\pi]$,这样得到

$$S_n(x) = \frac{1}{\pi}\int_{-\pi}^{\pi} f(x+t)\frac{\sin\left(n+\frac{1}{2}\right)t}{2\sin\dfrac{t}{2}}\mathrm{d}t$$

$$= \frac{1}{\pi}\left(\int_{-\pi}^{0} + \int_{0}^{\pi}\right)f(x+t)\frac{\sin\left(n+\frac{1}{2}\right)t}{2\sin\dfrac{t}{2}}\mathrm{d}t$$

$$= \frac{1}{\pi}\int_{0}^{\pi}(f(x+t)+f(x-t))\frac{\sin\left(n+\frac{1}{2}\right)t}{2\sin\dfrac{t}{2}}\mathrm{d}t.$$

通过上面的讨论,我们把傅里叶级数的部分和表示成积分

$$S_n(x) = \frac{1}{\pi}\int_{-\pi}^{\pi} f(x+t)\frac{\sin\left(n+\frac{1}{2}\right)t}{2\sin\dfrac{t}{2}}\mathrm{d}t$$

$$= \frac{1}{\pi}\int_{0}^{\pi}(f(x+t)+f(x-t))\frac{\sin\left(n+\frac{1}{2}\right)t}{2\sin\dfrac{t}{2}}\mathrm{d}t.$$

288

这样的表示被称为狄里克莱积分.

引理 4（黎曼局部化原理） 设 $f(x)$ 是周期为 2π 的函数, 它在区间 $[-\pi, \pi]$ 上可积或广义绝对可积. 则函数 $f(x)$ 的傅里叶级数在任意一点 x_0 的收敛状况（是否收敛? 收敛到怎样的值?）, 只取决于这函数在 x_0 点的任意小的邻域内的性态.

证明 在 x_0 点, 函数 f 的傅里叶级数的部分和 $S_n(x_0)$ 可以表示为

$$S_n(x_0) = \frac{1}{\pi} \int_0^\pi \frac{f(x_0 + t) + f(x_0 - t)}{2 \sin \frac{t}{2}} \sin\left(n + \frac{1}{2}\right) t \mathrm{d}t$$

$$= \frac{1}{\pi} \int_0^\delta \frac{f(x_0 + t) + f(x_0 - t)}{2 \sin \frac{t}{2}} \sin\left(n + \frac{1}{2}\right) t \mathrm{d}t$$

$$+ \frac{1}{\pi} \int_\delta^\pi \frac{f(x_0 + t) + f(x_0 - t)}{2 \sin \frac{t}{2}} \sin\left(n + \frac{1}{2}\right) t \mathrm{d}t,$$

这里的 δ 是任意小的正数. 在第二个积分中, 函数

$$g(t) = \frac{f(x_0 + t) + f(x_0 - t)}{2 \sin \frac{t}{2}}$$

在区间 $[\delta, \pi]$ 上可积或广义绝对可积. 根据黎曼-勒贝格引理可以断定

$$\lim_{n \to +\infty} \int_\delta^\pi g(t) \sin\left(n + \frac{1}{2}\right) t \mathrm{d}t = 0.$$

由此可知：序列 $\{S_n(x_0)\}$ 是否收敛与收敛到怎样的数值, 只取决于函数 $f(x)$ 在区间 $[x_0 - \delta, x_0 + \delta]$ 上的性态. □

根据黎曼局部化原理, 为了考查傅里叶级数在某点 x_0 的收敛状况, 只需考查 $n \to +\infty$ 时以下积分的极限状况

$$I_{\delta,n}(x_0) = \frac{1}{\pi} \int_0^\delta \frac{f(x_0 + t) + f(x_0 - t)}{2 \sin \frac{t}{2}} \sin\left(n + \frac{1}{2}\right) t \mathrm{d}t.$$

下面的引理说明, 代替积分 $I_{\delta,n}(x_0)$, 我们可以考查更简单的积分

$J_{\delta,n}(x_0)$ 的极限状况.

引理 5　设周期为 2π 的函数 $f(x)$ 在区间 $[-\pi,\pi]$ 上可积或广义绝对可积,我们记

$$I_{\delta,n}(x_0) = \frac{1}{\pi}\int_0^\delta \frac{f(x_0+t)+f(x_0-t)}{2\sin\frac{t}{2}}\sin\left(n+\frac{1}{2}\right)t\mathrm{d}t,$$

$$J_{\delta,n}(x_0) = \frac{1}{\pi}\int_0^\delta \frac{f(x_0+t)+f(x_0-t)}{t}\sin\left(n+\frac{1}{2}\right)t\mathrm{d}t.$$

则有

$$\lim_{n\to+\infty}(I_{\delta,n}(x_0) - J_{\delta,n}(x_0)) = 0.$$

证明　我们有

$$I_{\delta,n}(x_0) - J_{\delta,n}(x_0) = \frac{1}{\pi}\int_0^\delta h(t)\sin\left(n+\frac{1}{2}\right)t\mathrm{d}t.$$

因为函数

$$h(t) = (f(x_0+t)+f(x_0-t))\left[\frac{1}{2\sin\frac{t}{2}}-\frac{1}{t}\right]$$

$$= (f(x_0+t)+f(x_0-t))\frac{t-2\sin\frac{t}{2}}{2t\sin\frac{t}{2}}$$

在区间 $[0,\delta]$ 上可积或广义绝对可积,所以根据黎曼-勒贝格引理就有

$$\lim_{n\to+\infty}(I_{\delta,n}(x_0) - J_{\delta,n}(x_0)) = 0. \quad \square$$

综合上面的引理 4 与引理 5,可得:

引理 6　在引理 5 的条件下,我们有

$$\lim_{n\to+\infty}(S_n(x_0) - J_{\delta,n}(x_0)) = 0,$$

这里 $\{S_n(x)\}$ 是函数 $f(x)$ 的傅里叶级数的部分和序列.

3.c　狄尼-李普希茨判别法

引理 7（狄尼）　设函数 $g(t)$ 在区间 $(0,\delta)$ 有定义,$g(0+)$ 存

在,并且以下的积分收敛:

$$\int_0^\delta \frac{|g(t) - g(0+)|}{t} dt,$$

则有

$$\lim_{\lambda \to +\infty} \frac{2}{\pi} \int_0^\delta g(t) \frac{\sin \lambda t}{t} dt = g(0+).$$

证明 我们有

$$\int_0^\delta g(t) \frac{\sin \lambda t}{t} dt$$

$$= \int_0^\delta \frac{g(t) - g(0+)}{t} \sin \lambda t \, dt + g(0+) \int_0^\delta \frac{\sin \lambda t}{t} dt$$

$$= \int_0^\delta \frac{g(t) - g(0+)}{t} \sin \lambda t \, dt + g(0+) \int_0^{\lambda\delta} \frac{\sin t}{t} dt.$$

让 $\lambda \to +\infty$,上式右端第一项的极限是 0(黎曼-勒贝格引理),第二项的极限是 $\frac{\pi}{2} g(0+)$(引理 3). $\square$

定理 1(狄尼判别法) 设周期为 2π 的函数 $f(x)$ 在区间 $[-\pi, \pi]$ 上可积或广义绝对可积,我们记

$$g(t) = \frac{f(x_0 + t) + f(x_0 - t)}{2}.$$

如果积分

$$\int_0^\delta \frac{|g(t) - g(0+)|}{t} dt$$

收敛,那么函数 $f(x)$ 的傅里叶级数在点 x_0 收敛于

$$g(0+) = \frac{f(x_0 + 0) + f(x_0 - 0)}{2}.$$

证明 根据引理 6 和引理 7,我们有

$$\lim_{n \to +\infty} S_n(x_0)$$

$$= \lim_{n \to +\infty} J_{\delta,n}(x_0)$$

$$= \lim_{n \to +\infty} \frac{1}{\pi} \int_0^\delta (f(x_0 + t) + f(x_0 - t)) \frac{\sin\left(n + \frac{1}{2}\right) t}{t} dt$$

291

$$= \lim_{n \to +\infty} \frac{1}{\pi} \int_0^\delta g(t) \frac{\sin\left(n + \frac{1}{2}\right)t}{t} \mathrm{d}t$$

$$= g(0+) = \frac{f(x_0 + 0) + f(x_0 - 0)}{2}. \quad \square$$

推论 1（李普希茨判别法） 设周期为 2π 的函数 $f(x)$ 在区间 $[-\pi, \pi]$ 上可积或广义绝对可积，在 x_0 点连续或有第一类间断，并且在 x_0 点邻近满足以下的李普希茨条件：存在 $L > 0, \alpha > 0$ 和 $\delta > 0$，使得

$$|f(x_0 \pm t) - f(x_0 \pm 0)| \leqslant Lt^\alpha, \quad \forall\, t \in (0, \delta],$$

那么函数 $f(x)$ 的傅里叶级数在 x_0 点收敛于

$$\frac{f(x_0 + 0) + f(x_0 - 0)}{2}.$$

证明 若记

$$g(t) = \frac{f(x_0 + t) + f(x_0 - t)}{2},$$

则有

$$\frac{|g(t) - g(0+)|}{t} \leqslant \frac{L}{t^{1-\alpha}}, \quad \forall\, t \in (0, \delta].$$

因而积分

$$\int_0^\delta \frac{|g(t) - g(0+)|}{t} \mathrm{d}t.$$

收敛. $\quad \square$

推论 2 如果周期为 2π 的函数 f 满足以下各条件：

（1）f 在区间 $[-\pi, \pi]$ 上的不连续点和不可微点至多只有有限多个；

（2）f 在每一不连续点处具有第一类间断；

（3）在每一不可微点（包括不连续点）ξ，以下两个极限存在

$$\lim_{t \to 0+} \frac{f(\xi + t) - f(\xi + 0)}{t},$$

$$\lim_{t \to 0+} \frac{f(\xi - t) - f(\xi - 0)}{-t},$$

那么函数 f 的傅里叶级数在每一点 x_0 收敛于

$$\frac{f(x_0 + 0) + f(x_0 - 0)}{2}.$$

证明 按照所给的条件,不论 x_0 是函数 f 的可微点或者不可微点,以下两个极限都一定存在

$$\lim_{t \to 0+} \frac{f(x_0 + t) - f(x_0 + 0)}{t},$$

$$\lim_{t \to 0+} \frac{f(x_0 - t) - f(x_0 - 0)}{-t}.$$

因而函数 f 在 x_0 点邻近满足 $a = 1$ 的李普希茨条件

$$|f(x_0 \pm t) - f(x_0 \pm 0)| \leqslant Lt, \quad \forall \, t \in (0, \delta]. \qquad \square$$

注记 推论 2 中的两个极限可以称为广义单侧导数. 如果 ξ 是 f 的连续点,那么广义单侧导数也就是单侧导数.

推论 2 的条件可以等价地陈述为:存在区间 $[-\pi, \pi]$ 的一个分割

$$-\pi = \xi_0 < \xi_1 < \cdots < \xi_m = \pi,$$

使得在每一子区间 $[\xi_{i-1}, \xi_i]$ 上按以下方式定义的函数 $\widetilde{f}_i$ 是可微的(在子区间的端点处单侧可微):

$$\widetilde{f}_i(x) = \begin{cases} f(\xi_{i-1}+0), & \text{对于 } x = \xi_{i-1}, \\ f(x), & \text{对于 } x \in [\xi_{i-1}, \xi_i], \\ f(\xi_i - 0), & \text{对于 } x = \xi_i. \end{cases}$$

因此,对这情形,我们说函数 f 在区间 $[-\pi, \pi]$ 上是分段可微的. 引用这样的术语,可以把推论 2 简单地陈述为:

推论 2′ 如果周期为 2π 的函数 $f(x)$ 在区间 $[-\pi, \pi]$ 上是分段可微的,那么这函数的傅里叶级数在每一点 x_0 收敛于

$$\frac{f(x_0 + 0) + f(x_0 - 0)}{2}.$$

特别地,在函数 f 的连续点 x_0 处,这函数的傅里叶级数收敛于 $f(x_0)$.

3. d 狄里克莱判别法

引理 8（狄里克莱） 如果函数 $h(t)$ 在区间 $(0, \delta]$ 上单调并且有界，那么

$$\lim_{\lambda \to +\infty} \frac{2}{\pi} \int_0^\delta h(t) \frac{\sin \lambda t}{t} \mathrm{d}t = h(0+).$$

证明 假定函数 $h(t)$ 在区间 $(0, \delta]$ 单调上升并且有界. 我们来证明

$$\lim_{\lambda \to +\infty} \int_0^\delta (h(t) - h(0+)) \frac{\sin \lambda t}{t} \mathrm{d}t = 0.$$

为此，把上式中的积分拆成两项：

$$\int_0^\delta (h(t) - h(0+)) \frac{\sin \lambda t}{t} \mathrm{d}t$$
$$= \int_0^\eta (h(t) - h(0+)) \frac{\sin \lambda t}{t} \mathrm{d}t$$
$$+ \int_\eta^\delta (h(t) - h(0+)) \frac{\sin \lambda t}{t} \mathrm{d}t,$$

这里的 η 将在 $(0, \delta)$ 范围内适当选择. 为了估计上式右边的第一项，我们利用积分的第二中值定理：

$$\int_0^\eta (h(t) - h(0+)) \frac{\sin \lambda t}{t} \mathrm{d}t$$
$$= (h(\eta) - h(0+)) \int_\xi^\eta \frac{\sin \lambda t}{t} \mathrm{d}t$$
$$= (h(\eta) - h(0+)) \int_{\lambda \xi}^{\lambda \eta} \frac{\sin u}{u} \mathrm{d}u.$$

因为积分

$$\int_0^{+\infty} \frac{\sin u}{u} \mathrm{d}u$$

收敛，所以存在 $M > 0$，使得

$$\left| \int_0^v \frac{\sin u}{u} \mathrm{d}u \right| \leqslant M, \quad \forall v \in \mathbb{R}.$$

于是

294

$$\left| \int_{\lambda\xi}^{\lambda\eta} \frac{\sin u}{u} \mathrm{d}u \right|$$

$$= \left| \int_0^{\lambda\eta} \frac{\sin u}{u} \mathrm{d}u - \int_0^{\lambda\xi} \frac{\sin u}{u} \mathrm{d}u \right|$$

$$\leqslant \left| \int_0^{\lambda\eta} \frac{\sin u}{u} \mathrm{d}u \right| + \left| \int_0^{\lambda\xi} \frac{\sin u}{u} \mathrm{d}u \right| \leqslant 2M.$$

对于任意给定的 $\varepsilon > 0$，我们可以选择充分小的 $\eta \in (0, \delta)$，使得

$$0 \leqslant h(\eta) - h(0+) \leqslant \frac{\varepsilon}{4M}.$$

对于这样选定了的 $\eta \in (0, \delta)$，函数

$$\frac{h(t) - h(0+)}{t}$$

在区间 $[\eta, \delta]$ 可积. 根据黎曼-勒贝格引理，应有

$$\lim_{\lambda \to +\infty} \int_\eta^\delta (h(t) - h(0+)) \frac{\sin \lambda t}{t} \mathrm{d}t = 0.$$

因此，存在 $\Delta > 0$，使得只要 $\lambda > \Delta$，就有

$$\left| \int_\eta^\delta (h(t) - h(0+)) \frac{\sin \lambda t}{t} \mathrm{d}t \right| < \frac{\varepsilon}{2}.$$

于是，只要 $\lambda > \Delta$，就有

$$\left| \int_0^\delta (h(t) - h(0+)) \frac{\sin \lambda t}{t} \mathrm{d}t \right|$$

$$\leqslant \left| \int_0^\eta (h(t) - h(0+)) \frac{\sin \lambda t}{t} \mathrm{d}t \right|$$

$$+ \left| \int_\eta^\delta (h(t) - h(0+)) \frac{\sin \lambda t}{t} \mathrm{d}t \right|$$

$$\leqslant |h(\eta) - h(0+)| \left| \int_{\lambda\xi}^{\lambda\eta} \frac{\sin u}{u} \mathrm{d}u \right|$$

$$+ \left| \int_\eta^\delta (h(t) - h(0+)) \frac{\sin \lambda t}{t} \mathrm{d}t \right|$$

$$< \frac{\varepsilon}{2} + \frac{\varepsilon}{2} = \varepsilon.$$

这证明了

$$\lim_{\lambda \to +\infty} \int_0^{\delta} (h(t) - h(0+)) \frac{\sin \lambda t}{t} \mathrm{d}t = 0.$$

由此可得

$$\lim_{\lambda \to +\infty} \int_0^{\delta} h(t) \frac{\sin \lambda t}{t} \mathrm{d}t$$

$$= \lim_{\lambda \to +\infty} h(0+) \int_0^{\delta} \frac{\sin \lambda t}{t} \mathrm{d}t$$

$$= \lim_{\lambda \to +\infty} h(0+) \int_0^{\lambda \delta} \frac{\sin u}{u} \mathrm{d}u$$

$$= \frac{\pi}{2} h(0+).$$

这证明了引理. □

设函数 $f(x)$ 在区间 $[\alpha, \beta]$ 上有定义. 如果存在区间 $[\alpha, \beta]$ 的一个分割,使得在所分成的每一个子区间的内部函数 $f(x)$ 是单调的,那么我们就说函数 $f(x)$ 在区间 $[\alpha, \beta]$ 上分段单调.

定理 2(狄里克莱判别法) 如果周期为 2π 的函数 f 在区间 $[-\pi, \pi]$ 上分段单调并且有界,那么 f 的傅里叶级数在任意一点 x_0 收敛于

$$\frac{f(x_0 + 0) + f(x_0 - 0)}{2}.$$

证明 对于充分小的 $\delta > 0$,函数 $h(t) = f(x_0 \pm t)$ 在区间 $(0, \delta]$ 上单调并且有界,根据引理 8 就有

$$\lim_{n \to +\infty} \frac{2}{\pi} \int_0^{\delta} f(x_0 \pm t) \frac{\sin \left(n + \dfrac{1}{2} \right) t}{t} \mathrm{d}t = f(x_0 \pm 0).$$

由此得到

$$\lim_{n \to +\infty} J_{\delta, n}(x_0) = \lim_{n \to +\infty} \frac{2}{\pi} \int_0^{\delta} \frac{f(x_0 + t) + f(x_0 - t)}{2} \cdot \frac{\sin \left(n + \dfrac{1}{2} \right) t}{t} \mathrm{d}t$$

$$= \frac{f(x_0 + 0) + f(x_0 - 0)}{2}. \quad \square$$

3.e 傅里叶级数展开的例子

对以下各例,既可以利用 3.c 段中的判别法,也可以利用 3.d 段中的判别法.

例 1 在区间 $(-\pi,\pi)$ 上把函数
$$f(x) = x$$
展开成傅里叶级数.

解 首先补充规定
$$f(-\pi) = f(\pi) = 0,$$
然后再按周期 2π 扩充函数 $f(x)$ 的定义到整个数轴上,我们把这样得到的周期为 2π 的函数记为 $\widetilde{f}(x)$(参看图 20-2).

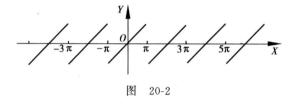

图 20-2

因为 $\widetilde{f}(x)$ 是奇函数,所以它的傅里叶级数只含正弦部分. 按照欧拉-傅里叶公式计算系数得

$$b_k = \frac{2}{\pi}\int_0^\pi \widetilde{f}(x)\sin kx\,\mathrm{d}x$$

$$= \frac{2}{\pi}\int_0^\pi x\sin kx\,\mathrm{d}x$$

$$= (-1)^{k+1}\frac{2}{k}, \quad k = 1,2,\cdots.$$

根据 3.c 或 3.d 中的判别法,可以断定函数 $\widetilde{f}$ 的傅里叶级数在任何一点 x_0 处收敛于

$$\frac{\widetilde{f}(x_0+0) + \widetilde{f}(x_0-0)}{2} = \widetilde{f}(x_0).$$

我们得到：

$$\widetilde{f}(x) = 2\sum_{k=1}^{+\infty}(-1)^{k+1}\frac{\sin kx}{k}, \quad \forall\ x\in\mathbb{R};$$

$$x = 2\sum_{k=1}^{+\infty}(-1)^{k+1}\frac{\sin kx}{k}, \quad \forall\ x\in(-\pi,\pi).$$

例 2　试将函数

$$f(x) = x^2, \quad x\in[-\pi,\pi]$$

展成傅里叶级数.

解　我们扩充这函数的定义,使它成为周期为 2π 的函数. —— 扩充后的函数记为 $\widetilde{f}(x)$. 因为 $\widetilde{f}(x)$ 是偶函数,所以它的傅立叶级数只含余弦部分. 计算系数得：

$$a_0 = \frac{2}{\pi}\int_0^\pi x^2\mathrm{d}x = \frac{2}{3}\pi^2,$$

$$a_n = \frac{2}{\pi}\int_0^\pi x^2\cos nx\mathrm{d}x$$

$$= \frac{4\cos n\pi}{n^2} = (-1)^n\frac{4}{n^2},$$

$$n = 1,2,\cdots.$$

我们得到傅里叶级数展式：

$$\widetilde{f}(x) = \frac{\pi^2}{3} + 4\sum_{n=1}^{+\infty}(-1)^n\frac{\cos nx}{n^2}, \quad \forall\ x\in\mathbb{R};$$

$$x^2 = \frac{\pi^2}{3} + 4\sum_{n=1}^{+\infty}(-1)^n\frac{\cos nx}{n^2}, \quad \forall\ x\in[-\pi,\pi].$$

特别地,在上式中分别取 $x=0$ 和 $x=\pi$ 就得到：

$$\frac{\pi^2}{12} = \sum_{n=1}^{+\infty}(-1)^{n-1}\frac{1}{n^2}$$

和

$$\frac{\pi^2}{6} = \sum_{n=1}^{+\infty}\frac{1}{n^2}.$$

例 3　设 α 不是整数,试将函数

$$f(t) = \cos \alpha t, \quad t \in [-\pi, \pi]$$

展开成傅里叶级数.

解 我们扩充这函数的定义,使它成为一个周期为 2π 的函数.——扩充后的函数记为 $\widetilde{f}(t)$. 因为 $\widetilde{f}(t)$ 是偶函数,所以它的傅里叶级数只含有余弦部分. 计算系数得:

$$a_0 = \frac{2}{\pi} \int_0^\pi \cos \alpha t \, \mathrm{d}t = \frac{2 \sin \alpha \pi}{\alpha \pi},$$

$$a_n = \frac{2}{\pi} \int_0^\pi \cos \alpha t \cdot \cos nt \, \mathrm{d}t$$

$$= \frac{1}{\pi} \int_0^\pi [\cos (\alpha - n)t + \cos (\alpha + n)t] \mathrm{d}t$$

$$= \frac{1}{\pi} \left[\frac{\sin (\alpha - n)\pi}{\alpha - n} + \frac{\sin (\alpha + n)\pi}{\alpha + n} \right]$$

$$= \frac{(-1)^n}{\pi} \sin \alpha \pi \left[\frac{1}{\alpha - n} + \frac{1}{\alpha + n} \right]$$

$$= (-1)^n \frac{2\alpha \sin \alpha \pi}{\pi(\alpha^2 - n^2)}, \quad n = 1, 2, \cdots.$$

我们得到这函数的傅里叶展式:

$$\widetilde{f}(t) = \frac{\sin \alpha \pi}{\pi} \left(\frac{1}{\alpha} + \sum_{n=1}^{+\infty} (-1)^n \frac{2\alpha \cos nt}{\alpha^2 - n^2} \right).$$

限制在 $[-\pi, \pi]$ 上就得到:

$$(3.7) \qquad \cos \alpha t = \frac{\sin \alpha \pi}{\pi} \left(\frac{1}{\alpha} + \sum_{n=1}^{+\infty} (-1)^n \frac{2\alpha \cos nt}{\alpha^2 - n^2} \right),$$

$$t \in [-\pi, \pi].$$

例 4 利用例 3 中所得到的结果,我们来推导函数

$$\cot z \quad \text{与} \quad \frac{1}{\sin z}$$

的简单分式展式.

在 (3.7) 式中令 $t = \pi$ 就得到

$$\pi \cot \alpha \pi = \frac{1}{\alpha} + \sum_{n=1}^{+\infty} \frac{2\alpha}{\alpha^2 - n^2}.$$

用 x 代替 α,可以将上式写成

$$(3.8) \qquad \pi \cot \pi x = \frac{1}{x} + \sum_{n=1}^{+\infty} \frac{2x}{x^2 - n^2} \quad (x \notin \mathbf{Z}).$$

在(3.8)式中令 $z = \pi x$,又得到

$$(3.9) \qquad \cot z = \frac{1}{z} + \sum_{n=1}^{+\infty} \frac{2z}{z^2 - n^2 \pi^2}$$

$$(z \neq k\pi, k = 0, \pm 1, \pm 2, \cdots).$$

在(3.7)式中令 $t = 0$ 就得到

$$\frac{\pi}{\sin \alpha \pi} = \frac{1}{\alpha} + \sum_{n=1}^{+\infty} (-1)^n \frac{2\alpha}{\alpha^2 - n^2}.$$

用 x 代替 α,可以将上式写成

$$(3.10) \qquad \frac{\pi}{\sin \pi x} = \frac{1}{x} + \sum_{n=1}^{+\infty} (-1)^n \frac{2x}{x^2 - n^2}$$

$$(x \notin \mathbf{Z}).$$

在(3.10)式中令 $z = \pi x$,又得到

$$(3.11) \qquad \frac{1}{\sin z} = \frac{1}{z} + \sum_{n=1}^{+\infty} (-1)^n \frac{2z}{z^2 - n^2 \pi^2}$$

$$(z \neq k\pi, k = 0, \pm 1, \pm 2, \cdots).$$

我们将所得到的一些有用的展式小结如下:

$$\pi \cot \pi x = \frac{1}{x} + \sum_{n=1}^{+\infty} \frac{2x}{x^2 - n^2} \quad (x \notin \mathbf{Z}),$$

$$\frac{\pi}{\sin \pi x} = \frac{1}{x} + \sum_{n=1}^{+\infty} (-1)^n \frac{2x}{x^2 - n^2} \quad (x \notin \mathbf{Z}),$$

$$\cot z = \frac{1}{z} + \sum_{n=1}^{+\infty} \frac{2z}{z^2 - n^2 \pi^2}$$

$$(z \neq k\pi, k = 0, \pm 1, \pm 2, \cdots),$$

$$\frac{1}{\sin z} = \frac{1}{z} + \sum_{n=1}^{+\infty} (-1)^n \frac{2z}{z^2 - n^2 \pi^2}$$

$$(z \neq k\pi, k = 0, \pm 1, \pm 2, \cdots).$$

例 5 在区间(0.2π)将函数

$$f(x) = \frac{\pi - x}{2}$$

展开为傅里叶级数.

解 首先补充规定

$$f(0) = f(2\pi) = 0,$$

然后按周期 2π 扩充函数 $f(x)$ 的定义到整个数轴上.——扩充后
的函数记为 $\widetilde{f}(x)$. 计算傅里叶系数得:

$$a_0 = \frac{1}{\pi} \int_0^{2\pi} \frac{\pi - x}{2} \mathrm{d}x = 0,$$

$$a_k = \frac{1}{\pi} \int_0^{2\pi} \frac{\pi - x}{2} \cos kx \mathrm{d}x = 0,$$

$$b_k = \frac{1}{\pi} \int_0^{2\pi} \frac{\pi - x}{2} \sin kx \mathrm{d}x = \frac{1}{k},$$

$$k = 1, 2, \cdots.$$

于是,我们得到

$$\frac{\pi - x}{2} = \sum_{k=1}^{+\infty} \frac{\sin kx}{k}, \quad 0 < x < 2\pi.$$

§4 均方收敛性与帕塞瓦等式,等周问题

前面我们谈过,在可积函数类 $\mathscr{R}[\alpha, \beta]$ 中,可以引入内积

$$(f, g) = \rho \int_\alpha^\beta f(x) g(x) \mathrm{d}x.$$

利用关于积分的等式

$$\int_\alpha^\beta f^2(x)\mathrm{d}x \cdot \int_\alpha^\beta g^2(x)\mathrm{d}x - \left(\int_\alpha^\beta f(x)g(x)\mathrm{d}x \right)^2$$

$$= \frac{1}{2} \int_\alpha^\beta \int_\alpha^\beta [f^2(x)g^2(y) + f^2(y)g^2(x)] \mathrm{d}x\mathrm{d}y$$

$$- \int_\alpha^\beta \int_\alpha^\beta f(x)g(x)f(y)g(y)\mathrm{d}x\mathrm{d}y$$

$$= \frac{1}{2}\int_\alpha^\beta\int_\alpha^\beta[f(x)g(y) - f(y)g(x)]^2\mathrm{d}x\mathrm{d}y \geqslant 0,$$

容易得到

$$(f,g)^2 \leqslant (f,f)(g,g).$$

据此又可证明:"范数"[①]

$$\|f\| = \sqrt{(f,f)},$$

满足以下的三角形不等式

$$\|f + g\| \leqslant \|f\| + \|g\|.$$

设 $f, f_n \in \mathscr{R}[\alpha, \beta] (n=1, 2, \cdots)$. 如果

$$\lim_{n\to+\infty}\|f_n - f\| = 0,$$

也就是

$$\lim_{n\to+\infty}\int_\alpha^\beta(f_n(x) - f(x))^2\mathrm{d}x = 0,$$

那么我们就说函数序列 $\{f_n(x)\}$ 在区间 $[\alpha, \beta]$ 上**均方收敛**于函数 $f(x)$.

容易证明:如果函数序列 $\{f_n(x)\}$ 在区间 $[\alpha, \beta]$ 一致收敛于函数 $f(x)$,那么这函数序列也必定在区间 $[\alpha, \beta]$ 上均方收敛于函数 $f(x)$.

然而,相反的论断却不能成立. 因此我们说:均方收敛性弱于一致收敛性.

如果函数级数 $\sum\limits_{k=1}^{n} u_k(x)$ 的部分和序列

$$S_n(x) = \sum_{k=1}^{n} u_k(x)$$

在区间 $[\alpha, \beta]$ 上均方收敛于函数 $f(x)$,即

$$\lim_{n\to+\infty}\|S_n - f\| = 0,$$

---

① "范数"二字加有引号,因为我们是在较弱的意义使用这个词;虽然仍有 $\|f\| \geqslant 0$,但单凭 $\|f\| = 0$,尚不能断定 $f = 0$.

那么我们就说这函数级数在区间 $[\alpha, \beta]$ 上均方收敛于函数 $f(x)$.

下面,我们着重考查函数类
$$\mathscr{R}[-\pi, \pi],$$
约定对这函数类引入内积
$$(f, g) = \frac{1}{\pi} \int_{-\pi}^{\pi} f(x) g(x) \mathrm{d}x,$$
并相应地定义范数
$$\|f\| = \sqrt{(f, f)} = \sqrt{\frac{1}{\pi} \int_{-\pi}^{\pi} f^2(x) \mathrm{d}x}.$$

本节的主要任务是证明:如果 $f \in \mathscr{R}[-\pi, \pi]$,那么 f 的傅里叶级数在区间 $[-\pi, \pi]$ 上均方收敛于这函数本身.

在下面的讨论中,我们把基本三角函数系中任意有限项的实系数线性组合叫做三角多项式.

4. a 均方逼近

在本段中,我们证明:$\mathscr{R}[-\pi, \pi]$ 中的任何函数都可以用三角多项式作均方逼近.

设 f 是周期为 2π 的函数,它在区间 $[-\pi, \pi]$ 上可积或广义绝对可积. 又设

(4.1) $\qquad S_0(x), S_1(x), \cdots, S_n(x), \cdots$

是函数 f 的傅里叶级数的部分和序列. 我们把序列(4.1)中前 n 项的算术平均值

(4.2) $\qquad \sigma_n(x) = \frac{1}{n} \sum_{k=0}^{n-1} S_k(x)$

叫做函数 f 的第 n 个费叶(Fejér)和 $(n = 1, 2, \cdots)$.

下面的引理给出费叶和的积分表示.

引理 1 在上面所述的条件下,我们有:
$$\sigma_n(x) = \frac{1}{2n\pi} \int_{-\pi}^{\pi} f(x+t) \left(\frac{\sin \dfrac{nt}{2}}{\sin \dfrac{t}{2}} \right)^2 \mathrm{d}t,$$

303

$$n = 1, 2, \cdots.$$

据此又可得到恒等式

$$\frac{1}{2n\pi} \int_{-\pi}^{\pi} \left(\frac{\sin \dfrac{nt}{2}}{\sin \dfrac{t}{2}} \right)^2 \mathrm{d}t = 1,$$

$$n = 1, 2, \cdots.$$

证明 我们有

$$S_k(x) = \frac{1}{2\pi} \int_{-\pi}^{\pi} f(x + t) \frac{\sin \left(k + \dfrac{1}{2} \right) t}{\sin \dfrac{t}{2}} \mathrm{d}t$$

$$k = 0, 1, \cdots, n.$$

由此可得

$$\sigma_n(x) = \frac{1}{2n\pi} \int_{-\pi}^{\pi} f(x + t) \left\{ \sum_{k=0}^{n-1} \frac{\sin \left(k + \dfrac{1}{2} \right) t}{\sin \dfrac{t}{2}} \right\} \mathrm{d}t.$$

利用恒等式

$$\sum_{k=0}^{n-1} \frac{\sin \left(k + \dfrac{1}{2} \right) t}{\sin \dfrac{t}{2}}$$

$$= \sum_{k=0}^{n-1} \frac{\sin \left(k + \dfrac{1}{2} \right) t \cdot \sin \dfrac{t}{2}}{\left(\sin \dfrac{t}{2} \right)^2}$$

$$= \frac{1}{2 \left(\sin \dfrac{t}{2} \right)^2} \sum_{k=0}^{n-1} \left[\cos kt - \cos (k + 1)t \right]$$

$$= \frac{1 - \cos nt}{2 \left(\sin \dfrac{t}{2} \right)^2} = \left(\frac{\sin \dfrac{nt}{2}}{\sin \dfrac{t}{2}} \right)^2,$$

304

我们得到

$$\sigma_n(x) = \frac{1}{2n\pi}\int_{-\pi}^{\pi} f(x+t)\left(\frac{\sin\dfrac{nt}{2}}{\sin\dfrac{t}{2}}\right)^2 \mathrm{d}t,$$

$$n = 1, 2, \cdots.$$

特别地,对于函数 $f(x)=1$,计算傅里叶系数得

$$a_0 = 2, \quad a_k = b_k = 0, \quad k = 1, 2, \cdots.$$

直接从定义可得

$$\sigma_n(x) = 1, \quad n = 1, 2, \cdots.$$

再与上面得到的积分表示比较,就得到

$$\frac{1}{2n\pi}\int_{-\pi}^{\pi}\left(\frac{\sin\dfrac{nt}{2}}{\sin\dfrac{t}{2}}\right)^2 \mathrm{d}t = 1,$$

$$n = 1, 2, \cdots. \quad \square$$

引理 2 设 f 是周期为 2π 的函数,它在区间 $[-\pi,\pi]$ 上可积.
如果函数 f 在区间 $[\alpha-\eta,\beta+\eta]$ 连续 $(\eta>0)$,那么函数 f 的费叶
和序列 $\{\sigma_n(x)\}$ 在区间 $[\alpha,\beta]$ 上一致收敛于 $f(x)$.

证明 函数 f 是有界的. 可设

$$|f(x)| \leqslant M, \quad \forall\, x\in \mathbb{R}.$$

又因为函数 f 在闭区间 $[\alpha-\eta,\beta+\eta]$ 上一致连续,所以对任意的
$\varepsilon>0$,存在 $\delta\in(0,\eta)$,使得只要

$$x', x\in[\alpha-\eta,\beta+\eta], \quad |x'-x|<\delta,$$

就有

$$|f(x') - f(x)| < \frac{\varepsilon}{2}.$$

于是,对于 $x\in[\alpha,\beta]$ 就有

$$|\sigma_n(x) - f(x)| = \left|\frac{1}{2n\pi}\int_{-\pi}^{\pi}(f(x+t)-f(x))\left(\frac{\sin\dfrac{nt}{2}}{\sin\dfrac{t}{2}}\right)^2 \mathrm{d}t\right|$$

305

$$\leqslant \frac{1}{2n\pi} \int_{-\delta}^{\delta} |f(x+t)-f(x)| \left|\frac{\sin\frac{nt}{2}}{\sin\frac{t}{2}}\right|^2 \mathrm{d}t$$

$$+ \frac{1}{2n\pi}\left(\int_{-\pi}^{-\delta} + \int_{\delta}^{\pi}\right) 2M \left|\frac{\sin\frac{nt}{2}}{\sin\frac{t}{2}}\right|^2 \mathrm{d}t$$

$$\leqslant \frac{\varepsilon}{2} \cdot \frac{1}{2n\pi} \int_{-\delta}^{\delta} \left|\frac{\sin\frac{nt}{2}}{\sin\frac{t}{2}}\right|^2 \mathrm{d}t$$

$$+ \frac{1}{2n\pi}\left(\int_{-\pi}^{-\delta} + \int_{\delta}^{\pi}\right) \frac{2M}{\left(\sin\frac{\delta}{2}\right)^2} \mathrm{d}t$$

$$\leqslant \frac{\varepsilon}{2} + \frac{2M}{n\sin^2\frac{\delta}{2}}.$$

于是, 只要 n 充分大, 就一致地有

$$|\sigma_n(x)-f(x)| < \varepsilon, \quad \forall \ x \in [\alpha,\beta]. \quad \square$$

作为引理 2 的直接推论, 我们有

定理 1 设 f 是周期为 2π 的连续函数, $\sigma_n(x)$ 是函数 f 的第 n 个费叶和, 则 $\{\sigma_n(x)\}$ 一致地收敛于 $f(x)$.

注记 维尔斯特拉斯的第二逼近定理说: 周期为 2π 的连续函数可以用三角多项式一致逼近. 我们这里给出了第二逼近定理的一个构造式的证明——具体地构造出逼近序列 $\{\sigma_n(x)\}$.

引理 3 设 $f \in \mathcal{R}[-\pi,\pi]$, 则对任何 $\varepsilon > 0$, 存在周期为 2π 的连续函数 g, 使得

$$\|g - f\| < \varepsilon.$$

证明 改变可积函数在有限个点的值, 既不影响可积性, 也不改变积分的值. 必要时改变函数 f 在区间 $[-\pi,\pi]$ 的一个端点处的值, 可以要求这函数满足条件

306

$$f(-\pi) = f(\pi).$$

因为 $f \in \mathscr{R}[-\pi,\pi]$，所以对任意给定的 $\varepsilon > 0$，存在区间 $I = [-\pi,\pi]$ 的分割

$$P: -\pi = x_0 < x_1 < \cdots < x_p = \pi,$$

使得

$$\sum_{k=1}^{p}(M_k - m_k)\Delta x_k < \frac{\pi}{M-m}\varepsilon^2,$$

这里

$$M = \sup_{x \in I} f(x), \quad m = \inf_{x \in I} f(x),$$
$$M_k = \sup_{x \in I_k} f(x), \quad m_k = \inf_{x \in I_k} f(x),$$
$$I_k = [x_{k-1}, x_k], \quad \Delta x_k = x_k - x_{k-1},$$
$$k = 1, 2, \cdots, p.$$

我们作这样一个折线函数 g：

$$g(x) = f(x_{k-1}) + \frac{f(x_k) - f(x_{k-1})}{x_k - x_{k-1}}(x - x_{k-1}),$$
$$x \in [x_{k-1}, x_k], \quad k = 1, 2, \cdots, p.$$

显然函数 g 在区间 $[-\pi,\pi]$ 连续，并且满足条件

$$g(-\pi) = g(\pi).$$

我们可以扩充 g 的定义范围，把它延拓成周期为 2π 的连续函数.
还容易看出，函数 g 满足这样的条件：

$$m_k \leqslant g(x) \leqslant M_k, \quad \forall \, x \in [x_{k-1}, x_k],$$
$$k = 1, 2, \cdots, p.$$

因而有

$$\frac{1}{\pi}\int_{-\pi}^{\pi}(g(x) - f(x))^2 \mathrm{d}x$$

$$= \frac{1}{\pi}\sum_{k=1}^{p}\int_{x_{k-1}}^{x_k}(g(x) - f(x))^2 \mathrm{d}x$$

$$\leqslant \frac{1}{\pi}\sum_{k=1}^{p}(M_k - m_k)^2 \Delta x_k$$

$$\leqslant \frac{M-m}{\pi}\sum_{k=1}^{p}(M_k-m_k)\Delta x_k$$

$$< \varepsilon^2.$$

这就是

$$\|g-f\| < \varepsilon. \quad \square$$

定理 2 任何函数 $f \in \mathcal{R}[-\pi,\pi]$ 都可以用三角多项式均方逼近,使得均方误差小于预先给定的正数 ε.

证明 对于任意给定的 $\varepsilon > 0$,根据引理 3,存在周期为 2π 的连续函数 g,使得

$$\|g-f\| < \frac{\varepsilon}{2}.$$

我们以 $\tau_n(x)$ 表示函数 $g(x)$ 的第 n 个费叶和. 根据定理 1,三角多项式序列 $\{\tau_n(x)\}$ 在区间 $[-\pi,\pi]$ 一致收敛于函数 $g(x)$. 因而也在这区间上均方收敛于函数 $g(x)$. 于是, n 充分大时就有

$$\|\tau_n-g\| < \frac{\varepsilon}{2}.$$

这样的 τ_n 就使得

$$\|\tau_n-f\| \leqslant \|\tau_n-g\| + \|g-f\|$$

$$< \frac{\varepsilon}{2} + \frac{\varepsilon}{2} = \varepsilon. \quad \square$$

4.b 傅里叶级数的均方收敛性与帕塞瓦等式

设 E 是 $n+1$ 维欧几里得空间,而 $\boldsymbol{e}_0, \boldsymbol{e}_1, \cdots, \boldsymbol{e}_n$ 是空间 E 中的规范正交基. 于是,任意的 $x \in E$ 可以展开成

$$x = x_0\boldsymbol{e}_0 + x_1\boldsymbol{e}_1 + \cdots + x_n\boldsymbol{e}_n,$$

并且有

$$\sum_{i=0}^{n}x_i^2 = \|x\|^2.$$

——这后一等式可以看作勾股定理的推广.

在可积函数类 $\mathcal{R}[\alpha,\beta]$ 中,定义了内积并给定了一个规范正

308

交函数系$\{\varphi_k\}$之后,自然可以计算函数f对正交系$\{\varphi_k\}$的傅里叶系数$c_0,c_1,\cdots$. 在前面的讨论中,曾经证明了不等式

$$\sum_{k=0}^{+\infty} c_k^2 \leqslant \|f\|^2.$$

现在,我们提出这样一个问题:在怎样的条件下,上面的不等式成为等式?

在下面的讨论中,我们认为在$\mathscr{R}[\alpha,\beta]$中已经取定了一个内积

$$(f,g) = \rho\int_\alpha^\beta f(x)g(x)\mathrm{d}x.$$

定理3 设$f\in\mathscr{R}[\alpha,\beta]$,$\{\varphi_k\}$是$\mathscr{R}[\alpha,\beta]$中的一个规范正交函数系,而$c_0,c_1,\cdots,c_k,\cdots$是$f$关于$\{\varphi_k\}$的傅里叶系数,则以下三条件互相等价:

(1) 可以用$\varphi_0,\varphi_1,\cdots,\varphi_k,\cdots$的有限线性组合逼近$f$,使得均方误差小于任何预先给定的正数$\varepsilon$;

(2) 当$n\to+\infty$时,傅里叶级数的部分和$\sum\limits_{k=0}^n c_k\varphi_k(x)$在区间$[\alpha,\beta]$上均方收敛于$f(x)$;

(3) $\sum\limits_{k=0}^{+\infty} c_k^2 = \|f\|^2$.

证明 先证"(1)$\Rightarrow$(2)". 设(1)成立,则对任给的$\varepsilon>0$,存在$b_0,b_1,\cdots,b_N\in\mathbb{R}$,使得

$$\left\| f - \sum_{k=0}^N b_k\varphi_k \right\| < \varepsilon.$$

对于$n>N$,如果记

$$b_{N+1} = \cdots = b_n = 0,$$

那么根据傅里叶级数部分和的最佳均方逼近性质就可得到

$$\left\| f - \sum_{k=0}^n c_k\varphi_k \right\| \leqslant \left\| f - \sum_{k=0}^n b_k\varphi_k \right\|$$

$$= \left\| f - \sum_{k=0}^{N} b_k \varphi_k \right\| < \varepsilon.$$

这证明了(2).

以上证明了"(1)⇒(2)". 而"(2)⇒(1)"是显然的. 我们已经证明了条件(1)与(2)的等价性. 至于条件(2)与(3)的等价性,则可从下面的等式看出:

$$\| f \|^2 - \sum_{k=0}^{n} c_k^2 = \left\| f - \sum_{k=0}^{n} c_k \varphi_k \right\|^2. \qquad \square$$

注记 人们把

$$\sum_{k=0}^{+\infty} c_k^2 = \| f \|^2$$

叫做帕塞瓦(Parseval)等式或者封闭性方程. 定理 3 讨论了帕塞瓦等式成立的条件.

定理 4 设 $\{\varphi_k\}$ 是 $\mathscr{R}[\alpha,\beta]$ 中的规范正交函数系,f 和 g 是 $\mathscr{R}[\alpha,\beta]$ 中的两个函数. 如果

$$f(x) \sim \sum_{k=0}^{+\infty} c_k \varphi_k(x), \quad g(x) \sim \sum_{k=0}^{+\infty} \gamma_k \varphi_k(x),$$

并且

$$\sum_{k=0}^{+\infty} c_k^2 = \| f \|^2, \quad \sum_{k=0}^{+\infty} \gamma_k^2 = \| g \|^2,$$

那么就有

$$\sum_{k=0}^{+\infty} c_k \gamma_k = (f,g).$$

证明 显然有 $f \pm g \in \mathscr{R}[\alpha,\beta]$,并且有

$$(f \pm g, \varphi_k) = (f,\varphi_k) \pm (g,\varphi_k).$$

因而

$$f(x) + g(x) \sim \sum_{k=0}^{+\infty} (c_k + \gamma_k) \varphi_k(x),$$

$$f(x) - g(x) \sim \sum_{k=0}^{+\infty} (c_k - \gamma_k) \varphi_k(x).$$

310

根据定理 3 可以断定,对于函数 $f+g$ 和函数 $f-g$,帕塞瓦等式仍成立:

$$\sum_{k=0}^{+\infty}(c_k+\gamma_k)^2 = \|f+g\|^2,$$

$$\sum_{k=0}^{+\infty}(c_k-\gamma_k)^2 = \|f-g\|^2.$$

上面两式相减就得到

$$\sum_{k=0}^{+\infty}c_k\gamma_k = (f,g). \quad \square$$

注记 上面最后一个式子也被称为帕塞瓦等式. 在这式子中取 $g=f$ 就得到原来形式的帕塞瓦等式. 因而这里给出的是更一般的形式.

定理 5 在 $\mathscr{R}[-\pi,\pi]$ 中,考查关于基本三角函数系的傅里叶级数,我们得到:

(1) 任何函数 $f\in\mathscr{R}[-\pi,\pi]$ 的傅里叶级数均方收敛于这函数;

(2) 设 $f\in\mathscr{R}[-\pi,\pi]$,并设

$$f(x)\sim\frac{a_0}{2}+\sum_{k=1}^{+\infty}(a_k\cos kx+b_k\sin kx),$$

则有

$$\frac{a_0^2}{2}+\sum_{k=1}^{+\infty}(a_k^2+b_k^2)=\frac{1}{\pi}\int_{-\pi}^{\pi}f^2(x)\mathrm{d}x;$$

(3) 设 $f,g\in\mathscr{R}[-\pi,\pi]$,并设

$$f(x)\sim\frac{a_0}{2}+\sum_{k=1}^{+\infty}(a_k\cos kx+b_k\sin kx),$$

$$g(x)\sim\frac{\alpha_0}{2}+\sum_{k=1}^{+\infty}(\alpha_k\cos kx+\beta_k\sin kx),$$

则有

$$\frac{a_0\alpha_0}{2}+\sum_{k=1}^{+\infty}(a_k\alpha_k+b_k\beta_k)=\frac{1}{\pi}\int_{-\pi}^{\pi}f(x)g(x)\mathrm{d}x.$$

证明 根据定理 2，$\mathcal{R}[-\pi,\pi]$ 中的任何函数 f 都可用三角多项式逼近，使得均方误差小于任何预先给定的正数 ε. 再利用定理 3 和定理 4，就得到本定理的结论. □

定理 6 设 $f \in \mathcal{R}[-\pi,\pi]$，并设

$$f(x) \sim \frac{a_0}{2} + \sum_{k=1}^{+\infty}(a_k\cos kx + b_k\sin kx),$$

则有

$$\int_0^x f(t)\mathrm{d}t = \frac{a_0 x}{2} + \sum_{k=1}^{+\infty}\int_0^x (a_k\cos kt + b_k\sin kt)\mathrm{d}t.$$

不仅如此，还可以断定：上式右端的级数在区间 $[-\pi,\pi]$ 上一致收敛于

$$\int_0^x f(t)\mathrm{d}t.$$

证明 我们以 $S_n(x)$ 表示函数 $f(x)$ 的傅里叶级数的部分和，则有

$$\left|\int_0^x S_n(t)\mathrm{d}t - \int_0^x f(t)\mathrm{d}t\right|$$

$$= \left|\int_0^x (S_n(t) - f(t))\mathrm{d}t\right|$$

$$\leqslant \int_{-\pi}^{\pi}|S_n(t) - f(t)|\mathrm{d}t$$

$$= \int_{-\pi}^{\pi}1\cdot|S_n(t) - f(t)|\mathrm{d}t$$

$$\leqslant \sqrt{\int_{-\pi}^{\pi}1^2\mathrm{d}t\cdot\int_{-\pi}^{\pi}|S_n(t) - f(t)|^2\mathrm{d}t}$$

$$= \sqrt{2\pi\int_{-\pi}^{\pi}(S_n(t) - f(t))^2\mathrm{d}t},$$

$$\forall\, x \in [-\pi,\pi].$$

根据定理 5，函数序列 $\{S_n(t)\}$ 均方收敛于函数 $f(t)$. 因而，对任何预先给定的 $\varepsilon > 0$，存在 $N = N(\varepsilon) \in \mathbf{N}$，使得只要 $n > N$，就有

$$\int_{-\pi}^{\pi}(S_n(t) - f(t))^2\mathrm{d}t < \frac{\varepsilon^2}{2\pi}.$$

312

于是,只要 $n > N$,就有

$$\left| \int_0^x S_n(t)\mathrm{d}t - \int_0^x f(t)\mathrm{d}t \right| < \varepsilon, \quad \forall\, x \in [-\pi, \pi].$$

至此,我们已完成了定理的证明. □

注记 这定理告诉我们:可积函数的傅里叶级数总是可以逐项积分的.值得注意的是,不论可积函数的傅里叶级数本身是否收敛,由这级数逐项积分所得的级数总是一致收敛的.

4. c 等周问题

在周长相等(设为 L)的所有的简单闭曲线当中,怎样的曲线所围的面积 A 最大? 这就是著名的"等周问题".早在古代,人们就已经猜测这样的曲线应该是圆周.但这一事实的严格证明直到近代才得到.

19 世纪的数学家斯坦纳(Steiner)曾用朴素的几何方法证明了:除了圆周而外,任何其他的简单闭曲线都不可能是"等周问题"的解.下面,我们扼要地介绍斯坦纳的论证.首先指出:如果简单闭曲线 γ 是"等周问题"的解,那么这曲线必定是凸的.否则,我们可以不改变周长而设法把所围的面积扩大(参看图 20-3).其次,如果曲线 γ 上的两点 A 和 B 把这曲线分成长度相等的两段,那么联结这两点的直线 AB 一定把曲线 γ 所围的图形分成面积相

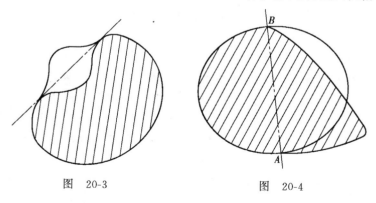

图 20-3   图 20-4

313

等的两部分. 否则我们可以用面积较大那一部分关于直线 AB 的
反射图形代替面积较小的一部分,这样就扩大了总共所围的面积
(参看图 20-4).

现在,我们把问题转化为:寻找两端同在一条直线上的长度为
$\dfrac{L}{2}$ 的凸曲线,使得这凸曲线与直线所围的面积为最大. 我们指出:
如果从这凸曲线上的任意一点向两端点引射线,那么这两射线所夹
的角必定是直角. 否则,只要把两射线的夹角改成直角(不改变图中
画阴影部分的形状),就能扩大所围的面积(参看图 20-5).

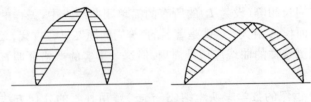

图　20-5

如上所述,斯坦纳证明了:"等周问题"的解如果存在,那么这
解就一定是圆周.

性急的读者或许会认为斯坦纳的上述论证已经完全解决了
"等周问题". 斯坦纳自己当时也是这样认为的. 但后来维尔斯特拉
斯指出了这推理方式的漏洞. 斯坦纳仅仅证明了:如果等周问题
的解存在,那么这解只能是圆周. 然而解的存在性是需要证明的.

后来有许多学者继续研究等周问题. 有的把斯坦纳遗留下来
的漏洞补好,有的发展了其他的证明方法. 下面将介绍等周问题的
一种著名的分析解法. 这种解法是胡尔维茨(A. Hurwitz)在 1920
年作出的. 我们限于在分段连续可微的简单闭曲线类中讨论问题.

设 γ 是一条具有分段连续可微的参数表示的简单闭曲线,其
周长为 L. 以弧长为参数,可以把曲线 γ 的方程写成:
$$x=x(s),\ y=y(s),\ s\in[0,L]$$
$$(x(0)=x(L),\ y(0)=y(L)).$$

为了下面讨论方便,我们作变元替换

$$s = \frac{L}{2\pi} t,$$

而把曲线 γ 的方程改写为:

$$x = \varphi(t), \ y = \psi(t), \ t \in [0, 2\pi],$$
$$(\varphi(0) = \varphi(2\pi), \quad \psi(0) = \psi(2\pi)).$$

函数 φ 和 ψ 可以按周期 2π 延拓,然后展开成傅里叶级数:

$$\varphi(t) = \frac{a_0}{2} + \sum_{k=1}^{+\infty} (a_k \cos kt + b_k \sin kt),$$

$$\psi(t) = \frac{\alpha_0}{2} + \sum_{k=1}^{+\infty} (\alpha_k \cos kt + \beta_k \sin kt).$$

我们来考查导函数 φ' 和 ψ' 的傅里叶级数:

$$\varphi'(t) \sim \frac{a_0'}{2} + \sum_{k=1}^{+\infty} (a_k' \cos kt + b_k' \sin kt),$$

$$\psi'(t) \sim \frac{\alpha_0'}{2} + \sum_{k=1}^{+\infty} (\alpha_k' \cos kt + \beta_k' \sin kt).$$

通过简单的计算就可得到

$$a_0' = \frac{1}{\pi} \int_0^{2\pi} \varphi'(t) \mathrm{d}t = \frac{\varphi(2\pi) - \varphi(0)}{\pi} = 0,$$

$$a_k' = \frac{1}{\pi} \int_0^{2\pi} \varphi'(t) \cos kt \mathrm{d}t$$

$$= \frac{1}{\pi} \left[\varphi(t) \cos kt \Big|_0^{2\pi} + k \int_0^{2\pi} \varphi(t) \sin kt \mathrm{d}t \right]$$

$$= k b_k,$$

$$b_k' = -k a_k,$$

$$k = 1, 2, \cdots.$$

类似地可得

$$\alpha_0' = 0, \quad \alpha_k' = k \beta_k, \quad \beta_k' = -k \alpha_k,$$

$$k = 1, 2, \cdots.$$

借助于帕塞瓦等式,可以用傅里叶系数 $a_k, b_k, \alpha_k, \beta_k$ 等,表示

曲线 γ 的周长 L 与面积 A. 首先注意到

$$s = \frac{L}{2\pi}t,$$

$$\frac{L^2}{4\pi^2} = \left(\frac{\mathrm{d}s}{\mathrm{d}t}\right)^2$$

$$= (\varphi'(t))^2 + (\psi'(t))^2.$$

从这关系出发,利用帕塞瓦等式就得到

$$\frac{L^2}{2\pi} = \int_0^{2\pi} [(\varphi'(t))^2 + (\psi'(t))^2]\mathrm{d}t$$

$$= \pi \sum_{k=1}^{+\infty} [(a_k')^2 + (b_k')^2 + (\alpha_k')^2 + (\beta_k')^2]$$

$$= \pi \sum_{k=1}^{+\infty} k^2 (a_k^2 + b_k^2 + \alpha_k^2 + \beta_k^2).$$

其次,将曲线 γ 所围的面积 A 表示为曲线积分并利用帕塞瓦等式,我们得到

$$A = \oint_\gamma x\mathrm{d}y$$

$$= \int_0^{2\pi} \varphi(t)\psi'(t)\mathrm{d}t$$

$$= \pi \sum_{k=1}^{+\infty} (a_k\alpha_k' + b_k\beta_k')$$

$$= \pi \sum_{k=1}^{+\infty} k(a_k\beta_k - b_k\alpha_k).$$

(这里,我们假定当参数 t 从 0 变到 2π 时,点 $(\varphi(t), \psi(t))$ 沿逆时针方向描出曲线 γ. 必要时以 $2\pi - t$ 代替 t 作为参数,总能使这要求得到满足.)

利用周长与面积的表示式,我们得到

$$\frac{L^2}{4\pi} - A = \frac{\pi}{2}\left\{\sum_{k=1}^{+\infty} k^2 (a_k^2 + b_k^2 + \alpha_k^2 + \beta_k^2)\right.$$

316

$$- \sum_{k=1}^{+\infty} 2k(a_k\beta_k - b_k\alpha_k) \Big\}$$

$$= \frac{\pi}{2} \Big\{ \sum_{k=1}^{+\infty} \big[(ka_k - \beta_k)^2 + (kb_k + \alpha_k)^2 \big]$$

$$+ \sum_{k=2}^{+\infty} (k^2 - 1)(\alpha_k^2 + \beta_k^2) \Big\}.$$

上式右边各项都是非负的. 我们证明了"等周不等式":

(4.3)
$$A \leqslant \frac{L^2}{4\pi}.$$

当且仅当下面的条件得到满足时,等周不等式才能取等号:

$$ka_k = \beta_k, \quad kb_k = -\alpha_k, \quad k = 1,2,\cdots;$$

$$\alpha_k = \beta_k = 0, \quad k = 2,3,\cdots.$$

这就是说,当且仅当以下条件满足时,(4.3)式才能取等号:

(4.4)
$$\begin{cases} a_1 = -b_1, \ \beta_1 = a_1; \\ \alpha_k = \beta_k = a_k = b_k = 0, \quad k = 2,3,\cdots. \end{cases}$$

这也就是说,当且仅当曲线 γ 的方程为以下形状时,(4.3)式中才能取等号:

$$\begin{cases} x = \varphi(t) = \dfrac{a_0}{2} + a_1\cos t + b_1\sin t, \\ y = \psi(t) = \dfrac{a_0}{2} - b_1\cos t + a_1\sin t, \end{cases} \quad 0 \leqslant t \leqslant 2\pi,$$

或者

$$\left(x - \frac{a_0}{2} \right)^2 + \left(y - \frac{a_0}{2} \right)^2 = a_1^2 + b_1^2.$$

这样,我们证明了:当且仅当曲线 γ 是圆周时,它所围成的面积才能达到最大值

$$A = \frac{L^2}{4\pi}.$$

§5 周期为 $2l$ 的傅里叶级数,弦的自由振动

5.a 周期为 $2l$ 的傅里叶级数

与周期为 2π 的情形类似,对周期为 $2l$ 的函数 $f(x)$,也可以讨论它的傅里叶级数展开问题. 这里只简单地陈述相应的结果. 证明的过程就不再重复了.

在 $\mathscr{R}[-l,l]$ 中可以引进内积

$$(f,g) = \frac{1}{l}\int_{-l}^{l} f(x)g(x)\mathrm{d}x.$$

按照这内积,以下函数系是规范正交的:

$$(5.1) \quad \frac{1}{\sqrt{2}},\ \cos\frac{\pi x}{l},\ \sin\frac{\pi x}{l},\cdots,\cos\frac{k\pi x}{l},\sin\frac{k\pi x}{l},\cdots.$$

于是,我们可以来考查函数 $f\in\mathscr{R}[-l,l]$ 关于 (5.1) 的傅里叶级数:

$$f(x) \sim \frac{a_0}{2} + \sum_{k=1}^{+\infty}\left(a_k\cos\frac{k\pi x}{l} + b_k\sin\frac{k\pi x}{l}\right).$$

这里的系数可按以下的欧拉-傅里叶公式计算:

$$a_0 = \frac{1}{l}\int_{-l}^{l} f(x)\mathrm{d}x,$$

$$a_k = \frac{1}{l}\int_{-l}^{l} f(x)\cos\frac{k\pi x}{l}\mathrm{d}x,$$

$$b_k = \frac{1}{l}\int_{-l}^{l} f(x)\sin\frac{k\pi x}{l}\mathrm{d}x,$$

$$k = 1,2,\cdots.$$

对于任何函数 $f\in\mathscr{R}[-l,l]$,以下的帕塞瓦等式成立

$$\frac{a_0^2}{2} + \sum_{k=1}^{+\infty}(a_k^2 + b_k^2) = \frac{1}{l}\int_{-l}^{l} f^2(x)\mathrm{d}x,$$

并且有

$$\lim_{n\to+\infty}\|S_n - f\| = 0,$$

这里的 S_n 是函数 f 的傅里叶级数的部分和：

$$S_n(x) = \frac{a_0}{2} + \sum_{k=1}^{n}\left(a_k\cos\frac{k\pi x}{l} + b_k\sin\frac{k\pi x}{l}\right),$$
$$n = 1, 2, \cdots.$$

如果周期为 $2l$ 的函数 f 在区间 $[-l, l]$ 上分段可微或者分段单调，那么这函数的傅里叶级数在任意一点 x_0 收敛于

$$\frac{f(x_0 + 0) + f(x_0 - 0)}{2}.$$

如果 f 是周期为 $2l$ 的偶函数，那么 f 的傅里叶级数只含余弦部分：

$$f(x) \sim \frac{a_0}{2} + \sum_{k=1}^{+\infty}a_k\cos\frac{k\pi x}{l},$$

其中

$$a_0 = \frac{2}{l}\int_0^l f(x)\mathrm{d}x,$$

$$a_k = \frac{2}{l}\int_0^l f(x)\cos\frac{k\pi x}{l}\mathrm{d}x, \quad k = 1, 2, \cdots.$$

如果 f 是周期为 $2l$ 的奇函数，那么 f 的傅里叶级数只含正弦部分：

$$f(x) \sim \sum_{k=1}^{+\infty}b_k\sin\frac{k\pi x}{l},$$

其中

$$b_k = \frac{2}{l}\int_0^l f(x)\sin\frac{k\pi x}{l}\mathrm{d}x, \quad k = 1, 2, \cdots.$$

5. b　弦振动方程

我们来考查数学物理中的一个颇有名气的问题——弦的自由振动问题. 这问题曾在 18 世纪中叶到 19 世纪初引起了数学界的一场大争论，促进了傅里叶级数理论的诞生和发展. 这问题的实际模型是弦乐器上的一根绷紧的弦. 这弦受到初始拨动之后就开始

振动发声,在振动的过程中不再受到外力的作用(所以被称为"自由振动").下面,我们来推导弦的自由振动所满足的方程.

在平面上选定一个坐标系 OXY. 为了下面叙述方便,我们认为 OX 轴沿水平方向而 OY 轴沿竖直方向. 设弦 OL 张紧在 $O(0,0)$ 和 $L(l,0)$ 两点之间. 这弦受到一个在 OXY 平面内的初始拨动之后,就在这平面内振动. 我们设这弦是绝对柔顺的(没有弯曲应力,张力沿着这弦的切线方向),完全弹性的(弹性张力的大小 H 与相对伸长成正比)和均匀的(线密度 ρ 是常数). 我们只限于考查弦的微小横振动. 即认为弦上每一点只在竖直方向上作微小的运动. 于是,弦上每一点的纵坐标 y 取决于该点的横坐标 x 与时间变量 t:

$$y = y(x,t).$$

因为弦的振动很微小,在振动过程中所增加的相对伸长可以忽略不计,所以可以认为弹性张力的数值 H 始终不变(等于平衡状态时弦的张力).

考查这弦上介于点 $(x,y(x,t))$ 与点 $(x+\Delta x,y(x+\Delta x,t))$ 之间的一小段. 我们对这一小段写出牛顿第二定律的方程. 因为在水平方向上没有运动,所以我们可以集中注意力于竖直方向. 设在点 $(x,y(x,t))$ 处,弦的切线与 OX 轴的夹角为 $\alpha(x,t)$. 则有

$$(5.2) \qquad H \sin\alpha(x+\Delta x,t) - H \sin\alpha(x,t) = \rho\Delta x \frac{\partial^2 y}{\partial t^2}.$$

因为弦的振动很微小,可以认为

$$\sin\alpha \approx \operatorname{tg}\alpha = \frac{\partial y}{\partial x}.$$

于是方程(5.2)可以写成

$$H\left(\frac{\partial y}{\partial x}(x+\Delta x,t) - \frac{\partial y}{\partial x}(x,t) \right) = \rho\Delta x \frac{\partial^2 y}{\partial t^2}.$$

这式两边除以 Δx,然后再让 $\Delta x \to 0$ 取极限,就得到

$$H \frac{\partial^2 y}{\partial x^2} = \rho \frac{\partial^2 y}{\partial t^2}.$$

弦的自由振动应满足这样的方程

(5.3)
$$\frac{\partial^2 y}{\partial t^2} = c^2 \frac{\partial^2 y}{\partial x^2},$$

其中的 c 是一个常数,

$$c = \sqrt{\frac{H}{\rho}}.$$

弦振动的实际问题,还给方程(5.3)的解附加了一定的条件.因为弦的两端是固定的,所以解应该满足这样的边界条件:

$$y(0,t) = y(l,t) = 0.$$

又因为弦的振动是由初始拨动所引起的.初始位置和初始速度决定了以后的振动状况,所以解应该由以下的初始条件所决定:

$$y(x,0) = \varphi(x),$$
$$\frac{\partial y}{\partial t}(x,0) = \psi(x).$$

这里的函数 φ 和 ψ 在区间 $[0,l]$ 上有定义,并且满足条件

$$\varphi(0) = \varphi(l) = \psi(0) = \psi(l) = 0.$$

5.c 用分离变量法解弦振动问题

考查附加了边界条件与初始条件的弦振动问题:

(5.4)
$$\begin{cases} \dfrac{\partial^2 y}{\partial t^2} = c^2 \dfrac{\partial^2 y}{\partial x^2}, \\ y(0,t) = y(l,t) = 0, \\ y(x,0) = \varphi(x), \\ \dfrac{\partial y}{\partial t}(x,0) = \psi(x). \end{cases}$$

我们将用分离变量法求解这问题.

首先,暂不考虑边界条件与初始条件,我们先来探索弦振动方程(5.3)的以下形状的解:

(5.5)
$$y(x,t) = X(x)T(t).$$

将(5.5)代入(5.3)就得到

$$X(x)T''(t) = c^2 X''(x)T(t),$$

也就是

$$(5.6) \qquad \frac{T''(t)}{T(t)} = c^2 \frac{X''(x)}{X(x)}.$$

这式的左边只是变量 t 的函数,右边只是变量 x 的函数. 要使 (5.6) 成为恒等式,必须等号两边的比值都是常数. 我们设

$$\frac{X''(x)}{X(x)} = \lambda.$$

于是得到

$$(5.7) \qquad \begin{cases} X'' - \lambda X = 0, \\ T'' - \lambda c^2 T = 0. \end{cases}$$

为了使函数

$$y(x,t) = X(x)T(t)$$

满足边界条件

$$y(0,t) = X(0)T(t) = 0,$$
$$y(l,t) = X(l)T(t) = 0,$$

还应要求

$$X(0) = X(l) = 0.$$

我们寻求满足以下条件的函数 $X(x)$:

$$\begin{cases} X'' - \lambda X = 0, \\ X(0) = X(l) = 0. \end{cases}$$

分几种情形来讨论.

情形 1 $\lambda = 0$. 求解方程 $X'' = 0$,我们得到 $X(x) = \alpha x + \beta$. 但要满足条件

$$X(0) = X(l) = 0,$$

只能是 $\alpha = \beta = 0$, $X(x) \equiv 0$. 对这种情形,不存在非平凡解.

情形 2 $\lambda > 0$. 对这种情形,求解方程 $X'' - \lambda X = 0$,我们得到

$$X(x) = \alpha e^{\sqrt{\lambda}\, x} + \beta e^{-\sqrt{\lambda}\, x}.$$

但要满足条件

$$\begin{cases} X(0) = \alpha + \beta = 0, \\ X(l) = \alpha e^{\sqrt{\lambda}\, l} + \beta e^{-\sqrt{\lambda}\, l} = 0, \end{cases}$$

只能有 $\alpha = \beta = 0$，即 $X(x) \equiv 0$，对这种情形，也不存在非平凡解.

情形 3　$\lambda = -\mu^2 < 0$. 对这情形，方程

$$X'' + \mu^2 X = 0$$

的通解为

$$X(x) = \alpha \cos \mu x + \beta \sin \mu x.$$

但要满足

$$\begin{cases} X(0) = \alpha = 0, \\ X(l) = \alpha \cos \mu l + \beta \sin \mu l = 0, \end{cases}$$

只能是

$$\begin{cases} X(x) = \beta \sin \mu x, \\ \mu = \dfrac{n\pi}{l}, \quad n = 1, 2, \cdots. \end{cases}$$

对应于这情形，方程

$$T'' + \mu^2 c^2 T = 0$$

的通解为

$$T(t) = A \cos c\mu t + B \sin c\mu t.$$

于是，问题

$$\begin{cases} \dfrac{\partial^2 y}{\partial t^2} = c^2 \dfrac{\partial^2 y}{\partial x^2}, \\ y(0, t) = y(l, t) = 0, \\ y(x, t) = X(x)T(t) \end{cases}$$

的非平凡解只能是

$$y_n(x, t) = \left(A_n \cos \frac{cn\pi}{l} t + B_n \sin \frac{cn\pi}{l} t \right) \sin \frac{n\pi}{l} x,$$

$$n = 1, 2, \cdots.$$

我们把上面得到的解迭加起来，希望和函数 $y(x, t)$ 能满足初始条件. 这就是说，要求

$$y(x,t) = \sum_{n=1}^{+\infty} \left(A_n \cos \frac{cn\pi}{l}t + B_n \sin \frac{cn\pi}{l}t \right) \sin \frac{n\pi}{l}x$$

满足条件

$$y(x,0) = \sum_{n=1}^{+\infty} A_n \sin \frac{n\pi x}{l} = \varphi(x),$$

$$\frac{\partial y}{\partial t}(x,0) = \sum_{n=1}^{+\infty} \frac{cn\pi}{l} B_n \sin \frac{n\pi x}{l} = \psi(x).$$

虽然函数 $\varphi(x)$ 和 $\psi(x)$ 只在区间 $[0,l]$ 上给出,但我们很容易把这两函数扩充为定义在区间 $[-l,l]$ 上的奇函数,然后又可按周期 $2l$ 把这两函数的定义域扩充到整个数轴上. 扩充定义后的函数仍记为 $\varphi(x)$ 和 $\psi(x)$. 作这两函数的傅里叶展开,就可求出解 $y(x,t)$ 表示式中的系数 A_n 和 $B_n (n=1,2,\cdots)$. 这样,通过试探,我们得到弦的自由振动问题(5.4)的以下形式的解

$$y(x,t) = \sum_{n=1}^{+\infty} \left(A_n \cos \frac{cn\pi}{l}t + B_n \sin \frac{cn\pi}{l}t \right) \sin \frac{n\pi}{l}x,$$

其中

$$A_n = \frac{2}{l} \int_0^l \varphi(x) \sin \frac{n\pi x}{l} \mathrm{d}x,$$

$$B_n = \frac{2}{cn\pi} \int_0^l \psi(x) \sin \frac{n\pi x}{l} \mathrm{d}x, \quad n = 1,2,\cdots.$$

还需要验证所得的表示式确实是弦振动方程的解. 为此,需要对 φ 和 ψ 加上一定的条件. 我们不准备叙述细节,只是指出以下结果:如果 φ 是 4 次连续可微的, ψ 是 3 次连续可微的,那么利用分部积分法容易得到:

$$A_n = O\left(\frac{1}{n^4} \right), \quad B_n = O\left(\frac{1}{n^4} \right).$$

在这样的条件下,所得的 $y(x,t)$ 的级数表示式可以逐项微分 2 次,并且容易验证这表示式确实满足弦振动方程.

考查弦振动方程解的级数表示式,对于弦乐器的发声性能,可以得出一些有趣的结论. 首先,我们注意到,弦的各谐振分量的圆

324

频率为

$$\omega_n = \frac{cn\pi}{l} = \frac{n\pi}{l}\sqrt{\frac{H}{\rho}}, \quad n = 1, 2, \cdots.$$

其中

$$\omega_1 = \frac{c\pi}{l} = \frac{\pi}{l}\sqrt{\frac{H}{\rho}}$$

对应着基音,其他的 $\omega_n(n=2,3,\cdots)$ 对应著泛音. 基音的频率(基频)决定了音调的高低. 基音与泛音的能量对比决定了音色. 我们看到:

(1) 弦的振动频率与弦长成反比,因而较短的弦发出的声音较高;

(2) 弦的振动频率与张力的平方根成正比,因而张得越紧的弦发出的音越高;

(3) 弦的振动频率由弦长、弦的线密度以及弦所受的张力决定,因而拨弦的位置基本上不影响音调(但可能影响音色).

§6 傅里叶级数的复数形式,傅里叶积分简介

6.a 傅里叶级数的复数形式

在电工学中,通常把如下形状的量叫做复谐振动:

(6.1) $$x = c\mathrm{e}^{\mathrm{i}\omega t},$$

这里的复数

$$c = r\mathrm{e}^{\mathrm{i}\theta}$$

被称为复振幅,而实数 ω 被称为圆频率. 复谐振动(6.1)可以写成

$$x = c\mathrm{e}^{\mathrm{i}\omega t} = r(\cos(\omega t + \theta) + \mathrm{i}\sin(\omega t + \theta)).$$

我们看到,(6.1)的实部或虚部就是通常的谐振动. 复振幅的模

$$|c| = r$$

就是通常的振幅. 复振幅的辐角 θ 就是通常的初相. 在交流电的应

用中,常常需要计算频率相同但振幅与初相不同的若干量的迭加.
这时采用复数形式就比采用三角函数形式方便.

周期函数的傅里叶级数展开,意味着把复杂的振动分解为谐振动分量之和. 下面,我们设法把各谐振动分量写成复谐振动的形式. 设 $f(t)$ 是周期为 $2l$ 的函数,它的傅里叶级数为

$$f(t) \sim \frac{a_0}{2} + \sum_{k=1}^{+\infty} (a_k \cos k\omega t + b_k \sin k\omega t),$$

这里

$$\omega = \frac{\pi}{l}.$$

我们有

$$\frac{a_0}{2} + \sum_{k=1}^{+\infty} (a_k \cos k\omega t + b_k \sin k\omega t)$$

$$= \frac{a_0}{2} + \frac{1}{2} \sum_{k=1}^{+\infty} (a_k - \mathrm{i} b_k)(\cos k\omega t + \mathrm{i} \sin k\omega t)$$

$$+ \frac{1}{2} \sum_{k=1}^{+\infty} (a_k + \mathrm{i} b_k)(\cos k\omega t - \mathrm{i} \sin k\omega t)$$

$$= \sum_{k=-\infty}^{+\infty} c_k \mathrm{e}^{\mathrm{i} k\omega t},$$

这里

$$c_0 = \frac{a_0}{2},$$

$$c_k = \frac{a_k - \mathrm{i} b_k}{2},$$

$$c_{-k} = \frac{a_k + \mathrm{i} b_k}{2} = \bar{c}_k,$$

$$k = 1, 2, \cdots.$$

这样得到的级数

$$\sum_{k=-\infty}^{+\infty} c_k \mathrm{e}^{\mathrm{i} k\omega t}$$

326

被称为函数 f 的复数形式的傅里叶级数,记为

(6.2)
$$f(t) \sim \sum_{k=-\infty}^{+\infty} c_k \mathrm{e}^{\mathrm{i}k\omega t},$$

其中的系数可按以下公式计算:

$$c_0 = \frac{a_0}{2} = \frac{1}{2l} \int_{-l}^{l} f(t)\mathrm{d}t,$$

$$c_k = \frac{a_k - \mathrm{i}b_k}{2}$$

$$= \frac{1}{2l} \int_{-l}^{l} f(t)(\cos k\omega t - \mathrm{i}\sin k\omega t)\mathrm{d}t$$

$$= \frac{1}{2l} \int_{-l}^{l} f(t)\mathrm{e}^{-\mathrm{i}k\omega t}\mathrm{d}t,$$

$$c_{-k} = \frac{a_k + \mathrm{i}b_k}{2}$$

$$= \frac{1}{2l} \int_{-l}^{l} f(t)(\cos k\omega t + \mathrm{i}\sin k\omega t)\mathrm{d}t$$

$$= \frac{1}{2l} \int_{-l}^{l} f(t)\mathrm{e}^{\mathrm{i}k\omega t}\mathrm{d}t$$

$$\omega = \frac{\pi}{l}, \ k = 1, 2, \cdots.$$

在本节中,我们把在区间 $[-l,l]$ 上可积的实变复值函数的集合记为 $\mathscr{R}[-l,l]$. 如果在 $\mathscr{R}[-l,l]$ 上定义厄米特(Hermite)内积如下:

$$(f,g) = \frac{1}{2l} \int_{-l}^{l} f(t)\overline{g(t)}\mathrm{d}t,$$

那么函数系

$$\{\mathrm{e}^{\mathrm{i}k\omega t} \,|\, k \in \mathbf{Z}\}$$

是规范正交的 $\left(\text{这里 } \omega = \frac{\pi}{l}\right)$. 事实上,我们有

$$\frac{1}{2l} \int_{-l}^{l} \mathrm{e}^{\mathrm{i}m\omega t} \cdot \mathrm{e}^{-\mathrm{i}n\omega t}\mathrm{d}t$$

$$= \frac{1}{2} \int_{-1}^{1} e^{im\pi t} \cdot e^{-in\pi t} dt$$

$$= \frac{1}{2} \int_{-1}^{1} e^{i(m-n)\pi t} dt$$

$$= \begin{cases} 1, & \text{如果 } m = n, \\ 0, & \text{如果 } m \neq n. \end{cases}$$

复数形式傅里叶级数的系数计算公式可以写成

$$c_k = (f(t), e^{ik\omega t}), \quad k \in \mathbf{Z}.$$

在实际应用中,常常需要考查一个周期量 $f(t)$ 的各谐振分量的振幅分布情况.把 $f(t)$ 展开成傅里叶级数

$$f(t) = \sum_{k=-\infty}^{+\infty} c_k e^{ik\omega t},$$

我们看到:对应于频率

$$\omega, 2\omega, \cdots, k\omega, \cdots,$$

相应的谐振分量的振幅为

$$|c_1|, |c_2|, \cdots, |c_k|, \cdots.$$

以横坐标表示频率,以纵坐标表示振幅,我们作出如图 20-6 那样的图示.

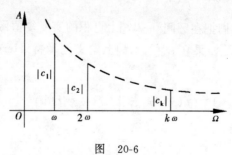

图　20-6

人们通常把像图 20-6 那样的图示叫做频谱图.频谱分析是研究各种实际振动问题的很有用的工具.

328

6. b   傅里叶积分简介

设 $f(t)$ 是定义于 $\mathbb{R}$ 上的一个非周期函数. 截取这函数定义在 $[-l, l]$ 上的一段:

$$f_l(t) = f(t), \quad t \in [-l, l],$$

然后将这段函数按周期 $2l$ 延拓:

$$f_l(t + 2pl) = f(t), \quad \forall\, t \in [-l, l], p \in \mathbf{Z}.$$

这样,我们得到一个周期为 $2l$ 的函数 $f_l(t)$. 如果函数 $f(t)$ 是连续的,并且在任何有限区间上分段可微或分段单调,那么函数 $f_l(t)$ 就可以展开成傅里叶级数

(6.3)
$$f_l(t) = \sum_{n=-\infty}^{+\infty} c_n \mathrm{e}^{\mathrm{i}\omega_n t}$$

$$= \sum_{n=-\infty}^{+\infty} \frac{1}{2l} \int_{-l}^{l} f(\tau) \mathrm{e}^{\mathrm{i}\omega_n(t-\tau)} \mathrm{d}\tau,$$

这里

$$\omega_n = \frac{n\pi}{l}, \quad n \in \mathbf{Z}.$$

我们来考查,当 $l \to +\infty$ 时,展式 (6.3) 的极限大致是怎样的. 为此,我们把 ω 看作一个连续变化的实变量,而把 ω_n 看成 ω 的离散取值. 注意到

$$\omega_n = \frac{n\pi}{l}, \quad \omega_{n-1} = \frac{(n-1)\pi}{l},$$

$$\frac{1}{2l} = \frac{1}{2\pi}(\omega_n - \omega_{n-1}) = \frac{1}{2\pi}\Delta\omega_n,$$

我们可以把 (6.3) 式写成

(6.4)
$$f_l(t) = \frac{1}{2\pi} \sum_{n=-\infty}^{+\infty} \Delta\omega_n \int_{-l}^{l} f(\tau) \mathrm{e}^{\mathrm{i}\omega_n(t-\tau)} \mathrm{d}\tau.$$

当 $l \to +\infty$ 时,$\Delta\omega_n = \dfrac{\pi}{l} \to 0$. 可以设想 (6.4) 式的右端趋于如下的积分

$$\frac{1}{2\pi} \int_{-\infty}^{+\infty} d\omega \int_{-\infty}^{+\infty} f(\tau) e^{i\omega(t-\tau)} d\tau.$$

于是得到

(6.5) $$f(t) = \frac{1}{2\pi} \int_{-\infty}^{+\infty} d\omega \int_{-\infty}^{+\infty} f(\tau) e^{i\omega(t-\tau)} d\tau.$$

这里的讨论当然不能看成严格的证明. 但通过这样的讨论, 我们可以猜测, 在适当的条件下, 函数 f 能有形状如(6.5)那样的积分表示. 我们把(6.5)右端那样的积分表示叫做**傅里叶积分**

人们常把(6.5)右端的两重积分拆开, 分别写成

(6.6) $$\hat{f}(\omega) = \frac{1}{2\pi} \int_{-\infty}^{+\infty} f(\tau) e^{-i\omega\tau} d\tau$$

和

(6.7) $$f(t) = \int_{-\infty}^{+\infty} \hat{f}(\omega) e^{i\omega t} d\omega.$$

从函数 $f(t)$ 到函数 $\hat{f}(\omega)$ 的变换(6.6)被称为**傅里叶变换**. 从函数 $\hat{f}(\omega)$ 到函数 $f(t)$ 的变换(6.7)被称为**傅里叶逆变换**. 这里的情形可以与周期为 2π 的函数的傅里叶级数作一类比. 如果我们把周期为 2π 的函数 $f(t)$ 的傅里叶系数记为 $\hat{f}(n)$, 那么

(6.8) $$\hat{f}(n) = \frac{1}{2\pi} \int_{-\pi}^{\pi} f(\tau) e^{-in\tau} d\tau \quad (n \in \mathbf{Z}).$$

从函数 $f(t)$ 到它的傅里叶系数 $\hat{f}(n)$ 的计算公式(6.8)可以看成 "离散的傅里叶变换", 而傅里叶级数展式

(6.9) $$f(t) = \sum_{n=-\infty}^{+\infty} \hat{f}(n) e^{in t}$$

可以看成 "离散的傅里叶逆变换".

上面关于傅里叶积分公式(6.5)的讨论只不过是形式主义的推演. 限于篇幅, 我们略去严格的证明. 这里仅仅指出: 如果函数 $f(t)$ 在 $(-\infty, +\infty)$ 连续可微并且绝对可积, 那么以下的傅里叶积分公式成立:

$$f(t) = \frac{1}{2\pi} \int_{-\infty}^{+\infty} \mathrm{d}\omega \int_{-\infty}^{+\infty} f(\tau) \mathrm{e}^{\mathrm{i}\omega(t-\tau)} \mathrm{d}\tau.$$

最后,我们简单地介绍傅里叶积分公式的其他形式. 显然有

$$\int_{-\infty}^{+\infty} f(\tau) \mathrm{e}^{\mathrm{i}\omega(t-\tau)} \mathrm{d}\tau = \int_{-\infty}^{+\infty} f(\tau) \cos \omega(t-\tau) \mathrm{d}\tau$$

$$+ \mathrm{i} \int_{-\infty}^{+\infty} f(\tau) \sin \omega(t-\tau) \mathrm{d}\tau.$$

这积分的实部是 ω 的偶函数,而虚部是 ω 的奇函数,因而

$$\frac{1}{2\pi} \int_{-\infty}^{+\infty} \mathrm{d}\omega \int_{-\infty}^{+\infty} f(\tau) \mathrm{e}^{\mathrm{i}\omega(t-\tau)} \mathrm{d}\tau$$

$$= \frac{1}{2\pi} \int_{-\infty}^{+\infty} \mathrm{d}\omega \int_{-\infty}^{+\infty} f(\tau) \cos \omega(t-\tau) \mathrm{d}\tau.$$

于是,傅里叶积分公式(6.5)可以写成

$$f(t) = \frac{1}{2\pi} \int_{-\infty}^{+\infty} \mathrm{d}\omega \int_{-\infty}^{+\infty} f(\tau) \cos \omega(t-\tau) \mathrm{d}\tau.$$

第二十一章　含参变元的积分

我们来考查积分

$$\int_a^b f(t,x)\mathrm{d}x \quad 或 \quad \int_a^{+\infty} g(t,x)\mathrm{d}x.$$

这些积分的被积函数,除了依赖于积分变元 x 而外,还依赖于一个参变元 t. 由这样的积分,定义了参变元 t 的函数

$$\varphi(t) = \int_a^b f(t,x)\mathrm{d}x$$

或

$$\psi(t) = \int_a^{+\infty} g(t,x)\mathrm{d}x.$$

本章就来研究用这种方式定义的函数.

§1　含参变元的常义积分

设 $D \subset \mathbb{R}$,函数 $f(t,x)$ 在 $D \times [a,b]$ 连续. 本节考查这样一些含参变元的积分:

$$I(t) = \int_a^b f(t,x)\mathrm{d}x$$

和

$$J(t,u,v) = \int_u^v f(t,x)\mathrm{d}x.$$

首先考查对参变元的连续性.

定理 1　如果函数 $f(t,x)$ 在 $D \times [a,b]$ 上一致连续(例如这样的情形: D 是有界闭集,函数 $f(t,x)$ 在 $D \times [a,b]$ 上连续),那么由含参变元的积分所定义的函数

$$I(t) = \int_a^b f(t,x)\mathrm{d}x$$

在集合 D 上连续.

证明 对于 $t,t_0 \in D$，我们有

$$|I(t) - I(t_0)| = \left| \int_a^b (f(t,x) - f(t_0,x))\mathrm{d}x \right|$$

$$\leqslant \int_a^b |f(t,x) - f(t_0,x)|\mathrm{d}x.$$

因为函数 $f(t,x)$ 在 $D \times [a,b]$ 上一致连续，所以对任何 $\varepsilon > 0$，存在 $\delta > 0$，使得只要

$$t,t' \in D,\ x,x' \in [a,b],$$
$$|t-t'| < \delta,\ |x-x'| < \delta,$$

就有

$$|f(t,x) - f(t',x')| < \frac{\varepsilon}{b-a}.$$

于是，只要 $t,t_0 \in D$，$|t-t_0| < \delta$，就有

$$|I(t) - I(t_0)| \leqslant \int_a^b |f(t,x) - f(t_0,x)|\mathrm{d}x < \varepsilon.$$

这证明了定理. $\square$

定理 $1'$ 设函数 $f(t,x)$ 在 $[\alpha,\beta] \times [a,b]$ 上连续，则函数

$$J(t,u,v) = \int_u^v f(t,x)\mathrm{d}x$$

在 $[\alpha,\beta] \times [a,b] \times [a,b]$ 上连续.

如果函数 $f(t,x)$ 满足上面所说的条件，函数 $\varphi(t)$ 和 $\psi(t)$ 在区间 $[\alpha,\beta]$ 上连续，并且

$$a \leqslant \genfrac{}{}{0pt}{}{\varphi(t)}{\psi(t)} \leqslant b, \quad \forall\ t \in [\alpha,\beta],$$

那么函数

$$K(t) = \int_{\varphi(t)}^{\psi(t)} f(t,x)\mathrm{d}x$$

在区间 $[\alpha,\beta]$ 上连续.

证明 因为函数 $f(t,x)$ 在 $[\alpha,\beta]\times[a,b]$ 上连续,所以可设

$$|f(t,x)|\leqslant M,\quad \forall\ (t,x)\in[\alpha,\beta]\times[a,b].$$

我们有

$$J(t,u,v)=\int_u^v f(t,x)\mathrm{d}x$$

$$=\int_{u_0}^{v_0}f(t,x)\mathrm{d}x+\int_u^{u_0}f(t,x)\mathrm{d}x+\int_{v_0}^v f(t,x)\mathrm{d}x,$$

$$|J(t,u,v)-J(t_0,u_0,v_0)|$$

$$\leqslant\left|\int_{u_0}^{v_0}(f(t,x)-f(t_0,x))\mathrm{d}x\right|$$

$$+\left|\int_u^{u_0}f(t,x)\mathrm{d}x\right|+\left|\int_{v_0}^v f(t,x)\mathrm{d}x\right|$$

$$\leqslant\int_a^b|f(t,x)-f(t_0,x)|\mathrm{d}x+M|u-u_0|+M|v-v_0|.$$

利用这不等式,读者可以毫无困难地完成定理第一部分的证明. 如果把

$$K(t)=\int_{\varphi(t)}^{\psi(t)}f(t,x)\mathrm{d}x$$

看成复合函数:

$$K(t)=J(t,\varphi(t),\psi(t)),$$

那么定理第二部分的结论也立即可得到. □

下面,我们考查含参变元的常义积分对参变元的可微性.

定理 2 设函数 $f(t,x)$ 在 $[\alpha,\beta]\times[a,b]$ 上连续可微,则函数

$$I(t)=\int_a^b f(t,x)\mathrm{d}x$$

在区间 $[\alpha,\beta]$ 上连续可微,并且

$$I'(t)=\int_a^b\frac{\partial f(t,x)}{\partial t}\mathrm{d}x.$$

证明 我们有

$$\frac{I(t+\tau)-I(t)}{\tau}$$

$$= \int_a^b \frac{f(t+\tau,x) - f(t,x)}{\tau} \mathrm{d}x$$

$$= \int_a^b \frac{\partial f}{\partial t}(t+\theta\tau,x)\mathrm{d}x.$$

因为函数$\frac{\partial f}{\partial t}(t,x)$在$[\alpha,\beta] \times [a,b]$上是一致连续的,所以对任何$\varepsilon > 0$,存在$\delta > 0$,使得只要

$$t',t \in [\alpha,\beta], \quad x',x \in [a,b],$$
$$|t'-t| < \delta, \quad |x'-x| < \delta,$$

就有

$$\left| \frac{\partial f}{\partial t}(t',x') - \frac{\partial f}{\partial t}(t,x) \right| < \frac{\varepsilon}{b-a}.$$

于是,只要$0 < |\tau| < \delta$,就有

$$\left| \frac{I(t+\tau) - I(t)}{\tau} - \int_a^b \frac{\partial f}{\partial t}(t,x)\mathrm{d}x \right|$$

$$\leqslant \int_a^b \left| \frac{\partial f}{\partial t}(t+\theta\tau,x) - \frac{\partial f}{\partial t}(t,x) \right| \mathrm{d}x < \varepsilon. \quad \square$$

定理 2′ 设函数$f(t,x)$在$[\alpha,\beta] \times [a,b]$连续可微,则函数

$$J(t,u,v) = \int_u^v f(t,x)\mathrm{d}x$$

在$[\alpha,\beta] \times [a,b] \times [a,b]$连续可微,并且有

$$\frac{\partial J}{\partial t}(t,u,v) = \int_u^v \frac{\partial f}{\partial t}(t,x)\mathrm{d}x,$$

$$\frac{\partial J}{\partial u}(t,u,v) = -f(t,u),$$

$$\frac{\partial J}{\partial v}(t,u,v) = f(t,v).$$

如果函数$f(t,x)$满足上面所说的条件,函数$\varphi(t)$和$\psi(t)$在区间$[\alpha,\beta]$上连续可微,并且

$$a \leqslant \begin{matrix} \varphi(t) \\ \psi(t) \end{matrix} \leqslant b, \quad \forall \, t \in [\alpha,\beta],$$

那么函数

$$K(t) = \int_{\varphi(t)}^{\psi(t)} f(t,x)\mathrm{d}x$$

在区间$[\alpha,\beta]$上连续可微,并且

$$K'(t) = \int_{\varphi(t)}^{\psi(t)} \frac{\partial f(t,x)}{\partial t}\mathrm{d}x$$
$$- f(t,\varphi(t))\varphi'(t) + f(t,\psi(t))\psi'(t).$$

证明 依据定理 2,我们求得

$$\frac{\partial J}{\partial t}(t,u,v) = \int_u^v \frac{\partial f}{\partial t}(t,x)\mathrm{d}x$$

依据第九章§3的定理2,又可求得

$$\frac{\partial J}{\partial u}(t,u,v) = - f(t,u),$$

$$\frac{\partial J}{\partial v}(t,u,v) = f(t,v).$$

从这些表示式可以看出:函数$J(t,u,v)$是连续可微的.把$K(t)$看成复合函数:

$$K(t) = J(t,\varphi(t),\psi(t)),$$

利用复合函数微分的链式法则就得到

$$K'(t) = \int_{\varphi(t)}^{\psi(t)} \frac{\partial f(t,x)}{\partial t}\mathrm{d}x$$
$$- f(t,\varphi(t))\varphi'(t) + f(t,\psi(t))\psi'(t). \quad \square$$

最后,依据重积分化为累次积分计算的有关结果,我们陈述对参变元积分的法则:

定理 3 设函数$f(t,x)$在$[\alpha,\beta]\times[a,b]$连续,并设

$$I(t) = \int_a^b f(t,x)\mathrm{d}x,$$

则有

$$\int_\alpha^\beta I(t)\mathrm{d}t = \int_a^b \Big(\int_\alpha^\beta f(t,x)\mathrm{d}t\Big)\mathrm{d}x.$$

证明 在所给条件下,函数$f(t,x)$在矩形$[\alpha,\beta]\times[a,b]$上的二重积分与两个累次积分都存在并且相等.我们有

$$\int_\alpha^\beta \mathrm{d}t \int_a^b f(t,x)\mathrm{d}x = \int_a^b \mathrm{d}x \int_\alpha^\beta f(t,x)\mathrm{d}t.$$

这也就是

$$\int_\alpha^\beta I(t)\mathrm{d}t = \int_a^b \Big(\int_\alpha^\beta f(t,x)\mathrm{d}t\Big)\mathrm{d}x. \quad \square$$

例 1 设 $b>a>0$，试计算积分

$$I = \int_0^1 \frac{x^b - x^a}{\ln x}\mathrm{d}x.$$

解 这积分可以写成

$$I = \int_0^1 \mathrm{d}x \int_a^b x^y \mathrm{d}y.$$

因为函数

$$f(x,y) = x^y$$

在 $[0,1] \times [a,b]$ 连续，所以两个积分号可以交换次序. 我们得到

$$I = \int_0^1 \mathrm{d}x \int_a^b x^y \mathrm{d}y = \int_a^b \mathrm{d}y \int_0^1 x^y \mathrm{d}x$$

$$= \int_a^b \frac{\mathrm{d}y}{y+1} = \ln \frac{b+1}{a+1}.$$

例 2 设 $r \in (-1,1)$，试计算积分

$$J(r) = \int_0^\pi \ln(1 - 2r\cos\theta + r^2)\mathrm{d}\theta.$$

解 对任意取定的 $r \in (-1,1)$，存在正数 b，使得 $|r| < b < 1$.
因为函数

$$f(r,\theta) = \ln(1 - 2r\cos\theta + r^2)$$

在 $[-b,b] \times [0,\pi]$ 上连续可微，所以 $J(r)$ 可以在积分号下求导数：

$$J'(r) = \int_0^\pi \frac{\partial f(r,\theta)}{\partial r}\mathrm{d}\theta$$

$$= \int_0^\pi \frac{-2\cos\theta + 2r}{1 - 2r\cos\theta + r^2}\mathrm{d}\theta.$$

我们来计算这后一积分. 对于 $r=0$，显然有

$$J'(0) = \int_0^\pi (-2\cos\theta)\mathrm{d}\theta = 0.$$

对于 $r \neq 0$ 的情形，计算得

$$J'(r) = \int_0^\pi \frac{-2\cos\theta + 2r}{1 - 2r\cos\theta + r^2} d\theta$$

$$= \frac{1}{r} \int_0^\pi \left(1 + \frac{r^2 - 1}{1 - 2r\cos\theta + r^2}\right) d\theta$$

$$= \frac{1}{r}\left[\theta - 2\arctan\left(\frac{1+r}{1-r}\tan\frac{\theta}{2}\right)\right]\Big|_{\theta=0}^\pi = 0$$

——这里，我们借助于"万能替换" $t = \tan\dfrac{\theta}{2}$ 求出原函数，然后利用牛顿-莱布尼兹公式计算积分.

因为有

$$J'(r) = 0, \quad \forall\, r \in (-1, 1),$$

所以 $J(r)$ 在区间 $(-1, 1)$ 上是一个常数：

$$J(r) = J(0) = 0.$$

这样，我们证明了

$$\int_0^\pi \ln(1 - 2r\cos\theta + r^2) d\theta = 0, \quad \forall\, r \in (-1, 1).$$

§2 关于一致收敛性的讨论

在考查含参变元的广义积分之前，先对一致收敛性问题作较一般的讨论.

本节中，我们作以下这些一般性的假定：D 和 E 是 $\mathbb{R}$ 的子集合，u_0（或者 $+\infty$）是 E 的聚点；函数 $F(t, u)$ 在 $D \times E$ 上有定义，并且对任何 $t \in D$，存在有穷的极限

$$\lim_{u \to u_0} F(t, u) = \varphi(t) \in \mathbb{R}$$

（或者 $\lim\limits_{u \to +\infty} F(t, u) = \varphi(t) \in \mathbb{R}$）.

定义 1　如果对任何 $\varepsilon > 0$，存在 $\delta > 0$（或者 $\Delta > 0$），使得只要

$$u \in E,\ 0 < |u - u_0| < \delta \quad (\text{或者 } u \in E,\ u > \Delta),$$

就有

$$\sup_{t\in D}|F(t,u)-\varphi(t)|<\varepsilon,$$

那么我们就说:当 u 沿 E 趋于 u_0(或者 $+\infty$)时,函数 $F(t,u)$ 对 $t\in D$ 一致地收敛于极限函数 $\varphi(t)$,记为

$$F(t,u)\underset{E}{\Longrightarrow}\varphi(t)$$

$$(t\in D,u\underset{E}{\rightarrow}u_0(\text{或者}+\infty)).$$

仿照第十九章 §2 定理 2 中的作法,我们可以证明:

定理 1 当 $u\rightarrow u_0$ 时(或者 $u\rightarrow+\infty$ 时),函数 $F(t,u)$ 对 $t\in D$ 一致地收敛于某个极限函数的充分必要条件是:对任意的 $\varepsilon>0$,存在 $\delta>0$(或者 $\Delta>0$),使得只要

$$u,u'\in E,\ 0<|u-u_0|<\delta,\ 0<|u'-u_0|<\delta$$

$$(\text{或者}\ u,u'\in E,\ u>\Delta,u'>\Delta)$$

就有

$$|F(t,u)-F(t,u')|<\varepsilon,\quad \forall\ t\in D.$$

在第十九章中,我们曾讨论了函数序列的一致收敛性.其实,这里所介绍的更为一般的一致收敛性,仍可借助于函数序列的一致收敛性来加以考查的.

定理 2 当 $u\rightarrow u_0$ 时(或者 $u\rightarrow+\infty$ 时),函数 $F(t,u)$ 对 $t\in D$ 一致地收敛于极限函数 $\varphi(t)$ 的充分必要条件是:对于 $E\setminus\{u_0\}$ 中满足条件 $u_n\rightarrow u_0$ 的任意序列 $\{u_n\}$(或者 E 中满足条件 $u_n\rightarrow+\infty$ 的任意序列 $\{u_n\}$),相应的每一函数序列

$$\varphi_n(t)=F(t,u_n),\quad n=1,2,\cdots$$

都在 D 上一致地收敛于极限函数 $\varphi(t)$.

证明 条件的必要性很容易验证.下面,我们来证明条件的充分性(用反证法).假如当 $u\rightarrow u_0$ 时(或者 $u\rightarrow+\infty$ 时),函数 $F(t,u)$ 对 $t\in D$ 不一致收敛于 $\varphi(t)$,那么对某个 $\varepsilon>0$,不管 $n\in\mathbf{N}$ 怎样大,总存在 $u_n\in E$,使得

$$0<|u_n-u_0|<\frac{1}{n}\ (\text{或者}\ u_n>n),$$

$$\sup_{t \in D} |F(t, u_n) - \varphi(t)| \geqslant \varepsilon.$$

对这样得到的函数序列 $\{u_n\}$，虽然有

$$u_n \in E \setminus \{u_0\}, \quad u_n \to u_0$$

$$(或者 u_n \in E, \quad u_n \to +\infty),$$

但相应的函数序列

$$\varphi_n(t) = F(t, u_n) (n = 1, 2, \cdots)$$

却不能一致地收敛于极限函数 $\varphi(t)$. $\square$

下面，我们考查极限函数的分析性质.

定理 3 设 $D = [\alpha, \beta], E \subset \mathbb{R}, u_0$ 是 E 的一个聚点（或者 $+\infty$ 是 E 的一个聚点），函数 $F(t, u)$ 在 $D \times E$ 上有定义，并且 $F(t, u)$ 对每一取定的 $u \in E$ 是 t 的连续函数. 如果当 $u \to u_0$ 时（或者当 $u \to +\infty$ 时），函数 $F(t, u)$ 对 $t \in D$ 一致地收敛于极限函数 $\varphi(t)$，那么函数 $\varphi(t)$ 在 $D = [\alpha, \beta]$ 上连续.

证明 任意选取一个满足以下条件的序列 $\{u_n\}$：

$$u_n \in E \setminus \{u_0\}, \quad u_n \to u_0$$

$$(或者 u_n \in E, \quad u_n \to +\infty).$$

我们来考查函数序列

$$\varphi_n(t) = F(t, u_n), \quad n = 1, 2, \cdots.$$

这连续函数序列在 D 上一致地收敛于极限函数 $\varphi(t)$，因而 $\varphi(t)$ 在 D 上连续. $\square$

定理 4 设 $D = [\alpha, \beta], E \subset \mathbb{R}, u_0$ 是 E 的一个聚点（或者 $+\infty$ 是 E 的一个聚点），函数 $F(t, u)$ 在 $D \times E$ 上有定义.

如果

(1) $F(t, u)$ 对每一取定的 $u \in E$ 是变元 t 的连续可微函数；

(2) 当 $u \to u_0$ 时（或者 $u \to +\infty$ 时），函数 $F(t, u)$ 收敛于极限函数 $\varphi(t)$；

(3) 当 $u \to u_0$ 时（或者 $u \to +\infty$ 时），函数 $\dfrac{\partial F}{\partial t}(t, u)$ 对 $t \in D$ 一致地收敛于极限函数 $\psi(t)$，

340

那么函数 $\varphi(t)$ 在 D 上连续可微,并且有
$$\varphi'(t) = \psi(t).$$

证明　任意选取一个满足以下条件的序列 $\{u_n\}$:
$$u_n \in E \backslash \{u_0\}, \quad u_n \to u_0$$
$$(\text{或者 } u_n \in E, \quad u_n \to +\infty).$$

因为函数序列
$$\varphi_n(t) = F(t, u_n) \quad (n = 1, 2, \cdots)$$
收敛于极限函数 $\varphi(t)$,而函数序列
$$\varphi_n'(t) = \frac{\partial F}{\partial t}(t, u_n) \quad (n = 1, 2, \cdots)$$

在 D 上一致地收敛于极限函数 $\psi(t)$,所以函数 $\varphi(t)$ 在 D 上连续可微,并且
$$\varphi'(t) = \psi(t). \quad \square$$

定理 5　设 $D = [\alpha, \beta]$, $E \subset \mathbb{R}$, u_0 是 E 的一个聚点(或者 $+\infty$ 是 E 的一个聚点),函数 $F(t, u)$ 在 $D \times E$ 上有定义,并且 $F(t, u)$ 对每一取定的 $u \in E$ 是变元 t 的连续函数. 如果当 $u \to u_0$ 时(或者当 $u \to +\infty$ 时),函数 $F(t, u)$ 对 $t \in D$ 一致地收敛于极限函数 $\varphi(t)$,那么就有
$$\lim_{\substack{u \to u_0 \\ E}} \int_\alpha^\beta F(t, u) \mathrm{d}t = \int_\alpha^\beta \varphi(t) \mathrm{d}t$$

$\bigg($或者
$$\lim_{\substack{u \to +\infty \\ E}} \int_\alpha^\beta F(t, u) \mathrm{d}t = \int_\alpha^\beta \varphi(t) \mathrm{d}t\bigg).$$

证明　任意选取一个满足以下条件的序列 $\{u_n\}$:
$$u_n \in E \backslash \{u_0\}, \quad u_n \to u_0$$
$$(\text{或者 } u_n \in E, \quad u_n \to +\infty).$$

因为函数序列
$$\varphi_n(t) = F(t, u_n) \quad (n = 1, 2, \cdots)$$

在 $D=[\alpha,\beta]$ 上一致地收敛于极限函数 $\varphi(t)$,所以有

$$\lim_{n\to+\infty}\int_\alpha^\beta \varphi_n(t)\mathrm{d}t = \int_\alpha^\beta \varphi(t)\mathrm{d}t,$$

也就是

$$\lim_{n\to+\infty}\int_\alpha^\beta F(t,u_n)\mathrm{d}t = \int_\alpha^\beta \varphi(t)\mathrm{d}t.$$

因为对任意满足前述条件的序列 $\{u_n\}$,上式都成立,所以

$$\lim_{\substack{u\to u_0\\E}}\int_\alpha^\beta F(t,u)\mathrm{d}t = \int_\alpha^\beta \varphi(t)\mathrm{d}t$$

$\Big($或者

$$\lim_{\substack{u\to+\infty\\E}}\int_\alpha^\beta F(t,u)\mathrm{d}t = \int_\alpha^\beta \varphi(t)\mathrm{d}t\Big).$$

关于函数序列的狄尼定理有如下的推广

定理 6(狄尼定理的推广) 设 $D=[\alpha,\beta],E\subset\mathbb{R},u_0\in\mathbb{R}$ 或者 $u_0=+\infty$ 是 E 的一个聚点,函数 $F(t,u)$ 在 $D\times E$ 上有定义并且当 $u\to u_0$ 时收敛于极限函数 $\varphi(t)$.

如果

(1) 对每一取定的 $t\in D$,函数 $F(t,u)$ 关于变元 u 单调上升;

(2) 对每一取定的 $u\in E$,函数 $F(t,u)$ 关于变元 t 连续;

(3) 极限函数 $\varphi(t)$ 在 D 上连续,

那么,当 $u\to u_0$ 时,函数 $F(t,u)$ 对 $t\in D$ 一致地收敛于 $\varphi(t)$.

证明 因为 u_0 是 E 的一个聚点,所以至少在 u_0 的一侧含有 E 的无穷多个点. 如果在 u_0 的左侧含有 E 的无穷多个点,那么就可以在 E 中选取一个严格单调上升的点列 $\{u_n\}$,使得

$$\lim u_n = u_0.$$

我们来考查函数序列

$$\varphi_n(t) = F(t,u_n),\quad n=1,2,\cdots.$$

显然每一函数 $\varphi_n(t)$ 都在闭区间 $D=[\alpha,\beta]$ 连续,并且序列 $\{\varphi_n(t)\}$ 单调收敛于连续函数 $\varphi(t)$. 由关于函数序列的狄尼定理可知:序

列 $\{\varphi_n(t)\}$ 在 $D=[\alpha,\beta]$ 上一致地收敛于极限函数 $\varphi(t)$.

于是,对任何 $\varepsilon>0$, 存在 $N\in\mathbf{N}$, 使得

$$0\leqslant\varphi(t)-\varphi_N(t)<\varepsilon, \quad \forall\ t\in D.$$

这就是说,对于 $\Delta=u_N$ 有

$$0\leqslant\varphi(t)-F(t,\Delta)<\varepsilon, \quad \forall\ t\in D.$$

因为函数 $F(t,u)$ 关于变元 u 单调上升,所以只要

$$u\in E, \quad \Delta<u<u_0,$$

就有

$$0\leqslant\varphi(t)-F(t,u)\leqslant\varphi(t)-F(t,\Delta)<\varepsilon,$$
$$\forall\ t\in D.$$

这证明了:当 $u\in E$, $u<u_0,u\to u_0$ 时,函数 $F(t,u)$ 对 $t\in D$ 一致地收敛于极限函数 $\varphi(t)$. 如果在 u_0 的右侧也有 E 的无穷多个点,那么同样可以证明:当 $u\in E$, $u>u_0$, $u\to u_0$ 时,函数 $F(t,u)$ 对 $t\in D$ 一致地收敛于极限函数 $\varphi(t)$. 这样,我们完成了定理的证明. □

§3 含参变元的广义积分

本节考查含参变元的广义积分,包括含参变元的无穷限积分

$$\int_c^{+\infty}f(t,x)\mathrm{d}x, \quad \int_{-\infty}^c g(t,x)\mathrm{d}x,$$

以及含参变元的瑕积分

$$\int_a^b h(t,x)\mathrm{d}x \quad (a \text{ 或 } b \text{ 是瑕点}).$$

因为对这几种情形的讨论,没有实质性的差别,所以我们将集中注意力于上限为 $+\infty$ 的积分

$$\int_c^{+\infty}f(t,x)\mathrm{d}x.$$

3. a 含参变元广义积分的一致收敛性

设函数 $f(t,x)$ 在 $D\times[c,+\infty)$ 连续,并设对每一取定的 $t\in$

D,以下的积分收敛：

$$\int_c^{+\infty} f(t,x)\,dx.$$

我们来考查"部分"积分

$$F(t,u) = \int_c^u f(t,x)\,dx, \quad u > c.$$

如果当 $u \to +\infty$ 时,函数 $F(t,u)$ 对 $t \in D$ 一致地收敛于极限函数

$$\varphi(t) = \int_c^{+\infty} f(t,x)\,dx,$$

那么我们就说:含参变元的广义积分

$$\int_c^{+\infty} f(t,x)\,dx$$

对 $t \in D$ 一致收敛.

这定义可以更具体地表述如下:如果对任何 $\varepsilon > 0$,存在 $\Delta > c$,使得只要是 $u > \Delta$,就有

$$\left| \int_c^{+\infty} f(t,x)\,dx - \int_c^u f(t,x)\,dx \right| = \left| \int_u^{+\infty} f(t,x)\,dx \right|$$

$$< \varepsilon, \quad \forall\, t \in D,$$

那么我们就说含参变元的广义积分

$$\int_c^{+\infty} f(t,x)\,dx$$

对 $t \in D$ 一致收敛.

上节所得的结果,都可应用于这里的情形. 例如,由上节的定理 1 可得:

定理 1(一致收敛的柯西原理) 设函数 $f(t,x)$ 在 $D \times [c,$ $+\infty)$ 连续,则含参变元的积分

$$\int_c^{+\infty} f(t,x)\,dx$$

一致收敛的充分必要条件是:对任何 $\varepsilon > 0$,存在 $\Delta > c$,使得只要是 $u' > u > \Delta$,就有

344

$$\left| \int_u^{u'} f(t,x)\mathrm{d}x \right| < \varepsilon, \quad \forall\, t \in D.$$

由上节的定理 2 可得：

定理 2 设函数 $f(t,x)$ 在 $D \times [c, +\infty)$ 连续,则含参变元的积分

$$\int_c^{+\infty} f(t,x)\mathrm{d}x$$

一致收敛的充分必要条件是：对于满足条件

$$u_n > c, \quad u_n \rightarrow +\infty$$

的任意序列 $\{u_n\}$,相应的函数序列

$$\varphi_n(t) = \int_c^{u_n} f(t,x)\mathrm{d}x \quad (n = 1,2,\cdots)$$

一致收敛.

由上节的定理 3 可得：

定理 3 设函数 $f(t,x)$ 在

$$[\alpha,\beta] \times [c, +\infty)$$

连续,并设含参变元的积分

$$\int_c^{+\infty} f(t,x)\mathrm{d}x$$

对 $t \in [\alpha,\beta]$ 一致收敛,则函数

$$\varphi(t) = \int_c^{+\infty} f(t,x)\mathrm{d}x$$

在区间 $[\alpha,\beta]$ 连续.

由上节的定理 4 可得：

定理 4 设函数 $f(t,x)$ 在

$$[\alpha,\beta] \times [c, +\infty)$$

连续可微,积分

$$\int_c^{+\infty} f(t,x)\mathrm{d}x$$

对任意 $t \in [\alpha,\beta]$ 收敛,而积分

$$\int_c^{+\infty} \frac{\partial f(t,x)}{\partial t} \mathrm{d}x$$

对 $t \in [\alpha, \beta]$ 一致收敛, 则函数

$$\varphi(t) = \int_c^{+\infty} f(t,x)\mathrm{d}x$$

在 $[\alpha, \beta]$ 连续可微, 并且

$$\varphi'(t) = \int_c^{+\infty} \frac{\partial f(t,x)}{\partial t} \mathrm{d}x.$$

由上节的定理 5 可得

定理 5 设函数 $f(t,x)$ 在

$$[\alpha, \beta] \times [c, +\infty)$$

连续, 并且积分

$$\int_c^{+\infty} f(t,x)\mathrm{d}x$$

对 $t \in [\alpha, \beta]$ 一致收敛, 则函数

$$\varphi(t) = \int_c^{+\infty} f(t,x)\mathrm{d}x$$

在区间 $[\alpha, \beta]$ 上的积分可以按下式计算:

$$\int_\alpha^\beta \varphi(t)\mathrm{d}t = \int_c^{+\infty} \left(\int_\alpha^\beta f(t,x)\mathrm{d}t \right) \mathrm{d}x.$$

这结果可以写成

$$\int_\alpha^\beta \mathrm{d}t \int_c^{+\infty} f(t,x)\mathrm{d}x = \int_c^{+\infty} \mathrm{d}x \int_\alpha^\beta f(t,x)\mathrm{d}t.$$

由上节定理 6 可得

定理 6 设函数 $f(t,x)$ 在

$$[\alpha, \beta] \times [c, +\infty)$$

连续并且非负 (即 $\geqslant 0$); 并设积分

$$\int_c^{+\infty} f(t,x)\mathrm{d}x$$

对任意的 $t \in [\alpha, \beta]$ 收敛. 如果函数

$$\varphi(t) = \int_c^{+\infty} f(t,x)\mathrm{d}x$$

在闭区间 $[\alpha,\beta]$ 连续，那么积分
$$\int_c^{+\infty} f(t,x)\mathrm{d}x$$
对 $t\in[\alpha,\beta]$ 一致收敛.

3.b 关于两个广义积分运算交换次序的问题

在定理 5 中，已经讨论了一个常义积分运算与一个广义积分运算交换次序的问题. —— 在广义积分一致收敛的条件下，我们得到
$$\int_\alpha^\beta \mathrm{d}x\int_c^{+\infty} f(x,y)\mathrm{d}y = \int_c^{+\infty}\mathrm{d}y\int_\alpha^\beta f(x,y)\mathrm{d}x.$$
本段将进一步考查两个广义积分运算交换次序的问题.

定理 7 设函数 $f(x,y)$ 在
$$[a,+\infty)\times[b,+\infty)$$
连续并且非负(即 $\geqslant 0$). 如果

(1) 任给 $A>a$，积分
$$\int_b^{+\infty} f(x,y)\mathrm{d}y$$
对 $x\in[a,A]$ 一致收敛，

(2) 任给 $B>b$，积分
$$\int_a^{+\infty} f(x,y)\mathrm{d}x$$
对 $y\in[b,B]$ 一致收敛，

那么就有

(3.1) $$\int_a^{+\infty}\mathrm{d}x\int_b^{+\infty} f(x,y)\mathrm{d}y = \int_b^{+\infty}\mathrm{d}y\int_a^{+\infty} f(x,y)\mathrm{d}x.$$

—— 这式的含义是：如果等号一端的积分收敛，那么另一端的积分也收敛，并且二者相等.

证明 设(3.1)式左端的积分收敛. 对任意的 $B>b$，因为
$$\int_b^B f(x,y)\mathrm{d}y \leqslant \int_b^{+\infty} f(x,y)\mathrm{d}y,$$
所以

$$\int_b^B \mathrm{d}y \int_a^{+\infty} f(x,y)\mathrm{d}x$$

$$= \int_a^{+\infty} \mathrm{d}x \int_b^B f(x,y)\mathrm{d}y$$

$$\leqslant \int_a^{+\infty} \mathrm{d}x \int_b^{+\infty} f(x,y)\mathrm{d}y < +\infty.$$

由此可知,(3.1)式右端的积分也收敛,并且

$$\int_b^{+\infty} \mathrm{d}y \int_a^{+\infty} f(x,y)\mathrm{d}x \leqslant \int_a^{+\infty} \mathrm{d}x \int_b^{+\infty} f(x,y)\mathrm{d}y.$$

因为已经证明了(3.1)式右端的积分的收敛性,所以又可用类似的办法证明

$$\int_a^{+\infty} \mathrm{d}x \int_b^{+\infty} f(x,y)\mathrm{d}y \leqslant \int_b^{+\infty} \mathrm{d}y \int_a^{+\infty} f(x,y)\mathrm{d}x.$$

这样,我们证明了

$$\int_a^{+\infty} \mathrm{d}x \int_b^{+\infty} f(x,y)\mathrm{d}y = \int_b^{+\infty} \mathrm{d}y \int_a^{+\infty} f(x,y)\mathrm{d}x. \quad \square$$

定理 7 的以下推论,对于实际应用来说,是特别方便的.

推论 设函数 $f(x,y)$ 在

$$[a,+\infty) \times [b,+\infty)$$

连续并且非负. 如果

$$\varphi(x) = \int_b^{+\infty} f(x,y)\mathrm{d}y$$

和

$$\psi(y) = \int_a^{+\infty} f(x,y)\mathrm{d}x$$

分别是 $x \in [a,+\infty)$ 和 $y \in [b,+\infty)$ 的连续函数,那么就有

$$\int_a^{+\infty} \mathrm{d}x \int_b^{+\infty} f(x,y)\mathrm{d}y = \int_b^{+\infty} \mathrm{d}y \int_a^{+\infty} f(x,y)\mathrm{d}x$$

证明 根据本节的定理 6,可以断定这里的情形满足定理 7 的全部条件. $\square$

定理 7 要求被积函数不改变符号,因此在应用中颇受限制. 下

348

面,我们考查更一般的情形.

两个广义积分运算交换次序,相当于"在广义积分号下取极限". 在进一步讨论之前,需要对这问题作一些说明.

首先,我们指出:与"在常义积分号下取极限"的情形不同,为了在广义积分号下对函数序列取极限,单凭一致收敛的条件是不够的. 请看下面的例子.

例1 考查函数序列

$$f_n(x) = \begin{cases} \dfrac{x}{n^2}, & \text{如果 } x \in [0, n), \\ \dfrac{2n-x}{n^2}, & \text{如果 } x \in [n, 2n), \\ 0, & \text{如果 } x \in [2n, +\infty), \end{cases}$$

$$n = 1, 2, \cdots.$$

因为

$$|f_n(x)| \leqslant \frac{1}{n}, \quad \forall\, x \in [0, +\infty),$$

$$n = 1, 2, \cdots,$$

所以函数序列 $\{f_n(x)\}$ 在区间 $[0, +\infty)$ 一致收敛于极限函数 0. 但显然有

$$\lim_{n \to +\infty} \int_0^{+\infty} f_n(x) \mathrm{d}x = 1 \neq 0.$$

对于含参变元的函数,也有类似的情形:

例2 考查定义于 $[0, +\infty) \times [1, +\infty)$ 的函数

$$F(x, v) = \begin{cases} \dfrac{x}{v^2}, & \text{如果 } x < v, \\ \dfrac{2v - x}{v^2}, & \text{如果 } v \leqslant x < 2v, \\ 0 & \text{如果 } x \geqslant 2v. \end{cases}$$

显然有

$$|F(x, v)| \leqslant \frac{1}{v}, \quad \forall\, (x, v) \in [0, +\infty) \times [1, +\infty).$$

由此可知

$$F(x,v) \rightrightarrows 0 \quad (x \in [0, +\infty), \ v \to +\infty).$$

但却有

$$\lim_{v \to +\infty} \int_0^{+\infty} F(x,v) \mathrm{d}x = 1 \neq 0.$$

关于在广义积分号下取极限的充分条件,我们有下面的引理:

引理 假设

(1) 函数 $F(x,v)$ 在 $[a, +\infty) \times [b, +\infty)$ 连续;

(2) 对任意的 $x \in [a, +\infty)$,存在有穷的极限

$$\lim_{v \to +\infty} F(x,v) = \varphi(x),$$

并且对任意给定的 $A > a$,当 $v \to +\infty$ 时,函数 $F(x,v)$ 关于 $x \in [a, A]$ 一致地收敛于极限函数 $\varphi(x)$,即

$$F(x,v) \rightrightarrows \varphi(x) \quad (x \in [a, A], \ v \to +\infty);$$

(3) 函数 $F(x,v)$ 能被一个与 v 无关的可积函数"控制"——这就是说:存在一个定义于 $[a, +\infty)$ 的非负函数 $G(x)$,使得

$$\int_a^{+\infty} G(x) \mathrm{d}x < +\infty$$

和

$$|F(x,v)| \leqslant G(x), \quad \forall \, x \in [a, +\infty), \ v \in [b, +\infty).$$

在上面所说的条件下,我们有

$$\lim_{v \to +\infty} \int_a^{+\infty} F(x,v) \mathrm{d}x = \int_a^{+\infty} \varphi(x) \mathrm{d}x,$$

也就是

$$\lim_{v \to +\infty} \int_a^{+\infty} F(x,v) \mathrm{d}x = \int_a^{+\infty} (\lim_{v \to +\infty} F(x,v)) \mathrm{d}x.$$

证明 首先,依据条件(2)和条件(3),我们得到

$$|\varphi(x)| \leqslant G(x), \quad \forall \, x \in [a, +\infty).$$

其次,由条件(3)可知,对于任意给定的 $\varepsilon > 0$,存在 $A > a$,使得

$$\int_A^{+\infty} G(x) \mathrm{d}x < \frac{\varepsilon}{3}.$$

于是有

$$\left| \int_a^{+\infty} F(x,v)\mathrm{d}x - \int_a^{+\infty} \varphi(x)\mathrm{d}x \right|$$

$$\leqslant \int_a^A |F(x,v) - \varphi(x)|\mathrm{d}x$$

$$+ \int_A^{+\infty} |F(x,v)|\mathrm{d}x + \int_A^{+\infty} |\varphi(x)|\mathrm{d}x$$

$$\leqslant \int_a^A |F(x,v) - \varphi(x)|\mathrm{d}x$$

$$+ \int_A^{+\infty} G(x)\mathrm{d}x + \int_A^{+\infty} G(x)\mathrm{d}x$$

$$< \int_a^A |F(x,v) - \varphi(x)|\mathrm{d}x + \frac{2}{3}\varepsilon.$$

因为当 $v \to +\infty$ 时,函数 $F(x,v)$ 关于 $x \in [a,A]$ 一致地收敛于极限函数 $\varphi(x)$(条件(2)),所以存在 $\Delta > b$,使得只要是 $v > \Delta$,就有

$$\int_a^A |F(x,v) - \varphi(x)|\mathrm{d}x < \frac{\varepsilon}{3}.$$

于是,只要 $v > \Delta$,就有

$$\left| \int_a^{+\infty} F(x,v)\mathrm{d}x - \int_a^{+\infty} \varphi(x)\mathrm{d}x \right| < \varepsilon. \quad \square$$

定理 8 设函数 $f(x,y)$ 在

$$[a, +\infty) \times [b, +\infty)$$

上连续. 如果

(1) 任给 $A > a$,积分

$$\int_b^{+\infty} f(x,y)\mathrm{d}y$$

对 $x \in [a,A]$ 一致收敛;

(2) 任给 $B > b$,积分

$$\int_a^{+\infty} f(x,y)\mathrm{d}x$$

对 $y \in [b,B]$ 一致收敛;

(3) $$\int_a^{+\infty} \mathrm{d}x \int_b^{+\infty} |f(x,y)|\mathrm{d}y < +\infty$$

或者

$$\int_b^{+\infty} \mathrm{d}y \int_a^{+\infty} |f(x,y)|\mathrm{d}x < +\infty,$$

那么就有

$$\int_a^{+\infty} \mathrm{d}x \int_b^{+\infty} f(x,y)\mathrm{d}y = \int_b^{+\infty} \mathrm{d}y \int_a^{+\infty} f(x,y)\mathrm{d}x.$$

证明 为确定起见,设有

$$\int_a^{+\infty} \mathrm{d}x \int_b^{+\infty} |f(x,y)|\mathrm{d}y < +\infty.$$

我们记

$$F(x,v) = \int_b^v f(x,y)\mathrm{d}y,$$

$$\varphi(x) = \int_b^{+\infty} f(x,y)\mathrm{d}y,$$

$$G(x) = \int_b^{+\infty} |f(x,y)|\mathrm{d}y.$$

这样定义的 $F(x,v),\varphi(x)$ 和 $G(x)$ 满足上面引理中的全部条件,因而有

$$\lim_{v \to +\infty} \int_a^{+\infty} F(x,v)\mathrm{d}x = \int_a^{+\infty} \varphi(x)\mathrm{d}x.$$

容易看出

$$\lim_{v \to +\infty} \int_a^{+\infty} F(x,v)\mathrm{d}x$$

$$= \lim_{v \to +\infty} \int_a^{+\infty} \mathrm{d}x \int_b^v f(x,y)\mathrm{d}y$$

$$= \lim_{v \to +\infty} \int_b^v \mathrm{d}y \int_a^{+\infty} f(x,y)\mathrm{d}x$$

$$= \int_b^{+\infty} \mathrm{d}y \int_a^{+\infty} f(x,y)\mathrm{d}x,$$

$$\int_a^{+\infty} \varphi(x)\mathrm{d}x = \int_a^{+\infty} \mathrm{d}x \int_b^{+\infty} f(x,y)\mathrm{d}y.$$

我们证明了

$$\int_b^{+\infty} \mathrm{d}y \int_a^{+\infty} f(x,y)\mathrm{d}x = \int_a^{+\infty} \mathrm{d}x \int_b^{+\infty} f(x,y)\mathrm{d}y. \quad \square$$

3.c 关于广义积分一致收敛性的一些常用的判别法

与函数级数的情形类似,对于广义积分的一致收敛性,我们也有

维尔斯特拉斯判别法 设函数 $f(t,x)$ 在 $D \times [c,+\infty)$ 连续,函数 $g(x)$ 在 $[c,+\infty)$ 连续,并且

$$|f(t,x)| \leqslant g(x), \quad \forall\, t \in D,\ x \in [c,+\infty).$$

如果广义积分

$$\int_c^{+\infty} g(x)\mathrm{d}x$$

收敛,那么含参变元的广义积分

$$\int_c^{+\infty} f(t,x)\mathrm{d}x$$

对 $t \in D$ 一致收敛.

证明 对任何 $\varepsilon > 0$,存在 $\Delta > c$,使得只要是 $u' > u > \Delta$,就有

$$\left| \int_u^{u'} f(t,x)\mathrm{d}x \right| \leqslant \int_u^{u'} |f(t,x)|\mathrm{d}x$$

$$\leqslant \int_u^{u'} g(x)\mathrm{d}x < \varepsilon, \quad \forall\, t \in D. \quad \square$$

关于条件收敛积分的一致收敛性,我们有狄里克莱判别法和阿贝尔判别法.

狄里克莱判别法 设函数 $f(t,x)$ 和 $g(t,x)$ 在 $D \times [c,+\infty)$ 连续. 如果

(1) 对任意取定的 $t \in D$,函数 $f(t,x)$ 关于 x 单调,并且当 $x \to +\infty$ 时,函数 $f(t,x)$ 对 $t \in D$ 一致地收敛于 0,

(2) 部分积分

$$\int_c^u g(t,x)\mathrm{d}x$$

对 t 和 u 一致地有界,即存在 $M>0$,使得

$$\left| \int_c^u g(t,x)\mathrm{d}x \right| \leqslant M, \quad \forall\, t\in D,\ u\geqslant c,$$

那么积分

$$\int_c^{+\infty} f(t,x)g(t,x)\mathrm{d}x$$

对 $t\in D$ 一致收敛.

证明 对于 $u'>u>c$,利用第二中值定理来估计以下积分,我们得到

$$\left| \int_u^{u'} f(t,x)g(t,x)\mathrm{d}x \right|$$

$$= \left| f(t,u)\int_u^{\xi} g(t,x)\mathrm{d}x \right.$$

$$\left. + f(t,u')\int_{\xi}^{u'} g(t,x)\mathrm{d}x \right|$$

$$\leqslant 2M(|f(t,u)| + |f(t,u')|).$$

因为当 $x\to +\infty$ 时,函数 $f(t,x)$ 对 $t\in D$ 一致地收敛于 0,所以对任何 $\varepsilon>0$,存在 $\Delta>c$,使得只要是 $u'>u>\Delta$,就有

$$|f(t,u)|<\frac{\varepsilon}{4M}, \quad |f(t,u')|<\frac{\varepsilon}{4M},$$

$$\forall\, t\in D.$$

于是,只要 $u'>u>\Delta$,就有

$$\left| \int_u^{u'} f(t,x)g(t,x)\mathrm{d}x \right|$$

$$< 2M\left(\frac{\varepsilon}{4M}+\frac{\varepsilon}{4M} \right)=\varepsilon,$$

$$\forall\, t\in D. \quad \square$$

阿贝尔判别法 设函数 $f(t,x)$ 和 $g(t,x)$ 在 $D\times[c,+\infty)$ 连续. 如果

(1) 对每一取定的 $t\in D$,函数 $f(t,x)$ 关于 x 单调,并且

$$|f(t,x)|\leqslant K, \quad \forall\, t\in D,\ x\in[c,+\infty);$$

（2）积分

$$\int_c^{+\infty} g(t,x)\mathrm{d}x$$

对 $t\in D$ 一致收敛，
那么积分

$$\int_c^{+\infty} f(t,x)g(t,x)\mathrm{d}x$$

对 $t\in D$ 一致收敛.

证明 对于 $u'>u>c$，我们有

$$\left| \int_u^{u'} f(t,x)g(t,x)\mathrm{d}x \right|$$

$$= \left| f(t,u)\int_u^{\xi} g(t,x)\mathrm{d}x \right.$$

$$\left. + f(t,u')\int_{\xi}^{u'} g(t,x)\mathrm{d}x \right|$$

$$\leqslant K\left(\left| \int_u^{\xi} g(t,x)\mathrm{d}x \right| + \left| \int_{\xi}^{u'} g(t,x)\mathrm{d}x \right| \right).$$

对任何 $\varepsilon>0$，存在 $\Delta>c$，使得只要是 $v'>v>\Delta$，就有

$$\left| \int_v^{v'} g(t,x)\mathrm{d}x \right| < \frac{\varepsilon}{2K},\quad \forall\, t\in D.$$

于是，对于 $u'>u>\Delta$，就有

$$\left| \int_u^{u'} f(t,x)g(t,x)\mathrm{d}x \right|$$

$$< K\left(\frac{\varepsilon}{2K}+\frac{\varepsilon}{2K} \right)=\varepsilon,$$

$$\forall\, t\in D. \quad \square$$

例 3 设函数 $g(x)$ 在 $[0,+\infty)$ 连续并且广义可积，求证

$$\lim_{a\to 0+}\int_0^{+\infty} \mathrm{e}^{-ax}g(x)\mathrm{d}x = \int_0^{+\infty} g(x)\mathrm{d}x$$

证明 我们看到：

（1）对于取定的 $a\in[0,\eta]$，函数

$$f(a,x) = \mathrm{e}^{-ax}$$

关于 x 单调,并且显然有

$$|f(\alpha,x)|\leqslant 1,\quad \forall\ \alpha\in[0,\eta],\ x\in[0,+\infty);$$

(2) 积分

$$\int_0^{+\infty}g(x)\mathrm{d}x$$

收敛.

根据阿贝尔判别法,我们断定积分

$$\int_0^{+\infty}f(\alpha,x)g(x)\mathrm{d}x=\int_0^{+\infty}\mathrm{e}^{-\alpha x}g(x)\mathrm{d}x$$

对 $\alpha\in[0,\eta]$ 一致收敛,因而函数

$$\varphi(\alpha)=\int_0^{+\infty}\mathrm{e}^{-\alpha x}g(x)\mathrm{d}x$$

在 $[0,\eta]$ 连续. 于是有

$$\lim_{\alpha\to 0+}\varphi(\alpha)=\varphi(0),$$

这也就是

$$\lim_{\alpha\to 0+}\int_0^{+\infty}\mathrm{e}^{-\alpha x}g(x)\mathrm{d}x=\int_0^{+\infty}g(x)\mathrm{d}x.\quad\square$$

3. d 计算广义积分的例题

为了计算广义积分,常利用含参变元的积分的有关定理,请看下面的例子.

例 4 设 $b>a>0$,试计算积分

(1) $\displaystyle\int_0^{+\infty}\frac{\mathrm{e}^{-ax}-\mathrm{e}^{-bx}}{x}\mathrm{d}x$;

(2) $\displaystyle\int_0^{+\infty}\frac{\cos ax-\cos bx}{x^2}\mathrm{d}x$.

解 我们有:

(1)
$$\int_0^{+\infty}\frac{\mathrm{e}^{-ax}-\mathrm{e}^{-bx}}{x}\mathrm{d}x$$
$$=\int_0^{+\infty}\mathrm{d}x\int_a^b\mathrm{e}^{-xy}\mathrm{d}y$$

356

$$= \int_a^b \mathrm{d}y \int_0^{+\infty} e^{-xy} \mathrm{d}x$$

$$= \int_a^b \frac{\mathrm{d}y}{y} = \ln \frac{b}{a}.$$

这里交换积分的次序是合理的,因为积分

$$\int_0^{+\infty} e^{-xy} \mathrm{d}x$$

对 $y \in [a, b]$ 一致收敛(可用维尔斯特拉斯判别法判定).

(2)
$$\int_0^{+\infty} \frac{\cos ax - \cos bx}{x^2} \mathrm{d}x$$

$$= \int_0^{+\infty} \mathrm{d}x \int_a^b \frac{\sin xy}{x} \mathrm{d}y$$

$$= \int_a^b \mathrm{d}y \int_0^{+\infty} \frac{\sin xy}{x} \mathrm{d}x.$$

这里交换积分次序是允许的,因为积分

(3.2)
$$\int_0^{+\infty} \frac{\sin xy}{x} \mathrm{d}x$$

对 $y \in [a, b]$ 一致收敛(可用狄里克莱判别法判定). 在(3.2)式中

作变元替换 $x = \dfrac{u}{y}$,就得到

$$\int_0^{+\infty} \frac{\sin xy}{x} \mathrm{d}x = \int_0^{+\infty} \frac{\sin u}{u} \mathrm{d}u = \frac{\pi}{2}.$$

我们最后求得

$$\int_0^{+\infty} \frac{\cos ax - \cos bx}{x^2} \mathrm{d}x = \frac{\pi}{2}(b - a).$$

例5 试计算以下几个积分:

(1) $\displaystyle\int_0^{+\infty} e^{-\alpha x} \cos \beta x \, \mathrm{d}x \quad (\alpha > 0)$;

(2) $\displaystyle\int_0^{+\infty} e^{-\alpha x} \frac{\sin \beta x}{x} \mathrm{d}x \quad (\alpha > 0)$;

(3) $\displaystyle\int_0^{+\infty} \frac{\sin \beta x}{x} \mathrm{d}x$.

解 (1)可以直接利用牛顿-莱布尼兹公式计算:

$$\int_0^{+\infty} e^{-\alpha x} \cos \beta x \, dx = \frac{\alpha}{\alpha^2 + \beta^2}.$$

为了计算(2)，我们记

$$I(\beta) = \int_0^{+\infty} e^{-\alpha x} \frac{\sin \beta x}{x} \, dx.$$

对 β 求导得

$$I'(\beta) = \int_0^{+\infty} e^{-\alpha x} \cos \beta x \, dx = \frac{\alpha}{\alpha^2 + \beta^2}.$$

——这里在积分号下求导是允许的，因为求导后的积分对 β 是一致收敛的(维尔斯特拉斯判别法). 求解微分方程

$$I'(\beta) = \frac{\alpha}{\alpha^2 + \beta^2},$$

可得

$$I(\beta) = \text{arc tan} \frac{\beta}{\alpha} + C.$$

因为 $I(0) = 0$，所以 $C = 0$. 我们得到

$$\int_0^{+\infty} e^{-\alpha x} \frac{\sin \beta x}{x} \, dx = \text{arc tan} \frac{\beta}{\alpha}.$$

为了计算(3)，可以在上式中让 $\alpha \to 0+$ 取极限，这样得到

$$\int_0^{+\infty} \frac{\sin \beta x}{x} \, dx = \begin{cases} \dfrac{\pi}{2}, & \text{如果 } \beta > 0, \\ 0, & \text{如果 } \beta = 0, \\ -\dfrac{\pi}{2}, & \text{如果 } \beta < 0. \end{cases}$$

——我们用到这样的事实：因为积分

$$\int_0^{+\infty} e^{-\alpha x} \frac{\sin \beta x}{x} \, dx = \int_0^{+\infty} \frac{e^{-\alpha x}}{x} \sin \beta x \, dx$$

对 $\alpha \geqslant 0$ 一致收敛(狄里克莱判别法)，这积分是参变元 $\alpha \geqslant 0$ 的连续函数，所以有

$$\lim_{\alpha \to 0+} \int_0^{+\infty} e^{-\alpha x} \frac{\sin \beta x}{x} \, dx = \int_0^{+\infty} \frac{\sin \beta x}{x} \, dx.$$

这例子中的积分

$$\int_0^{+\infty} \frac{\sin \beta x}{x} \mathrm{d}x$$

不允许在积分号下对参数 β 求导. 否则就要得到发散的积分

$$\int_0^{+\infty} \cos \beta x \mathrm{d}x.$$

为了克服这一困难，我们引入一个"收敛因子"

$$e^{-\alpha x} \quad (\alpha > 0),$$

先来考查这样的积分

$$\int_0^{+\infty} e^{-\alpha x} \frac{\sin \beta x}{x} \mathrm{d}x.$$

引入"收敛因子"是计算广义积分时常常用到的一种方法.

例 6 试计算积分

$$\int_0^{+\infty} e^{-x^2} \cos 2\beta x \mathrm{d}x.$$

解 我们记

$$I(\beta) = \int_0^{+\infty} e^{-x^2} \cos 2\beta x \mathrm{d}x.$$

对参数 β 求导得到

$$I'(\beta) = -\int_0^{+\infty} 2x e^{-x^2} \sin 2\beta x \mathrm{d}x.$$

用分部积分法计算得

$$I'(\beta) = e^{-x^2} \sin 2\beta x \Big|_0^{+\infty}$$

$$- 2\beta \int_0^{+\infty} e^{-x^2} \cos 2\beta x \mathrm{d}x$$

$$= -2\beta I(\beta).$$

通过解微分方程

$$I'(\beta) = -2\beta I(\beta)$$

我们得到

$$I(\beta) = C e^{-\beta^2}.$$

因为(参看第十三章 §5 中的例 8)

$$I(0) = \int_0^{+\infty} e^{-x^2} dx = \frac{\sqrt{\pi}}{2},$$

所以

$$C = \frac{\sqrt{\pi}}{2}.$$

我们最后得到

$$\int_0^{+\infty} e^{-x^2} \cos 2\beta x \, dx = \frac{\sqrt{\pi}}{2} e^{-\beta^2}.$$

例 7 试计算拉普拉斯(Laplace)积分

$$\int_0^{+\infty} \frac{\cos \beta x}{\alpha^2 + x^2} dx \quad \text{和} \quad \int_0^{+\infty} \frac{x \sin \beta x}{\alpha^2 + x^2} dx.$$

解 我们记

$$I(\beta) = \int_0^{+\infty} \frac{\cos \beta x}{\alpha^2 + x^2} dx,$$

$$J(\beta) = \int_0^{+\infty} \frac{x \sin \beta x}{\alpha^2 + x^2} dx.$$

对于 $\beta \geqslant b > 0$，积分

$$(3.3) \qquad\qquad \int_0^{+\infty} \frac{x \sin \beta x}{\alpha^2 + x^2} dx$$

是一致收敛的. 事实上,因为

$$\frac{d}{dx}\left(\frac{x}{\alpha^2 + x^2} \right) = \frac{\alpha^2 - x^2}{(\alpha^2 + x^2)^2},$$

所以函数

$$\frac{x}{\alpha^2 + x^2}$$

对于 $x > \alpha$ 是单调下降的,并且显然有

$$\lim_{x \to +\infty} \frac{x}{\alpha^2 + x^2} = 0.$$

另一方面,容易看出

360

$$\left| \int_0^u \sin\beta x\, \mathrm{d}x \right| \leqslant \frac{2}{b}, \quad \forall\, \beta \geqslant b,\, u \geqslant 0.$$

根据狄里克莱判别法,我们断定积分(3.3)是一致收敛的.下面计算 $I(\beta)$ 的 1 阶和 2 阶导数.在积分号下求导一次,我们得到

$$(3.4) \qquad I'(\beta) = -\int_0^{+\infty} \frac{x\sin\beta x}{\alpha^2 + x^2}\,\mathrm{d}x.$$

再在积分号下求导是不允许的.我们采取以下办法克服这一困难.已经知道(见例 5)

$$(3.5) \qquad \frac{\pi}{2} = \int_0^{+\infty} \frac{\sin\beta x}{x}\,\mathrm{d}x.$$

将(3.4)式与(3.5)式相加就得到

$$(3.6) \qquad I'(\beta) + \frac{\pi}{2} = \alpha^2 \int_0^{+\infty} \frac{\sin\beta x}{x(\alpha^2 + x^2)}\,\mathrm{d}x.$$

将(3.6)式对 β 求导,我们得到

$$(3.7) \qquad I''(\beta) = \alpha^2 I(B).$$

这微分方程的通解是

$$I = C_1 \mathrm{e}^{\alpha\beta} + C_2 \mathrm{e}^{-\alpha\beta}.$$

因为

$$|I| \leqslant \int_0^{+\infty} \frac{\mathrm{d}x}{\alpha^2 + x^2} = \frac{\pi}{2\alpha},$$

$$\lim_{\alpha \to +\infty} I = 0,$$

所以

$$C_1 = 0.$$

再让 $\beta \to 0+$,我们求得

$$\lim_{\beta \to 0+} I = \lim_{\beta \to 0+} \int_0^{+\infty} \frac{\cos\beta x}{\alpha^2 + x^2}\,\mathrm{d}x = \int_0^{+\infty} \frac{\mathrm{d}x}{\alpha^2 + x^2} = \frac{\pi}{2\alpha},$$

因而

$$C_2 = \frac{\pi}{2\alpha}.$$

我们最后求得

$$I = \frac{\pi}{2\alpha}e^{-\alpha\beta},$$

$$J = -\frac{\mathrm{d}I}{\mathrm{d}\beta} = \frac{\pi}{2}e^{-\alpha\beta}.$$

§4 Γ 函数与 B 函数

"阶乘"本来只对非负整数有定义：

$$0! = 1, \quad n! = [(n-1)!] \cdot n.$$

借助于含参变元的积分定义的 Γ 函数，可以看成"阶乘"的推广.

定义 1 含参变元的广义积分

$$(4.1) \qquad\qquad \int_0^{+\infty} t^{x-1}e^{-t}\mathrm{d}t$$

定义了参变元 x 的一个函数

$$\Gamma(x) = \int_0^{+\infty} t^{x-1}e^{-t}\mathrm{d}t.$$

我们把这一函数叫做 Γ 函数（Gamma 函数）.

引理 1 Γ 函数在 $(0, +\infty)$ 有定义并且连续.

证明 因为(4.1)中的积分对 $x > 0$ 收敛，所以 Γ 函数对 $x > 0$ 有定义. 又因为(4.1)中的积分对 $x \in [\delta, +\infty)$ 一致收敛（δ 可以是任意小的正数），所以 Γ 函数对 $x > 0$ 连续. □

引理 2 设 $a < A$，函数 $f(t)$ 和 $g(t)$ 在 $[a, A]$ 连续，并且

$$f(t) \geqslant 0, \quad g(t) \geqslant 0, \quad \forall\, t \in [a, A].$$

如果

$$\lambda > 0, \quad \mu > 0, \quad \lambda + \mu = 1,$$

那么

$$\int_a^A (f(t))^\lambda (g(t))^\mu \mathrm{d}t$$

$$\leqslant \left(\int_a^A f(t)\mathrm{d}t\right)^\lambda \left(\int_a^A g(t)\mathrm{d}t\right)^\mu.$$

证明 对于 $u \geqslant 0$，$v \geqslant 0$，$\lambda > 0$，$\mu > 0$，$\lambda + \mu = 1$，我们有这样的不等式

$$u^\lambda v^\mu \leqslant \lambda u + \mu v.$$

事实上，如果记 $\varphi(x) = -\ln x$，那么就有

$$\varphi''(x) = \frac{1}{x^2} > 0.$$

我们看到，在区间 $(0, +\infty)$ 上，$\varphi(x)$ 是凸函数，因而对 $u > 0$ 和 $v > 0$ 有

$$\varphi(\lambda u + \mu v) \leqslant \lambda \varphi(u) + \mu \varphi(v).$$

这也就是

$$u^\lambda v^\mu \leqslant \lambda u + \mu v.$$

对于 $u = 0$，$v > 0$，或者 $u > 0, v = 0$，或者 $u = v = 0$ 的情形，上面的不等式显然也成立.

我们记

$$F = \int_a^A f(t) \mathrm{d}t, \quad G = \int_a^A g(t) \mathrm{d}t,$$

$$\widetilde{f}(t) = \frac{1}{F} f(t) \quad \widetilde{g}(t) = \frac{1}{G} g(t).$$

于是有

$$(\widetilde{f}(t))^\lambda (\widetilde{g}(t))^\mu \leqslant \lambda \widetilde{f}(t) + \mu \widetilde{g}(t).$$

上式两边从 a 到 A 积分就得到

$$\int_a^A (\widetilde{f}(t))^\lambda (\widetilde{g}(t))^\mu \mathrm{d}t$$

$$\leqslant \lambda \int_a^A \widetilde{f}(t) \mathrm{d}t + \mu \int_a^A \widetilde{g}(t) \mathrm{d}t$$

$$= \lambda + \mu = 1.$$

由此得到

$$\int_a^A (f(t))^\lambda (g(t))^\mu \mathrm{d}t \leqslant F^\lambda G^\mu.$$

这就是

$$\int_a^A (f(t))^\lambda (g(t))^\mu \mathrm{d}t \leqslant \left(\int_a^A f(t) \mathrm{d}t \right)^\lambda \left(\int_a^A g(t) \mathrm{d}t \right)^\mu. \quad \square$$

下面的定理描述了 Γ 函数的基本特征.

定理 1 Γ 函数具有以下基本性质:

(1) $\Gamma(x) > 0$, $\quad \forall x \in (0, +\infty)$,
$$\Gamma(1) = 1;$$

(2) $\Gamma(x+1) = x\Gamma(x)$, $\quad \forall x \in (0, +\infty)$;

(3) $\ln \Gamma(x)$ 在 $(0, +\infty)$ 是凸函数.

证明 性质(1)可以从 Γ 函数的定义直接看出. 性质(2)可利用分部积分法验证:

$$\begin{aligned}
\Gamma(x+1) &= \int_0^{+\infty} t^x e^{-t} \mathrm{d}t \\
&= - t^x e^{-t} \Big|_{t=0}^{+\infty} + x \int_0^{+\infty} t^{x-1} e^{-t} \mathrm{d}t \\
&= x\Gamma(x).
\end{aligned}$$

为了证明性质(3), 我们将利用引理 2 中的不等式. 对于 $A > a > 0$, $\lambda > 0$, $\mu > 0$, $\lambda + \mu = 1$, $x > 0$, $y > 0$, 应有

$$\begin{aligned}
\int_a^A t^{\lambda x + \mu y - 1} \mathrm{e}^{-t} \mathrm{d}t &= \int_a^A \left(t^{x-1} \mathrm{e}^{-t}\right)^\lambda \left(t^{y-1} \mathrm{e}^{-t}\right)^\mu \mathrm{d}t \\
&\leqslant \left(\int_a^A t^{x-1} \mathrm{e}^{-t} \mathrm{d}t\right)^\lambda \left(\int_a^A t^{y-1} \mathrm{e}^{-t} \mathrm{d}t\right)^\mu.
\end{aligned}$$

在上式中让 $a \to 0+$, $A \to +\infty$, 就得到

$$\int_0^{+\infty} t^{\lambda x + \mu y - 1} \mathrm{e}^{-t} \mathrm{d}t \leqslant \left(\int_0^{+\infty} t^{x-1} \mathrm{e}^{-t} \mathrm{d}t\right)^\lambda \left(\int_0^{+\infty} t^{y-1} \mathrm{e}^{-t} \mathrm{d}t\right)^\mu,$$

即

$$\Gamma(\lambda x + \mu y) \leqslant (\Gamma(x))^\lambda (\Gamma(y))^\mu.$$

由此又得到

$$\ln \Gamma(\lambda x + \mu y) \leqslant \lambda \ln \Gamma(x) + \mu \ln \Gamma(y). \quad \square$$

推论 $\Gamma(n+1) = n!$, $\quad \forall n \in \mathbf{N}$.

波尔(H. Bohr)与莫勒儒普(J. Mollerup)发现, 定理 1 中的三条性质完全决定了 Γ 函数.

定理 2 (Bohr-Mollerup) 如果定义于 $(0, +\infty)$ 的函数 f 满

足以下条件：

(1) $f(x) > 0$, $\forall\, x \in (0, +\infty)$, $f(1) = 1$；

(2) $f(x+1) = xf(x)$, $\forall\, x \in (0, +\infty)$；

(3) $\ln f(x)$ 是凸函数，

那么必有

$$f(x) = \Gamma(x), \quad \forall\, x \in (0, +\infty).$$

证明　我们记

$$\varphi(x) = \ln f(x).$$

由条件(1)和(2)可得：

$$f(n+1) = n!,$$

(4.2) $$\varphi(n+1) = \ln(n!),$$

$$f(x+n+1) = (x+n)\cdots(x+1)xf(x),$$

(4.3) $$\varphi(x+n+1) = \varphi(x) + \ln\left[x(x+1)\cdots(x+n)\right].$$

因为 $\varphi(x)$ 是凸函数(条件(3))，所以对于 $x \in (0,1]$ 应有

$$\frac{\varphi(n+1) - \varphi(n)}{(n+1) - n} \leqslant \frac{\varphi(x+n+1) - \varphi(n+1)}{(x+n+1) - (n+1)}$$

$$\leqslant \frac{\varphi(n+2) - \varphi(n+1)}{(n+2) - (n+1)},$$

也就是

$$\ln n \leqslant \frac{\varphi(x+n+1) - \ln(n!)}{x} \leqslant \ln(n+1).$$

由此得到

(4.4) $$x\ln n + \ln(n!) \leqslant \varphi(x+n+1) \leqslant x\ln(n+1) + \ln(n!).$$

由(4.3)和(4.4)式可得

$$\ln\frac{n^x \cdot n!}{x(x+1)\cdots(x+n)} \leqslant \varphi(x) \leqslant \ln\frac{(n+1)^x \cdot n!}{x(x+1)\cdots(x+n)}.$$

由此又得到

$$0 \leqslant \varphi(x) - \ln\frac{n^x \cdot n!}{x(x+1)\cdots(x+n)} \leqslant x\ln\left(1 + \frac{1}{n}\right).$$

我们证明了

$$\varphi(x) = \lim_{n\to+\infty} \ln \frac{n^x \cdot n!}{x(x+1)\cdots(x+n)},$$

$$(4.5) \qquad f(x) = \lim_{n\to+\infty} \frac{n^x \cdot n!}{x(x+1)\cdots(x+n)},$$

$$\forall\, x \in (0,1].$$

因为(4.5)与条件(2)完全决定了函数 f,所以我们实际上已经证明了:满足条件(1),(2)和(3)的函数是唯一的.因而

$$f(x) = \Gamma(x), \quad \forall\, x > 0. \qquad \square$$

推论 对于 $x > 0$,我们有

$$\Gamma(x) = \lim_{n\to+\infty} \frac{n^x \cdot n!}{x(x+1)\cdots(x+n)}.$$

证明 我们记

$$g(x) = \lim_{n\to+\infty} \frac{n^x \cdot n!}{x(x+1)\cdots(x+n)}.$$

在定理 2 的证明中,已经得到

$$(4.6) \qquad \Gamma(x) = g(x), \quad \forall\, x \in (0,1].$$

另一方面,由 g 的定义容易看出

$$(4.7) \qquad g(x+1) = xg(x), \quad \forall\, x > 0.$$

事实上,我们有

$$\lim_{n\to+\infty} \frac{n^{x+1} \cdot n!}{(x+1)\cdots(x+n)(x+n+1)}$$

$$= x \lim_{n\to+\infty} \left[\frac{n^x \cdot n!}{x(x+1)\cdots(x+n)} \left(\frac{n}{x+n+1} \right) \right]$$

$$= x \lim_{n\to+\infty} \frac{n^x \cdot n!}{x(x+1)\cdots(x+n)}.$$

由(4.6)和(4.7)式就可得到

$$\Gamma(x) = g(x), \quad \forall\, x > 0. \qquad \square$$

引理 3 对于 $x \in (0,1)$,我们有

$$\sin \pi x = \pi x \prod_{n=1}^{+\infty} \left(1 - \frac{x^2}{n^2} \right).$$

证明 我们记

$$\psi(x) = \ln\left[\pi \prod_{n=1}^{+\infty}\left(1 - \frac{x^2}{n^2}\right)\right] = \ln \pi + \sum_{n=1}^{+\infty}\ln\left(1 - \frac{x^2}{n^2}\right).$$

显然有

$$\psi(0) = \ln \pi.$$

容易求得

$$\psi'(x) = \sum_{n=1}^{+\infty}\frac{2x}{x^2 - n^2}.$$

回忆起第二十章 §3 例 4 的展式

$$\pi\cot\pi x = \frac{1}{x} + \sum_{n=1}^{+\infty}\frac{2x}{x^2 - n^2},$$

我们得到

$$\pi\cot\pi x - \frac{1}{x} = \psi'(x), \quad \ln\frac{\sin \pi x}{x} = \psi(x) + C.$$

让 $x \to 0+$，又可确定

$$C = 0.$$

我们证明了：

$$\ln\frac{\sin \pi x}{x} = \psi(x), \quad \frac{\sin \pi x}{x} = \pi\prod_{n=1}^{+\infty}\left(1 - \frac{x^2}{n^2}\right),$$

$$\forall\, x \in (0,1). \quad \square$$

推论 我们有

$$\sin x = x\prod_{n=1}^{+\infty}\left(1 - \frac{x^2}{n^2\pi^2}\right), \quad \forall\, x \in \mathbb{R}.$$

证明 在上面引理中已经得到

$$(4.8) \qquad \sin \pi x = \pi x\prod_{n=1}^{+\infty}\left(1 - \frac{x^2}{n^2}\right), \quad \forall\, x \in (0,1).$$

为讨论方便，引入记号

$$h(x) = \pi x\prod_{n=1}^{+\infty}\left(1 - \frac{x^2}{n^2}\right).$$

我们指出函数 h 的重要性质：

(1) $h(0) = h(1) = 0$；

(2) $h(-x) = -h(x), \forall\, x \in \mathbb{R}$；

(3) $h(x+1)=-h(x)$，$\forall\ x\in\mathbb{R}$.

性质(1)和(2)是显然的. 为了证明性质(3)，我们利用以下恒等式

$$\pi(x+1)\prod_{n=1}^{N}\left(1-\frac{(x+1)^2}{n^2}\right)$$

$$=\pi(x+1)\frac{\displaystyle\prod_{n=1}^{N}[(n+1+x)(n-1-x)]}{(N!)^2}$$

$$=-\pi x\frac{\displaystyle\prod_{n=1}^{N}(n+x)\prod_{n=1}^{N}(n-x)}{(N!)^2}\cdot\frac{N+1+x}{N-x}$$

$$=-\pi x\prod_{n=1}^{N}\left(1-\frac{x^2}{n^2}\right)\cdot\frac{N+1+x}{N-x}.$$

在上式中让 $N\to+\infty$ 就得到

$$h(x+1)=-h(x).$$

根据(4.8)式与函数 h 的性质(1)，(2)和(3)，我们断定

$$\sin\pi x=h(x),\quad\forall\ x\in\mathbb{R}.$$

这就是

$$\sin\pi x=\pi x\prod_{n=1}^{+\infty}\left(1-\frac{x^2}{n^2}\right),\quad\forall\ x\in\mathbb{R}.$$

由此又得到

$$\sin x=x\prod_{n=1}^{+\infty}\left(1-\frac{x^2}{n^2\pi^2}\right),\quad\forall\ x\in\mathbb{R}.\quad\square$$

定理 3（Γ 函数的余元公式）

$$\Gamma(x)\Gamma(1-x)=\frac{x}{\sin\pi x},\quad\forall\ x\in(0,1).$$

证明　我们有

$$\Gamma(x)=\lim_{n\to+\infty}\frac{n^x\cdot n!}{x(1+x)(2+x)\cdots(n+x)}$$

$$=\lim_{n\to+\infty}\frac{n^x}{x(1+x)\left(1+\dfrac{x}{2}\right)\cdots\left(1+\dfrac{x}{n}\right)},$$

$$\Gamma(1-x) = \lim_{n \to +\infty} \frac{n^{1-x} \cdot n!}{(1-x)(2-x)\cdots(n+1-x)}$$

$$= \lim_{n \to +\infty} \frac{n^{1-x}}{(1-x)\left(1-\dfrac{x}{2}\right)\cdots\left(1-\dfrac{x}{n}\right)(n+1-x)},$$

$$\Gamma(x)\Gamma(1-x) = \lim_{n \to \infty}\left[\frac{1}{x(1-x^2)\left(1-\dfrac{x^2}{2^2}\right)\cdots\left(1-\dfrac{x^2}{n^2}\right)}\right.$$

$$\left. \cdot \frac{n}{n+1-x}\right]$$

$$= \frac{1}{x\displaystyle\prod_{n=1}^{+\infty}\left(1-\dfrac{x^2}{n^2}\right)}$$

$$= \frac{\pi}{\sin\pi\,x}. \quad \Box$$

引理 4 $\Gamma\left(\dfrac{1}{2}\right) = \sqrt{\pi}$.

证明 由余元公式可得：

$$\left(\Gamma\left(\frac{1}{2}\right)\right)^2 = \Gamma\left(\frac{1}{2}\right)\Gamma\left(\frac{1}{2}\right) = \pi,$$

$$\Gamma\left(\frac{1}{2}\right) = \sqrt{\pi}. \quad \Box$$

以下公式是勒让得(Legendre)最先提出的,所以又叫做勒让得公式.

定理 4（Γ 函数的倍元公式）

$$\Gamma(2x) = \frac{2^{2x-1}}{\sqrt{\pi}}\Gamma(x)\Gamma\left(x+\frac{1}{2}\right), \quad \forall\, x > 0.$$

证明 这公式可以写成

(4.9) $$\Gamma(x) = \frac{2^{x-1}}{\sqrt{\pi}}\Gamma\left(\frac{x}{2}\right)\Gamma\left(\frac{x+1}{2}\right), \quad \forall\, x > 0.$$

我们记

$$f(x) = \frac{2^{x-1}}{\sqrt{\pi}}\Gamma\left(\frac{x}{2}\right)\Gamma\left(\frac{x+1}{2}\right).$$

369

为了证明等式(4.9),只需验证:函数 f 满足定理 2 中的三条件.

(1) 显然有 $f(x)>0$, $\forall\ x>0$, 并且

$$f(1) = \frac{1}{\sqrt{\pi}}\Gamma\left(\frac{1}{2}\right)\Gamma(1) = 1.$$

(2)

$$\begin{aligned}
f(x+1) &= \frac{2^x}{\sqrt{\pi}}\Gamma\left(\frac{x+1}{2}\right)\Gamma\left(\frac{x+2}{2}\right)\\
&= \frac{2^x}{\sqrt{\pi}}\Gamma\left(\frac{x+1}{2}\right)\Gamma\left(\frac{x}{2}+1\right)\\
&= \frac{2^x}{\sqrt{\pi}}\Gamma\left(\frac{x+1}{2}\right)\cdot\frac{x}{2}\Gamma\left(\frac{x}{2}\right)\\
&= xf(x).
\end{aligned}$$

(3) 因为

$$\begin{aligned}
\ln f(x) = {}&(x-1)\ln 2 - \ln\sqrt{\pi}\\
&+ \ln\Gamma\left(\frac{x}{2}\right) + \ln\Gamma\left(\frac{x+1}{2}\right),
\end{aligned}$$

而 $(x-1)\ln 2 - \ln\sqrt{\pi}$, $\ln\Gamma\left(\frac{x}{2}\right)$ 和 $\ln\Gamma\left(\frac{x+1}{2}\right)$ 都是凸函数,所以 $\ln f(x)$ 也是凸函数. □

与 Γ 函数密切相关联的一个二元函数是 B 函数(Beta 函数).

定义 2 含参变元 x 和 y 的积分

(4.10)
$$\int_0^1 t^{x-1}(1-t)^{y-1}\mathrm{d}t$$

定义了一个二元函数

$$\mathrm{B}(x,y) = \int_0^1 t^{x-1}(1-t)^{y-1}\mathrm{d}t.$$

我们把这函数叫做 B 函数.

引理 5 函数 $\mathrm{B}(x,y)$ 对任何 $x>0$, $y>0$ 有定义,并且满足以下条件:

(1) $\mathrm{B}(x,y)>0$, $\forall\ x,y>0$, 并且

$$B(1,y) = \frac{1}{y},$$

(2) $B(x+1,y) = \dfrac{x}{x+y}B(x,y),$

(3) 对于取定的 $y>0$, $\ln B(x,y)$ 是变元 x 的凸函数.

证明 (1) 由 $B(x,y)$ 的定义可知
$$B(x,y) > 0, \quad \forall\, x,y > 0,$$
并且有

$$B(1,y) = \int_0^1 (1-t)^{y-1}\mathrm{d}t = \frac{1}{y}.$$

(2) 利用分部积分法可得

$B(x+1,y)$

$$= \int_0^1 t^x (1-t)^{y-1}\mathrm{d}t$$

$$= \int_0^1 \left(\frac{t}{1-t}\right)^x (1-t)^{x+y-1}\mathrm{d}t$$

$$= -\frac{1}{x+y}\left(\frac{t}{1-t}\right)^x (1-t)^{x+y}\Big|_{t\to 0+}^{t\to 1-}$$

$$\quad + \frac{x}{x+y}\int_0^1 \left(\frac{t}{1-t}\right)^{x-1}\frac{1}{(1-t)^2}(1-t)^{x+y}\mathrm{d}t$$

$$= \frac{x}{x+y}\int_0^1 t^{x-1}(1-t)^{y-1}\mathrm{d}t$$

$$= \frac{x}{x+y}B(x,y).$$

(3) 对于 $\lambda_1>0$, $\lambda_2>0$, $\lambda_1+\lambda_2=1$ 和 $x_1>0$, $x_2>0$, $y>0$, 我们有

$B(\lambda_1 x_1 + \lambda_2 x_2, y)$

$$= \int_0^1 t^{\lambda_1 x_1 + \lambda_2 x_2 - 1}(1-t)^{y-1}\mathrm{d}t$$

$$= \int_0^1 \left[t^{x_1-1}(1-t)^{y-1}\right]^{\lambda_1} \cdot \left[t^{x_2-1}(1-t)^{y-1}\right]^{\lambda_2}\mathrm{d}t$$

$$\leqslant \left(\int_0^1 t^{x_1-1}(1-t)^{y-1}\mathrm{d}t \right)^{\lambda_1} \left(\int_0^1 t^{x_2-1}(1-t)^{y-1}\mathrm{d}t \right)^{\lambda_2}$$

$$= (\mathrm{B}(x_1,y))^{\lambda_1}(B(x_2,y))^{\lambda_2}.$$

由此可知 $\ln \mathrm{B}(x,y)$ 是变元 x 的凸函数. $\quad\square$

B 函数可以用 Γ 函数来表示：

定理 5 对于 $x>0$，$y>0$，我们有

$$\mathrm{B}(x,y) = \frac{\Gamma(x)\Gamma(y)}{\Gamma(x+y)}.$$

证明 对任意取定的 $y>0$，考查这样一个函数

$$f(x) = \frac{\Gamma(x+y)\mathrm{B}(x,y)}{\Gamma(y)}.$$

下面证明这函数满足定理 2 中的三个条件.

(1) 显然有 $f(x)>0$，$\forall\ x>0$，并且

$$f(1) = \frac{\Gamma(1+y)\mathrm{B}(1,y)}{\Gamma(y)} = \frac{y\Gamma(y) \cdot \dfrac{1}{y}}{\Gamma(y)} = 1.$$

(2) $f(x+1) = \dfrac{\Gamma(x+y+1)\mathrm{B}(x+1,y)}{\Gamma(y)}$

$$= \frac{(x+y)\Gamma(x+y) \cdot \dfrac{x}{x+y}\mathrm{B}(x,y)}{\Gamma(y)}$$

$$= xf(x).$$

(3) 对于取定的 $y>0$，因为 $\ln\Gamma(x+y)$ 和 $\ln \mathrm{B}(x,y)$ 都是变元 x 的凸函数，所以

$$\ln f(x) = \ln\Gamma(x+y) + \ln \mathrm{B}(x,y) - \ln\Gamma(y)$$

也是变元 x 的凸函数.

这样，我们证明了：$f(x)=\Gamma(x)$. $\quad\square$

推论 我们有

(1) $\mathrm{B}(x,y)=B(y,x)$，$\quad \forall\ x>0$，$y>0$；

(2) $\mathrm{B}(x,1-x)=\dfrac{\pi}{\sin \pi x}$，$\quad \forall\ x \in (0,1)$.

例 1 试证明

372

(1) $B(x,y) = \displaystyle\int_0^{+\infty} \frac{u^{x-1}}{(1+u)^{x+y}}du,$

(2) $B(x,y) = \displaystyle\int_0^1 \frac{u^{x-1}+u^{y-1}}{(1+u)^{x+y}}du.$

证明 在下面的积分中作变元替换

$$t = \frac{u}{1+u} = 1 - \frac{1}{1+u}$$

就得到：

$$\int_0^1 t^{x-1}(1-t)^{y-1}dt$$

$$= \int_0^{+\infty} \frac{u^{x-1}}{(1+u)^{x+y}}du$$

$$= \int_0^1 \frac{u^{x-1}}{(1+u)^{x+y}}du + \int_1^{+\infty} \frac{u^{x-1}}{(1+u)^{x+y}}du.$$

在最后一个积分中作变元替换

$$u = \frac{1}{v}$$

又得到：

$$\int_1^{+\infty} \frac{u^{x-1}}{(1+u)^{x+y}}du = \int_0^1 \frac{v^{y-1}}{(1+v)^{x+y}}dv.$$

这样，我们证明了

$$B(x,y) = \int_0^{+\infty} \frac{u^{x-1}}{(1+u)^{x+y}}du$$

$$= \int_0^1 \frac{u^{x-1}+u^{y-1}}{(1+u)^{x+y}}du.$$

例 2 试计算积分

$$\int_0^{\pi/2} \sin^\alpha x \cdot \cos^\beta x dx \quad (\alpha > -1, \beta > -1).$$

解 作变元替换 $t = \sin^2 x$ 就得到

$$\int_0^{\pi/2} \sin^\alpha x \cdot \cos^\beta x dx$$

$$= \frac{1}{2}\int_0^1 t^{\frac{\alpha-1}{2}}(1-t)^{\frac{\beta-1}{2}}dt$$

$$= \frac{1}{2}\mathrm{B}\left(\frac{\alpha+1}{2}, \frac{\beta+1}{2}\right)$$

$$= \frac{1}{2}\frac{\Gamma\left(\dfrac{\alpha+1}{2}\right)\Gamma\left(\dfrac{\beta+1}{2}\right)}{\Gamma\left(\dfrac{\alpha+\beta}{2}+1\right)}.$$

对于 $\alpha=4$，$\beta=6$ 的情形，我们得到

$$\int_0^{\pi/2}\sin^4x\cdot\cos^6x\mathrm{d}x = \frac{\Gamma\left(\dfrac{5}{2}\right)\Gamma\left(\dfrac{7}{2}\right)}{2\Gamma(6)} = \frac{3\pi}{512}.$$

例 3　试计算积分

$$\int_0^{\pi/2}(\tan x)^\alpha\mathrm{d}x \quad (|\alpha|<1).$$

解　我们有

$$\int_0^{\pi/2}(\tan x)^\alpha\mathrm{d}x = \int_0^{\pi/2}\sin^\alpha x\cdot\cos^{-\alpha}x\mathrm{d}x$$

$$= \frac{1}{2}\Gamma\left(\frac{1+\alpha}{2}\right)\Gamma\left(\frac{1-\alpha}{2}\right)$$

$$= \frac{1}{2}\Gamma\left(\frac{1+\alpha}{2}\right)\Gamma\left(1-\frac{1+\alpha}{2}\right)$$

$$= \frac{1}{2}\frac{\pi}{\sin\dfrac{1+\alpha}{2}\pi} = \frac{\pi}{2\cos\dfrac{\alpha\pi}{2}}.$$

例 4　设 $\alpha>-1$，试计算积分

$$\int_0^{\pi/2}\sin^\alpha x\mathrm{d}x \quad \text{和} \quad \int_0^{\pi/2}\cos^\alpha x\mathrm{d}x.$$

解　利用例 2 中的结果，我们得到

$$\int_0^{\pi/2}\sin^\alpha x\mathrm{d}x = \int_0^{\pi/2}\cos^\alpha x\mathrm{d}x$$

$$= \frac{1}{2}\frac{\Gamma\left(\dfrac{\alpha+1}{2}\right)\Gamma\left(\dfrac{1}{2}\right)}{\Gamma\left(\dfrac{\alpha+2}{2}\right)}$$

$$= \frac{\sqrt{\pi}}{2} \frac{\Gamma\left(\dfrac{\alpha + 1}{2}\right)}{\Gamma\left(\dfrac{\alpha + 2}{2}\right)}.$$

例 5 最后,我们指出,半径为 r 的 n 维球体的体积 $V_n(r)$ 可以表示为:

$$V_n(r) = \frac{\pi^{n/2}}{\Gamma\left(\dfrac{n+2}{2}\right)} r^n = \frac{\pi^{n/2}}{\Gamma\left(\dfrac{n}{2} + 1\right)} r^n.$$

事实上,在第十三章 §4 的例 6 中,我们已经求得

$$V_n(r) = \alpha_n r^n,$$

式中的系数 α_n 满足递推关系

$$\alpha_1 = 2,$$

$$\alpha_n = 2\alpha_{n-1} \int_0^{\pi/2} \sin^n t \, \mathrm{d}t,$$

$$n = 2, 3, \cdots.$$

在上面的例 4 中,我们又已求得

$$\int_0^{\pi/2} \sin^n t \, \mathrm{d}t = \frac{\sqrt{\pi}}{2} \frac{\Gamma\left(\dfrac{n+1}{2}\right)}{\Gamma\left(\dfrac{n+2}{2}\right)}.$$

利用这些关系,借助于数学归纳法,就可证明

$$\alpha_n = \frac{\pi^{n/2}}{\Gamma\left(\dfrac{n+2}{2}\right)} = \frac{\pi^{n/2}}{\Gamma\left(\dfrac{n}{2} + 1\right)},$$

$$n = 1, 2, \cdots.$$

§5 含参变元的积分与函数逼近问题

借助于含参变元的积分,我们将给出维尔斯特拉斯逼近定理一个新的证明,并推广这方法证明多元函数的维尔斯特拉斯逼近定理.

首先,我们定义一列函数

$$D_n(t) = \begin{cases} c_n^{-1}(1 - t^2)^n, & \text{如果 } |t| \leqslant 1, \\ 0, & \text{如果 } |t| > 1, \end{cases}$$

这里

$$c_n = \int_{-1}^{1} (1 - t^2)^n \mathrm{d}t, \quad n = 1, 2, \cdots.$$

引理 1 这样定义的函数序列 $\{D_n(t)\}$ 满足以下条件:

(I) 对任何 $n \in \mathbf{N}$, 函数 $D_n(t)$ 在 $\mathbb{R}$ 上连续并且非负(即 $\geqslant 0$);

(II) $\displaystyle\int_{-\infty}^{+\infty} D_n(t)\mathrm{d}t = 1$, $\forall\, n \in \mathbf{N}$;

(III) 对任意取定的 $\delta > 0$ 都有

$$\lim_{n \to +\infty} \int_{|t| \geqslant \delta} D_n(t)\mathrm{d}t = 0.$$

证明 条件(I)和(II)显然得到满足. 下面验证条件(III). 对于任意取定的 $\delta \in (0, 1)$, 我们有

$$c_n = \int_{|t| \leqslant 1} (1 - t^2)^n \mathrm{d}t$$

$$\geqslant \int_{|t| \leqslant \delta/2} (1 - t^2)^n \mathrm{d}t \geqslant \delta\left(1 - \frac{\delta^2}{4}\right)^n,$$

$$\int_{\delta \leqslant |t| \leqslant 1} (1 - t^2)^n \mathrm{d}t \leqslant 2(1 - \delta^2)^n,$$

$$\int_{|t| \geqslant \delta} D_n(t)\mathrm{d}t = c_n^{-1} \int_{\delta \leqslant |t| \leqslant 1} (1 - t^2)^n \mathrm{d}t$$

$$\leqslant \frac{2}{\delta}\left[\frac{1 - \delta^2}{1 - \dfrac{\delta^2}{4}}\right]^n.$$

由此可知

$$\lim_{n \to +\infty} \int_{|t| \geqslant \delta} D_n(t)\mathrm{d}t = 0. \quad \square$$

引理 2 设函数 f 在 $\mathbb{R}$ 的任何闭区间上(常义)可积,并设

$$|f(x)| \leqslant M, \quad \forall\, x \in \mathbb{R}.$$

我们构作这样一个函数序列：

$$f_n(x) = \int_{-\infty}^{+\infty} f(x+t)D_n(t)\mathrm{d}t$$

$$= \int_{-\infty}^{+\infty} f(u)D_n(u-x)\mathrm{d}u,$$

$$n = 1, 2, \cdots.$$

如果 f 在闭区间 $[a-h, b+h]$ 上是连续的 $(h>0)$，那么函数序列 $\{f_n(x)\}$ 在闭区间 $[a,b]$ 上一致收敛于函数 $f(x)$.

证明 因为函数 f 在闭区间 $[a-h, b+h]$ 一致连续，所以对任意的 $\varepsilon > 0$，存在 $\delta \in (0, h)$，使得只要

$$x', x \in [a-h, b+h], |x'-x| < \delta, \text{ 就有}$$

$$|f(x') - f(x)| < \frac{\varepsilon}{2}.$$

于是，对于 $x \in [a, b]$，就有

$$|f_n(x) - f(x)|$$

$$= \left| \int_{-\infty}^{+\infty} f(x+t)D_n(t)\mathrm{d}t - \int_{-\infty}^{+\infty} f(x)D_n(t)\mathrm{d}t \right|$$

$$= \left| \int_{-\infty}^{+\infty} (f(x+t) - f(x))D_n(t)\mathrm{d}t \right|$$

$$\leqslant \int_{-\infty}^{+\infty} |f(x+t) - f(x)| D_n(t)\mathrm{d}t$$

$$= \int_{|t| < \delta} |f(x+t) - f(x)| D_n(t)\mathrm{d}t$$

$$+ \int_{|t| \geqslant \delta} |f(x+t) - f(x)| D_n(t)\mathrm{d}t$$

$$\leqslant \frac{\varepsilon}{2} + 2M \int_{|t| \geqslant \delta} D_n(t)\mathrm{d}t.$$

根据关于 $\{D_n(t)\}$ 的条件 (III)，存在 $N \in \mathbf{N}$，使得只要 $n > N$，就有

$$2M \int_{|t| \geqslant \delta} D_n(t)\mathrm{d}t < \frac{\varepsilon}{2}.$$

于是，只要 $n > N$，就有

$$|f_n(x) - f(x)| < \varepsilon, \quad \forall\ x \in [a, b]. \qquad \square$$

定理 1　在闭区间上连续的任何函数 f,可以在这闭区间上用多项式一致逼近.

证明　必要时作适当的平移与比例变换,可设这闭区间是 $[-\rho,\rho]\subset\left(-\dfrac{1}{2},\dfrac{1}{2}\right)$. 我们按以下方式扩充函数 f 的定义,规定

$$
\widetilde{f}(x)=
\begin{cases}
0, & \text{如果 } x<-\dfrac{1}{2}, \\[2mm]
\dfrac{1+2x}{1-2\rho}f(-\rho), & \text{如果 } x\in\left[-\dfrac{1}{2},-\rho\right], \\[2mm]
f(x), & \text{如果 } x\in[-\rho,\rho], \\[2mm]
\dfrac{1-2x}{1-2\rho}f(\rho), & \text{如果 } x\in\left(\rho,\dfrac{1}{2}\right], \\[2mm]
0, & \text{如果 } x>\dfrac{1}{2}.
\end{cases}
$$

这样扩充的函数在 $(-\infty,+\infty)$ 连续并且有界.以下,为了书写简便,约定把这扩充了的函数 $\widetilde{f}(x)$ 仍然记为 $f(x)$.

我们构作函数序列

$$
\begin{aligned}
f_n(x) &= \int_{-\infty}^{+\infty} f(u)D_n(u-x)\mathrm{d}u \\
&= \int_{-\frac{1}{2}}^{\frac{1}{2}} f(u)D_n(u-x)\mathrm{d}u,
\end{aligned}
$$

$$
n=1,2,\cdots.
$$

根据引理 2,这函数序列在闭区间 $[-\rho,\rho]$ 上一致收敛于 $f(x)$. 下面,我们指出:每一个 $f_n(x)$ 都是多项式.事实上,对于

$$
|u|\leqslant\frac{1}{2},\quad |x|\leqslant\rho<\frac{1}{2},
$$

我们有

$$
|u-x|<1,
$$

$$
D_n(u-x)=c_n^{-1}(1-(u-x)^2)^n.
$$

因而

$$(5.1) \qquad f_n(x) = c_n^{-1} \int_{-\frac{1}{2}}^{\frac{1}{2}} f(u)(1 - (u - x)^2)^n du.$$

显然有

$$(1 - (u - x)^2)^n = g_0(u) + g_1(u)x + \cdots + g_{2n}(u)x^{2n}.$$

将这展式代入(5.1)就得到

$$f_n(x) = a_0 + a_1 x + \cdots + a_{2n} x^{2n},$$

这里

$$a_i = c_n^{-1} \int_{-1/2}^{1/2} f(u) g_i(u) du,$$

$$i = 0, 1, \cdots, 2n.$$

这样,我们完成了维尔斯特拉斯逼近定理的证明. $\square$

推广上面的做法,可以证明关于 m 元函数的维尔斯特拉斯逼近定理. 为此,我们先来定义这样一列 m 元函数

$$D_n(t) = \begin{cases} c_n^{-1}(1 - \|t\|^2)^n, & \text{如果 } \|t\| \leqslant 1, \\ 0, & \text{如果 } \|t\| > 1, \end{cases}$$

这里

$$t = (t_1, \cdots, t_m) \in \mathbb{R}^m,$$

$$\|t\| = \sqrt{t_1^2 + \cdots + t_m^2},$$

$$c_n = \int_{\|t\| \leqslant 1} (1 - \|t\|^2)^n \, dt$$

$$n = 1, 2, \cdots.$$

引理 3 这样定义的(m 元)函数序列 $\{D_n(t)\}$ 满足以下条件:

(I) 对任何 $n \in \mathbf{N}$,函数 $D_n(t)$ 在 $\mathbb{R}^m$ 上连续并且非负(即 $\geqslant 0$);

(II) $\int_{\mathbb{R}^m} D_n(t) dt = 1, \quad \forall\, n \in \mathbf{N}$;

(III) 对任意取定的 $\delta > 0$ 都有

$$\lim_{n \to +\infty} \int_{\|t\| \geqslant \delta} D_n(t) dt = 0.$$

证明 条件(I)和(II)显然得到满足. 下面验证条件(III). 我们

约定以 $V_m(\rho)$ 表示半径为 ρ 的 m 维球体的体积. 对于任意取定的
$\delta \in (0,1)$, 显然有

$$c_n = \int_{\|t\| \leqslant 1} (1 - \|t\|^2)^n \mathrm{d}t$$

$$\geqslant \int_{\|t\| \leqslant \delta/2} (1 - \|t\|^2)^n \mathrm{d}t$$

$$\geqslant \left(1 - \frac{\delta^2}{4}\right)^n V_m\left(\frac{\delta}{2}\right)$$

$$= \left(\frac{\delta}{2}\right)^m \left(1 - \frac{\delta^2}{4}\right)^n V_m(1),$$

$$\int_{\delta \leqslant \|t\| \leqslant 1} (1 - \|t\|^2)^n \mathrm{d}t \leqslant (1 - \delta^2)^n V_m(1),$$

$$\int_{\|t\| \geqslant \delta} D_n(t) \mathrm{d}t = c_n^{-1} \int_{\delta \leqslant \|t\| \leqslant 1} (1 - \|t\|^2)^n \mathrm{d}t$$

$$\leqslant \left(\frac{2}{\delta}\right)^m \left[\frac{1 - \delta^2}{1 - \frac{\delta^2}{4}}\right]^n.$$

由此可知

$$\lim_{n \to +\infty} \int_{\|t\| \geqslant \delta} D_n(t) \mathrm{d}t = 0. \quad \square$$

为了叙述方便, 我们引入这样的记号:

$$B_\rho = \{x \in \mathbb{R}^m \mid \|x\| \leqslant \rho\}.$$

仿照引理 2, 很容易证明下面的引理.

引理 4 设函数 f 在 $\mathbb{R}^m$ 的任何闭球体上可积, 并设

$$|f(x)| \leqslant M, \quad \forall\ x \in \mathbb{R}^m.$$

我们构作这样一个 $(m$ 元) 函数序列

$$f_n(x) = \int_{\mathbb{R}^m} f(x + t) D_n(t) \mathrm{d}t$$

$$= \int_{\mathbb{R}^m} f(u) D_n(u - x) \mathrm{d}u,$$

$$n = 1, 2, \cdots.$$

如果 f 在闭球体 $B_{\rho+\eta}$ 上是连续的 $(\eta > 0)$, 那么函数序列 $\{f_n(x)\}$

380

在闭球体 B_ρ 上一致收敛于函数 $f(x)$.

下面,我们陈述并证明关于 m 元函数的维尔斯特拉斯逼近定理.

定理 2 在 m 维闭球体 B_ρ 上连续的任何函数 f,可以在这闭球体上用多项式一致逼近.

证明 必要时作适当的比例变换,可设

$$\rho < \frac{1}{2}.$$

我们按以下方式扩充函数 f 的定义,规定

$$\widetilde{f}(x) = \begin{cases} f(x), & \text{如果 } \|x\| \leqslant \rho, \\ \dfrac{1-2\|x\|}{1-2\rho} f\left(\dfrac{\rho x}{\|x\|}\right), & \text{如果 } \rho < \|x\| \leqslant \dfrac{1}{2}, \\ 0, & \text{如果 } \|x\| > \dfrac{1}{2}. \end{cases}$$

这样扩充的函数在 $\mathbb{R}^m$ 上连续并且有界. 以下,为了书写简便,约定把这扩充了的函数 $\widetilde{f}(x)$ 仍然记为 $f(x)$.

我们构作(m 元)函数序列

$$\begin{aligned} f_n(x) &= \int_{\mathbb{R}^m} f(u) D_n(u-x) \mathrm{d}u \\ &= \int_{\|u\| \leqslant 1/2} f(u) D_n(u-x) \mathrm{d}u, \end{aligned}$$

$$n = 1, 2, \cdots.$$

根据引理 4,这函数序列在闭球体 B_ρ 上一致地收敛于 $f(x)$. 很容易看出:这函数序列的每一项 $f_n(x)$ 都是 m 元多项式. $\square$

后　记

教师总想多写点、多讲点,但受时间限制,免不了要忍痛割爱.用三学期时间教这三册书,当然是紧一点.书中已经有一部分材料列入了附录.实际讲课时还可以根据实际情况作更多的剪裁省略.例如,书中介绍重积分的变元替换公式时,先叙述定理,接着用一大堆例题帮助学生掌握运用,最后才是定理的证明.如果时间不够,就可以把最后的证明略去不讲(好的学生自己会去看的).

微积分的创立是人类思想史上光辉灿烂的成就.为了让学生在学习过程中就能感受到这一点,就必须讲一些重要的应用.记得自己当学生的时候,就曾产生过这样疑惑:花费这么多的时间和精力学微积分,学完之后究竟能做哪些事?好像除了求极值、求面积体积而外,就什么也不会了.笔者写这套书,就是想或多或少改变一下这种状况.书中有些内容在后继课程中还要深入讨论,讲的时候当然可以简略一些.

从编写教学改革实验讲义到整理改写成书,前后花费了五年最宝贵的时间.笔者做这件事可以说是"知其不可为而为之".明知是"吃力不讨好",却硬着头皮做了,也许是因为想起了自己的学生时代.每当学到某处,因为教材上说得不清楚,害得学生花费很多时间最后才弄明白"原来不过如此"的时候,总是希望有一本更可心的书.当了教师之后才知道,要想把书写得清楚明白,绝对不是一件容易的事情.有时候费了半天口舌,本想把事情说得更清楚一点,反而更让人糊涂了.写这书已经费了这么多事,究竟效果如何,也只能留给学生们与教师们去评论了.《红楼梦》作者的诗句道出了每一位用心血写书的人的感慨:"都云作者痴,谁解其中味"!

写书总有许多事情麻烦别人.除了在本书第一册前言中提到

的那些领导和同事们而外,笔者还应向本书责任编辑刘勇同志表示特别的感谢.他的高度责任心和工作效率才使得本书得以早日与读者见面.

还有一件事促成了本书第三册付印前最后一次重大的改动.为此笔者应感谢自己的同学王铎博士.他在北京大学完成博士后阶段的研究工作之后到清华大学任教.我们曾经有几次长谈,讨论微积分的教学问题.有一次谈到空间区域中曲线积分与路径无关的条件.传统的教材在这里引入了"曲面单连通"的概念.这种单连通性要求区域中任何一条分段连续可微的简单闭曲线都能作为某一块分片连续可微的可定向曲面的边界.王铎尖锐地批评道:"学生根本不可能检验一个区域是否曲面单连通的,他们做题时唯一的办法就是根本不验证条件."传统教材引入"曲面单连通"这一概念是因为讨论中要用到斯托克斯公式.为了可用公式就加上公式所要求的条件,根本没有考虑学生做题时怎样去检验这条件.任意的一条分段连续可微的"简单"闭曲线,其形状可以是千奇百怪的,在空间中甚至可以打出各种漂亮而复杂的纽结来(这样的纽结可以有无穷多种不同的类型).面对如此复杂的情形,学生又怎样去判定是否任何一条这样的曲线都可作为某类曲面的边界呢?作为基础课,虽然不可能处处作出很严密的论证,但至少要有一个形象直观的判别办法,或者告诉学生一个能据以判定的准则.出于以上这些考虑,笔者对传统教材关于这问题的讲法作了根本性的更改,敬请读者予以指正.

笔　者

1990 年岁末　于北京大学蔚秀园